钻石证书教程

陈钟惠 译

中国地质大学出版社

图书在版编目（CIP）数据

钻石证书教程/陈钟惠译．—武汉：中国地质大学出版社，2005.9(2016.12 重印)
ISBN 978-7-5625-2036-8

Ⅰ．钻…
Ⅱ．陈…
Ⅲ．钻石学－证书教程
Ⅳ．TS933

钻石证书教程 **陈钟惠　译**

责任编辑：赵颖弘　　技术编辑：阮一飞　　责任校对：张咏梅

出版发行：中国地质大学出版社（武汉市洪山区鲁磨路 388 号）　邮编：430074
电话：(027)87482760　传真：87481537　E-mall:cbb@cug.edu.cn
经　销：全国新华书店　http://www.cugp.cn

开本：880 毫米×1230 毫米　1/16　字数：751 千字　印张：24.25　彩版：24
版次：2005 年 9 月第 1 版　印次：2016 年 12 月第 5 次印刷
印刷：荆州市鸿盛印务有限公司

ISBN 978-7-5625-2036-8　定价：200.00 元

钻石证书教程

欢迎学习钻石证书课程

本教程及配套的钻石分级手册包含了你参加钻石证书考试所需的资料

钻石证书课程的主要目的是：

（1） 帮助你获得宝石级钻石从成因到加工的良好基础知识

（2） 帮助你获得与宝石级钻石的欣赏、识别和初步分级有关的足够的宝石学知识

（3） 使你能熟悉区分宝石级钻石及其仿制品的适用实践技能

（4） 使你能懂得并练习使用国际上认可的刻面型宝石级钻石分级体系

（5） 使你能明确地提供你的观测结果和结论

（6） 帮助你准备参加英国宝石协会的钻石证书理论和实践考试

钻石证书教程

总 目 录

前　　言

目　　录

钻戒
（版权所有）Hirsh London

前　　言

◆ 检验单

请检查，与本教程一道你应收到：

(1) 一本《钻石分级手册》；
(2) 一个小包，内装用于钻石实践课的 10 ×放大镜、宝石镊子和擦宝石布（函授生会在实践课开始时收到）；
(3) 一套钻石晶体结构模型散件。

如果你未收到其中任一件，请与英国宝石协会教育办公室联系。

如果你已学完钻石实践课程，随理论教程你将不会收到上述物品。

♦ 钻石分级手册

《***钻石分级手册***》是钻石课程的重要组成部分，它将帮助你准备实践考试。

要花时间阅读《***钻石分级手册***》并练习用眼睛和用 10 ×放大镜观察钻石的技巧，使它成为你日常工作的一部分。

随着经验的增加，你分辨仿制品和检验经处理钻石的能力将大大增强。参观博物馆和收藏品，将标本与书中的图片作比较，所有这些都会增加你对课程的兴趣，也对你掌握基本的观察程序有帮助。

◆ 英国宝石协会

英国宝石协会于 1908 年始建。世界上最早的颁发证书的课程源于伦敦，1913 年颁发了首份证书。1921 年首次开设了宝石学函授课程。1931 年，宝石协会成为独立的机构。1990 年与英国宝石检测实验室合并，称为“英国宝石协会和宝石检测实验室”，英文缩写为 GAGTL。2001 年起以 Gem-A 标示取代了原来的缩写。

Gem-A 的教育工作在世界各地的宝石和钻石课程和考试方面居领先地位。

Gem-A 的总部位于伦敦市中心靠近哈顿公园（Hatton Garden）处，有教育办公室、宝石学辅导中心、会籍办公室、宝石检测实验室和 Gem-A 仪器公司。

(1) **宝石学辅导中心**　为初学者以及较有经验的宝石学家开设各种各样的课程。你可从教育办公室，也可从 Gem-A 的网站（ www.gem-a.info）得到各种课程的日程表。

(2) **籍和会费**　你可在任何时候申请成为协会普通会员而无需先持有宝石学证书。Gem-A 在很大程度上靠会费和教育活动维持。会籍对协会至关重要，非常欢迎新会员。有关细节请在 Gem-A 网上查阅或向会籍秘书提出申请。通过宝石学考试的考生将被授予宝石学证书。在获得证书后，他们可申请成为协会的会员。在作为会员期间，他们可在自己的姓名后面使用 FGA（Fellowship of the Gemmological Association）称号。除此之外，学习钻石课程并通过考试者，可获得钻石课程证书并可使用 DGA（Diamond Member of the Gemmological Association）称号。

(3) **宝石检测实验室**　成立于 1925 年，为商界和会员提供实验室服务，包括钻石分级报告、宝石鉴定、宝石产地和热处理的判别以及珍珠的鉴定。

(4) **Gem-A 仪器公司**　是学生和从业宝石学家所需各种书籍、仪器和宝石的主要供应者。价目单可来函索取，也可从 Gem-A 网上查询。订货可邮寄到世界各地。

◆ 课程复习

在第 18 页中可看到本课程的考试大纲。教程的内容在某些方面超出考试大纲的范围。这样做或是为了把某些问题解释得更深一些以帮助理解，或是因为这些较详细的信息是重要的，但在考试答题时无需复述。

教程内容的安排被设计成使学生能清楚地知道哪些是附加的背景资料，哪些是考试所要求的。

本教程中凡不属于考试要求的所有附加背景资料均置于灰色背景的框内，标题注明为 ***“背景资料”***。

背景资料所涉及的问题会出现在每章末尾的课程强化题和家庭作业中。

前　　言

页面文字安排举例

钻石证书教程

晶体结构的对称性

不同的晶体结构可与物理力如光波产生不同的相互作用。它们也可显示不同的可识别的晶形和晶面标志。

产生这些差别的根本原因在于晶体结构具不同的有序度：有些晶体结构不如其他晶体结构那么“精致和整齐”。晶体结构所拥有的有序度可用其对称性的相关术语来表示。对称性是一个抽象的简化了的概念，用来描述晶体结构的平衡或重复。

晶体对称性
是用于描述晶质材料中原子和键结构排列
重复性的一种手段

对称性对观察和识别晶体和未加工的宝石材料是重要的，它也是分类的基础。

背景资料：
对称要素和对称性操作

本课程中我们将只涉及两种类型的对称要素，即对称轴和对称面。对于较容易的一些步骤你可用以下方法为自己展示对称性。首先用纸面上的二维图形，然后利用诸如盒子、桌子和剪刀等三维（3-D）物品，再进一步借助你的钻石晶体结构模型以获取三维晶体结构中对称性的概念。这种训练对你 10 ×放大镜下的观察会有帮助，并最终对光学检测结果的解释有帮助。

钻石证书教程

在学习钻石课程期间巩固自己的知识

不论你是参加函授课程学习还是在某个班学习，本节中我们将提出如何复习的一些建议以帮助你：

（1） 随课程的进展强化自己的知识和理解；

（2） 把注意力集中到实践技巧上；

（3） 学会理解和回答问题；

（4） 提高回答家庭作业题和考题的技巧。

熟记、掌握和理解

为保证在考试过程中和考试后能回忆起重要的事实和数据，在学习过程中要求能熟记一定数量的资料。熟记是必不可少的；譬如当你购买、销售或估价宝石和首饰时，你不可能靠书本或计算机来寻找那些反复使用的资料。

为帮助你强化和理解自己的宝石学知识并保证你记住重要的事实和数据，我们建议你按照你认为有把握的或是你原先用过的流程进行复习。

现将复习方法的要点归纳如下：

(1) 正常的人脑能记住和回忆大量信息；

(2) 如果你每次用 20~40 分钟的时间学习书写、画图或观察，而后再为自己安排短暂的休息放松时间，你会发现自己能吸收大量的信息；

(3) 你可在一连串的固定时间里采用快速注入式复习方法。这通常能帮助你的大脑保持这些信息并使知识转变成你的永久记忆；

(4) 为检查和测试自己的记忆和理解并训练自己在考试前和考试中回答问题的技巧，你要用草稿纸列出信息并将相关资料联系起来；

(5) 当回答家庭作业题或考题时，你必须陈述该题所要求的每一点。打草稿使你能快速确定自己未遗漏任何要点。打草稿也能帮助你剔除不相干的各点。只要可能就使用示意图和列表以节省时间；

(6) 当面对一颗需评价的宝石时，你最重要的评价手段之一正是自己能轻易回忆起的各种可能性——可能是什么替代品或什么方法的处理品呢？这不仅是为了考试，你在购买、销售或估价宝石时也需要做这件事；

（7）你可能需要写出一个简短的说明或一个较长的报告。这是在家庭作业和考试中所要求的，也是你在自己的工作或业余活动中可能碰到的。示意图和列表能快捷地帮助你完成这一过程，同时它们也有很方便的提示作用。

以上就是关键的各点，这些对你取得成功是至关重要的。
请反复阅读

♦ 课程强化题

课程强化题在每章的末尾，答案则在教程最后的附录 2 中。强化题和答案的目的是使你能检验自己是否已了解了每章中的信息并有较好的理解和知识。你可在复习每章之前或开始家庭作业之前查看自己的回答。

♦ 课程家庭作业题

课程家庭作业题列在教程每章的末尾。

家庭作业题——如果你是 Gem-A 函授生，请将家庭作业寄给由 Gem-A 指定的课程指导教师。

你的指导教师将为你提供考试所需技巧和标准的指导。随着课程的进展，利用本章中以及指导教师给你的建议，不断训练自己的答题技巧。

联合教学中心（ATC）的指导教师可能希望用家庭作业题或往年的考题来增强课程。ATC 的学生应根据安排将作业交给自己的 ATC 指导教师而不要寄到 Gem-A。

家庭作业是课程的重要组成部分，它被设计成能帮助你：

（1）用自己的话来展示你的理解和知识。

（2）培养你训练有素地、合理地解决钻石学理论和实践两方面问题的方法。

（3）清楚地理解为正确解释实际的观察和测试结果所必需的资料。

（4）考虑到每个问题的所有相关方面，这样一来你就可以准备考试了。

为帮助你做到所有这些，每道家庭作业题都要求有经过认真思考的合理的回答。在需要处附上大的标注清晰的示意图。

除家庭作业外，本教程中还附有往年考题的若干实例。

为作出经过认真思考的合理的回答并在需要处附上大的标注清晰的示意图，每道题平均要用 30 分钟左右的时间。对准备充分的考生来说，把试卷中经常出现的考题拿来训练是个基本要求。在陈述每个要点时都应附有实例。譬如，在考试条件下，一个考生可能在给出定义时有小的错误，而一个或两个实例将有助于让考官知道，尽管该考生给出的定义不完备，但他懂得这个概念。

以下重要做法将使你具有成功的技巧。

♦ 答题的 5 个注意事项

(1) 仔细地阅读整道题，阅读题目的每个部分，仔细地重读整道题。

(2) 如下页例题中所示，确定整道题中的关键词。

(3) 在草稿纸上写出关键词提示的标题或要点。

(4) 在每个标题或要点旁注明可分配用于回答该部分问题的时间。

(5) 要像写给不熟悉宝石学的人看那样来写出答案并给出示意图。

经常仔细阅读下列劝告

(1) 只是在学完相关章节后才开始做作业。

(2) 请注意，完成每个作业可能需要知道本教程不止一章的知识。

(3) 为弄清楚什么是试题所要求的，在开始书写答案前要非常仔细地读题，在答题过程中还要再次读题。

(4) 用钢笔或圆珠笔书写。 不要用打字机答题，因为你需要为考试而训练书写你的答案。

(5) 凡是你能画出示意图的地方就用铅笔画出并标注。在列表能有帮助的地方将资料以表格形式列出。凡是试题指定要图示和列表的，要特别注意。

(6) 使用自己的语言。不要简单地复述书本或教程中的一些片段。

(7) 考试中每道题的满分值是相同的。必须训练在答案中简洁和明确地回答所有的要点。不要囊括多余的信息，你不会为此而得到额外的分数，但你将浪费掉宝贵的时间。理论和实践考试的通过分是 60%。分数为 80% 或更高时考试成绩为 A 级。

(8) 课程行将结束前要在严格的考试条件下工作，也就是说在答题时不要看笔记或书本。大致用 35 分钟时间回答每道题。在理论考试中，每份试卷的答题时间是 3 小时。从 8 道题中回答 6 道题，其中 6 道为必答题，另有 2 组为选择题。

家庭作业题被设计成能为你提供回答与钻石证书考试同类型和份量考题的经验。通过做家庭作业也可检验你对课程内容的理解。

举例说明在复习、总复习和答题中如何打草稿

请解释：

(i) 某些特性如何会使钻石成为重要的宝石？

(ii) 某些特性如何会使用作宝石的单粒钻石不那么受人喜欢？

关键词：(i) 解释：

性质；钻石；重要；成为宝石

要点：可能有关的性质有哪些？

非光学的性质：极高的硬度；韧性；稳定性；
单个钻石晶体可能不含包裹体

光学性质：高 RI / 全内反射的临界角小；
高色散；金刚光泽；颜色

这些性质是如何相互关联的？

在首饰佩戴 / 保管清洗和修理时的耐久性；
光学性质产生的瑰丽，如火彩、亮度和颜色。

(ii) 解释：

性质；钻石；用作宝石；不那么受人喜欢

要点：可能有关的性质有哪些？

非光学的性质：解理、脆性、包裹体和切工差
光学性质：颜色

这些性质是如何相互关联的？

在保管佩戴或修理时破裂或崩口；
包裹体影响净度；色级可能低；
切工差影响价值和美观。

列出和复习这些资料有多种不同的方法，上述例子只是一种方法。快速打草稿时可以是非常简要的。一定要有实例并画出示意图。复习训练时要用 A4 纸，因为考试时用的是这种尺寸的纸。

随着学业的进步，要像在考试条件中一样回答全部问题或部分问题。这就是说答题时不能参考教程或笔记，还要设法在考试规定时间内答出每道题。

前　言

◆ 考试

♦ 报考

在课程学习过程中，你需要考虑何时参加考试，然后填写由英国宝石协会提供的适用的**报名表**。

(1) **一月份可得到参加本年度六月份考试的报名表，这些表必须在三月底前返回 Gem-A 教育办公室。**

(2) **八月份可得到参加下年度一月份考试的报名表，这些表必须在本年度十月底前返回 Gem-A 教育办公室。**

(3) **某些实践考试的报名表会在别的时间发出。**

空白报名表会自动寄往各联合教学中心，每位函授课程学生填好的报名表可邮寄或传真到 Gem-A 教育办公室。

如果你在二月中或八月中尚未收到报名表
请讯问你的指导教师或与 Gem-A 教育办公室联系
电话：020 7404 3334（国际：+44 20 7404 3334）
传真：020 7404 8843　　电子邮件：edu@gem-a.info

考试费用通常包括在函授课程收费或联合教学中心的收费中。交补考报名表的同时必须缴纳相应的补考费。

一旦寄回报名表，所缴纳的费用即用于该次考试，报考者的申请将被受理，所缴纳的费用也就被用掉，因而不能转用到以后的考试。

报名后，报考者将被告知有关注册的细节，包括考试日期、时间和地点以及考号。注册文件通常会在五月或十二月到达报考者手中。

注意保管好注册文件并携带到考场，包括需要由注册文件上撕下并贴到答题本封面上的考生考号。

这就是你为报考应做的事情，要确保你已获得
有效的注册文件并将它带到考场

♦ 考试技巧

理论考试技巧

要做恰当的准备。考试的目的是对你的学习成就给予承认而不是为了让你失败！好的考试技巧能最大限度地体现你已获得的知识和经验。

下面所述的 3 条简单的指南能影响你考试的成功或失败。

(1) 当考试开始时拿出些时间非常仔细地读题和再读题。如果我们强调说考试失败的最主要原因是读错试题，那是绝不过分的。为保证考生能做到这一点，在原规定的 3 小时考试时间外，在考试开始时专门安排了用于读题的 **10 分钟读题时间。**

(2) 虽然考题也可能要求某些进一步的细节，但在你对考题各部分的回答中首先一定要包括基本和明显的各点。

(3) 大多数情况下是需要示意图的。如果拿不准的话，可不论以什么方式画张图。考试前就训练画一些简单的铅笔草图是很有好处的。示意图能节省许多时间并能解释许多难以用文字说明的内容。要常用铅笔画图并对图中各要点作出标注。

有计划地答题是非常有价值的。即使你已花费了好几分钟的时间来完成上述步骤，你还是有足够的时间来写出足够详细的答案，平均每道题有 30 分钟的答题时间。请再阅读第 8 页上的答题注意事项。

考官希望看到

(1) 有关的资料；
(2) 能说明你已理解的直截了当的回答；
(3) 铅笔画的大的示意图；
(4) 图上有标注；
(5) 设计合理的资料表，表的下方有补充说明；
(6) 资料明细，一行一项；
(7) 回答是针对考题要求的，没有铺张词藻；
(8) 字迹清晰易读；
(9) 用简短的句子回答；
(10) 卷面整洁，留有余空以便根据需要补充更多的资料。

在回答家庭作业题、往年试题和参加最终考试时，你都应把以上这些作为努力目标。

前　言

规划答题

每道考题的分值是相同的，所以：

(1) 回答所要求的全部 6 道题；
(2) 答题可按你希望的任意顺序。

在开始往答题本上书写前先要规划如何答题。
用草稿纸写出要点。
确认你回答的是考题要求的。
开始书写前重读整道题。

在课程学习和复习过程中，参照家庭作业给出的建议，训练上述各点。

请注意试卷中的选题方法。如果你错答了一道题，譬如你不是从两组选答题的每组各选答一题，而是答了同一组的两题，你将丢掉很多分。

试题常用语

描述…… 详述 ……

例：*描述从包括海相层在内的冲积沉积中回收钻石的开采方法*。请记住，答题是给假想的某位不具备宝石学知识的人看的：当你进行描述时，要想着“这是你要做的”或“这是你见到的”，或“这是所发生的”。对于大多数试题，画示意图是必要的。所以，要画出相关仪器或特征，标注或解释描述中涉及的所有术语或名称，并在适当位置给出示意图的放大倍数或尺寸等内容 。

讨论……

例：*讨论对钻石成为宝石有重要意义的物理性质*。请注意试题的确切用语，据此考虑答题的所有相关要点。首先要考虑所要求讨论的“深度”和“广度”，并据此组织你的答案。用草稿纸写出答题计划，包括用于回答各个部分的时间。先列出各要点再来考虑相关细节。如果列表能加快答题速度的话就尽量列表，还可使用示意图。你可能需要列举实例或简述采用的实验测试和预期的结果。要特别注意避免因过多的细节或无关的说明而使答题“失控”。要确保在考前做过训练。

什么是……/……的含义是什么 / 请解释……的含义 / 你怎么理解……

例：*你怎么理解术语仿制的和合成的宝石材料*？还有常被问到的诸如全内反射或硬度等。这类试题是为了测试你的理解能力。你将发现，答案通常要求综合各种信息。譬如，你要回答如何识别某种现象的外观特征以及该现象是怎样引起的。你要简述几种材料的实例或如何能应用它们。只给出教程方框中的定义或只列出摩氏硬度计那样的清单是不够的。

请解释你怎样识别 / 区别 / 检测……

例：*请解释如何才能区分一颗近无色的明亮琢型钻石和一颗近无色的明亮琢型立方氧化锆*。这道题要求你告诉我们，你应做什么，结果怎么样，并根据试题所问说出你的结论。你可能需要说出你如何观察某些特征，你观察什么，你怎样做，而后给出结果和结论。

一些总的提示

答题的详细程度在很大程度上取决于有多少可用的时间。如果一道题有两个或更多个部分，你必须粗略计算一下回答每一部分需要花的时间并据此做出安排。

再次读题以确保你的回答没有离题。为了得到尽可能高的分，你不仅要回答每道题，而且要答出每道考题的所有部分。漏答一道题意味着你立即丢掉许多分，你考试通过的机会就减少了。写出和图示每道题的要点不会占用你很多时间，所以要保证 **6 道题**都这样做。不要回答同一组选答题中的两道题，否则你会丢掉许多分。注意试卷上的说明。

考试当天

仔细检查需带到考场的物品清单。看看书写和画图的用品是否都已带上。如果把这些文具放在扁平的盒子里而不是带拉链的包里，那么用起来将更加方便。不要试图把任何手写或打印的清单或资料放在你桌上的任何容器内。监考人将进行检查。

15cm 或 20cm 的尺子可能比标准长度的尺子更便于画图。要准备质量好的橡皮和硬度为中到软的铅笔来画图。带一支备用钢笔。全部文字要用钢笔或圆珠笔书写。你可以用圆规，也可以用模板来画圆或其他图形。你要练习使用这些以及可能用到的彩色铅笔或钢笔。如果你没有训练过快速而准确地使用彩笔，那么在考试中要避免使用。

你可携带密封的罐装、瓶装或纸盒装的无酒精饮料到考场。要确保知道上、下午两场考试中间在哪里能找到午饭吃，或自备盒装便餐。因为你可能有“考试紧张症”，所以绝对不能饿着。

检查一下你的注册表上写明的考试时间和地点。每年都有极少数的考生到了错误的地点，或记错了考试的时间或日期。最好是早一点到达考试中心，安排和准备一下考试用品。进入考场前要准备好注册表。要准备出示另一些证件。

除注册表外，不要把任何手写或印刷材料和电子装置带到考桌上。把所有这些都留在外套或包里并放在监考人指定的地点。否则你将面临被取消资格的危险，而且取消资格有可能是永久的。

(1) 将注册表放在桌上能看到的地方。

(2) 如果你迟到了，向监考人展示你的注册表。

(3) 尽最大努力认真听取监考人向你宣读的所有规则。

(4) 不要将自己的姓名写在答题本封面或内里的任何地方。

(5) 必须在任何添加的答题纸上写上自己的考号。

阅读答题本和试卷上的指南。这些指南是非常重要的。对于理论试卷，要努力在 3 小时内答完 6 道题。

应携带的物品

(1) 注册表；
(2) 其他证件（见报名表上的说明）；
(3) 赴考试中心的交通指南或地图（如果需要的话）；
(4) 钢笔、铅笔、尺子和橡皮；
(5) 圆规和（或）画圆形和其他图形的模板；
(6) 密封的罐装饮料；
(7) 适用的药品；
(8) 备用的眼镜 / 花镜；
(9) 手表。

答题时需做事情的清单

(1) 用一点时间阅读整个试题；
(2) 确定回答各道题的顺序；
(3) 写下开始回答每道题的时间表，将手表放到桌上；
(4) 平均每道题用 25 分钟做完；
(5) 重读你准备答的第一题；
(6) 打草稿——如果你训练过链接法，那就用链接图把要点排排队，去掉无关联的；注明可用于回答每一部分的时间；注明哪里放表和示意图；
(7) 开始答题：不要担心已过了 5 分钟时间；你已有了见解，所以你能很有序地按计划的时间答题；不要加上不相干的资料，不要写题外话；
(8) 过几分钟后，再看一下试题。你回答的确实是试题所问的问题吗？
(9) 每道题从答题纸新的一面起；开始将考题号写在纸的上方；
(10) 要为示意图和表格留出地方。每道题的末尾要留些空白地方，也许随后你想补充些什么。

答完题后请检查

(1) 是否已在每页答题纸上写上了题号；
(2) 是否已在答题本封面和你所添加的任何附加页上写上了你的考号；
(3) 是否已在封面上勾出了你已回答了的问题；是否已填写了封面右上方的方框。

作 弊

考试期间万一出现任何考生的任何作弊嫌疑，考官有严格的规则可以遵循。

♦ 大纲和试卷

理论部分的大纲

1. 钻石的历史

矿山发现和开发的简史；钻石产地及其历史意义；矿山总产量和其中宝石级钻石的产量（不要求具体数字）。

2. 钻石的成因和产出

钻石成因、发现和产出的地质意义； 钻石的动力地质环境及其生长条件； 成因的证据；地理分布和开采地与地质产出的关系：原生和次生产出。

3. 钻石的本质

钻石的结构：碳原子的化学键合和结晶类型；钻石的晶形和习性、生长标志和蚀痕、解理、生长面和“纹理”；钻石在立方晶系中的分类。

4. 钻石的性质

钻石的主要物理性质：对宝石学性质及其实际应用的有关描述；色散和“火彩”；全内反射；反射率和光泽；亮度；方向性光学性质：偏振化、折射；非光学性质：耐久性、比重(SG)、电性、热学性质、可湿性；非光学方向性性质：“纹理”、解理、差异硬度及它们与钻石晶体结构的关系；它们在鉴定和加工中的意义。

5. **钻石的颜色**
对晶体结构缺陷和钻石类型重要性的说明：缺陷的形成机制及其对钻石颜色和电性的主要影响；吸收特征；紫外辐射；荧光和磷光。

6. **宝石级合成钻石**
现代合成宝石级钻石的方法、条件和例子。

7. **钻石的处理**
包括辐照和热处理以及高压高温处理在内的各种产生和改变体色的例子和机制；包括涂色和贴箔在内的表面改色；净度处理：激光打孔、特殊方法激光打孔和延伸到表面的孔洞的玻璃充填。

8. **钻石的测试**
包括DTC各种筛别仪器在内的用于钻石测试的主要实验室测试设备。

9. **开采和回收**
现代采矿的主要方法：露天开采和地下开采；含钻石岩筒和包括海底开采在内的冲积矿床开采；回收的阶段：处理（解离）、选矿和分离。

10. **钻石的加工**
加工方法。圆形明亮琢型：原石设计、分割、成型、磨刻面和抛光。锯开面和抛光纹理（方向）。激光和自动化的应用。

11. **钻石琢型的历史**
切磨发展简史。琢型。新琢型。钻石切磨质量和理想比例。比例度量。

12. **钻石的销售渠道**
原石的大小和形状。按质量和颜色分选。原石市场、DTC、血腥钻石和金伯利程序。成品钻石市场。切磨中心和钻石交易所。

13. **钻石分级、估价和首饰中的钻石**
4C：颜色、净度、切工和克拉重。分级体系和分级原则。评估和估价的基础。常见的钻石镶嵌。

14. **钻石仿制品**
天然和人造的钻石仿制品。拼合石。钻石的鉴别；根据外部和内部特征区别钻石和它的仿制品，特别是用10×放大镜来区分；仪器的使用，包括利用热导仪和测比重以及荧光和X射线。

实践部分大纲

钻石证书考试由各用时 3 小时的两份试卷组成：理论考试试卷（试卷 1）和实践考试试卷（试卷 2）。

钻石实践证书考试只有一份试卷：该试卷与钻石证书考试的实践部分相同。

A 部分　共 13 颗裸石，其中的每颗钻石都已在伦敦按 GIA 和 CIBJO 分级体系进行了分级。答案要按 GIA 或 CIBJO 体系给出。同一时间只看一颗宝石。A 部分要求做钻石鉴别、颜色分级、净度分级，描述对称性、比例和腰棱条件，检测处理钻石和检测（但不是鉴定）仿制品。

A 部分中有一颗或一颗以上的宝石是经过处理的钻石或钻石的仿制品或拼合石。对裂隙充填钻石，不要求颜色和净度分级。对激光打孔钻石，颜色和净度分级都要求。

区分考生若是把一颗钻石说成是钻石的仿制品，或是把一颗钻石的仿制品说成是钻石，将不能得到良好或优秀成绩。

对于每颗宝石，总分值为 40 分，其中颜色分级 15 分，净度分级 15 分，切工 10 分。整个 A 部分的总分为 520 分。

钻石的鉴别以及钻石与其仿制品的区分　只用 10 ×放大镜鉴别钻石。用简单的检测来区分钻石和仿制品。不要求鉴别仿制品的品种。

钻石处理的检测　检测用于改善钻石包裹体外观的激光打孔处理。检测延伸到表面的裂缝的人工充填（“裂隙充填”钻石）。

切工分级　用 10 ×放大镜和“弧度法”目估台面对称性和大致的直径百分比。用“三分之一直角法”估计冠角。用“比例法”估计亭部深度。对“鱼眼”和“块状”这些极端情况的估计。对腰棱宽度和条件的估计。

颜色分级　用一个折叠的白纸卡和分级灯并使用 CIBJO/GIA 体系的颜色等级来评价色级，下限为 Tinted/N 级。可用比色石，也可不用。

净度分级　用 10 ×放大镜、钻石镊子和分级灯并使用 CIBJO/GIA 体系的净度等级来评价净度等级。

B 部分　描述 5 颗原石。不要求分级。

用 10 ×放大镜观察　晶面和晶形、解理面和初始解理、包裹体、外壳以及双晶的外部和内部证据。对质量、透明度 / 不透明度和颜色的一般性描述。

每颗原石如描述令人满意可得 16 分，B 部分的总分为 80 分。

前　　言

大纲说明

考试成绩的等级

钻石证书理论 / 实践考试的通过等级为 A/A、A/B、B/A、B/B。理论和实践这两部分的等级分如下 (%)：

A：100 ～ 80 ； B： 79 ～ 60（通过分）； C： 59 ～ 45 ； D： 44 或以下

对于钻石证书考试，只有在同一考期在理论和实践考试中都获成功并经考官审定的考生，才能获得良好 (Merit)、优秀 (Distinction) 或奖励。参加钻石实践证书考试的考生只获得通过或不通过（通过分为 60 分）。

只参加了实践部分考试的考生或在同一考期参加了实践和理论两部分考试但只通过了实践部分考试的考生，可获得钻石实践证书。实践证书的持有者，可在以后的任何时候，在学习理论课程后，参加钻石证书理论考试。理论考试成功的考生，除原已有的实践证书外，将获得钻石证书。

实践证书持有者若随后参加理论考试获通过并获得钻石证书，将不会获得良好、优秀或奖励。

在同一考期参加了钻石证书理论和实践两部分考试但只通过理论部分而实践部分为 C 的考生，其理论部分的成绩将暂予保留。他们可在此后的 2 年内补考实践部分，以便有资格获得钻石证书。超过这个期限，考生必须补考理论和实践两部分才能获得证书。

所有考生都必须在报名表上所规定的报名截止日期前将填好的报名表返回 Gem-A。

请注意：晚于该期限的报名表不会被接受。

实践考试标准试卷 (GD2) 见下页。

实践考试答题本中有回答每部分的说明。

钻石证书考试

钻石分级 (2) 实践

3 小时

考生的考号必须贴在答题本的封面上

一次只能取一颗标本

每个问题的答案都必须书写在认可的答题本上

请用墨水书写

用铅笔画图

每个问题都应设法回答

实践考试的总分是：

部分	总分
A	520
B	80

前　　言

对实践两个部分的说明

A：给出 A 部分所有宝石的切磨款式的名称。

A 部分中会有一颗或一颗以上的宝石是经过处理的钻石或钻石的仿制品。

对编号 A1 到 A13 小包内的钻石，根据其颜色、净度、对称性、比例和腰棱条件进行分级。

对激光打孔的钻石，要求进行颜色和净度分级。对所有其他的处理钻石和钻石仿制品则不要求进行颜色和净度分级。

对钻石仿制品不要求进行切工分级。

B：对编号 B1 到 B5 小包内的钻石原石给出所要求的信息。

标本检验清单

每完成一颗标本的检验后将号码划掉并向监考人员出示

A:	1		B:	1
	2	8		2
	3	9		3
	4	10		4
	5	11		5
	6	12		
	7	13		

理论考试试卷 (GD1)

本页所示是每份 GD1 试卷正面的样子。下页是 2005 年的一份试题。往年的试题可从 Gem-A 的教育办公室得到。

GD1

英国宝石协会和宝石检测实验室

2005 年钻石证书考试

试卷 1 理论

2005 年 1 月 12 日　　　　　　　　3 小时

考生需回答 6 道题

第 1 题到第 4 题必答

从第 5 题和第 6 题中任选一题

从第 7 题和第 8 题中任选一题

在开始答题前应仔细地读题以确保能正确理解试题的要求

请用墨水书写

你可用铅笔画图

前　　言

2005 年 1 月　GD1

* 总共回答 6 道题 *

回答第 1、2、3、4 题

1. (a) 许多钻石是有色的。描述天然钻石常见的一些颜色。讨论这些颜色的成因。(8 分)
   (b) 描述可用于钻石人工改色的两种不同方法。 说出这些方法可导致颜色的哪些变化。在回答中要说明所处理钻石的类型和处理后的颜色。(8 分)
   (c) 描述你如何确定一颗钻石是否经过人工改色处理。讨论处理如何影响钻石的价值。(4 分)

2. (a) 你面前有两颗 IIa 型钻石原石，一颗是天然的，另一颗是合成的。 两颗钻石都是近无色的，重约 1 克拉。描述至少 4 种可用于把这两颗钻石区分开的方法。(8 分)
   (b) 你面前有两颗圆形明亮琢型钻石，一颗是天然的，另一颗是合成的。 两颗钻石都是蓝色的，不含包裹体，重约 1 克拉。 描述至少 3 种可用于把这两颗钻石区分开的方法。(8 分)
   (c) 你面前是一颗大的亮绿色 Ia 型钻石。你怀疑这颗钻石是经过处理的。什么处理能产生这种颜色？ 如何检测这种处理？(4 分)

3. 明亮琢型是钻石最常见的琢型。
   (a) 描述明亮琢型钻石的加工过程。(8 分)
   (b) 描述圆形明亮琢型钻石的比例。(4 分)
   (c) 讨论这种琢型钻石会显示的特性。(4 分)
   (d) 画出展示冠部刻面和亭部刻面的示意图。(4 分)

4. (a) 详细讨论用于评价钻石颜色和净度的分级尺度。(10 分)
   (b) 在成品钻石的评估和定价中，除颜色和净度外，还有哪些因素是重要的？(2 分)
   (c) 说出要求估价的 4 种不同原因。(3 分)
   (d) 当为保险重置而估价时，你如何计算它的价值？(5 分)

回答第 5 题或第 6 题 (不要两题都答)

5. (a) 描述两种人造钻石仿制品。
   (b) 对于这两种钻石仿制品，分别讨论它的物理性质与钻石的有何区别。
   (c) 解释这些性质如何能帮助你把每种仿制品与钻石区分开。(20 分)

或

6. (a) 简要描述钻石的成因。(10 分)
   (b) 描述世界范围内钻石的原生产地。(10 分)

回答第 7 题或第 8 题 (不要两题都答)

7. (a) 钻石的哪些特征是其耐久性导致的结果？(8 分)
   (b) 讨论钻石的硬度如何影响其加工。(12 分)

或

8. 简要解释下列术语的含义

(i) 二层石	(4 分)
(ii) 解理	(4 分)
(iii) 看货会	(4 分)
(iv) 胡须	(4 分)
(v) 色散	(4 分)

前　言

◆ 晶体结构模型

钻石八面体的制作方法

钻石晶体结构由碳原子组成，用黑色塑料原子中心表示。每个原子以 4 个等角键合（四面体键合）。用绿色塑料管表示相等的键并把整个模型聚合在一起。请按此方法和下面的图示制作出一个完整的八面体模型。你将使用 136 根管子和 84 个原子中心，做成一个 4 层的模型。每层是由一个“皱起的”环组成的。从用 6 根管和 6 个“原子”做一个环开始制作，所制成的环中有 3 个原子的支架像腿一样立在桌上，而另外 3 个支架则直立向上。

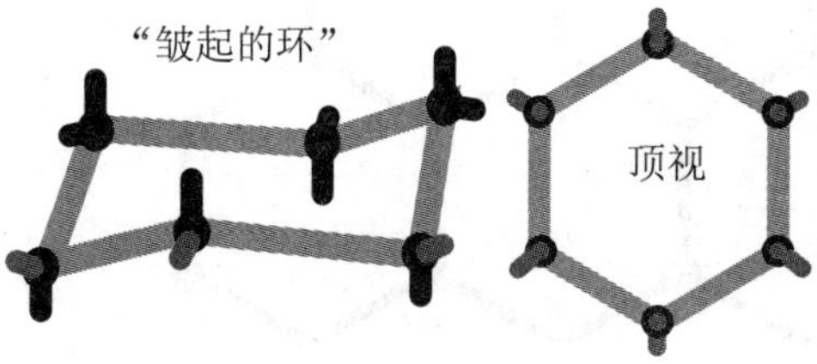

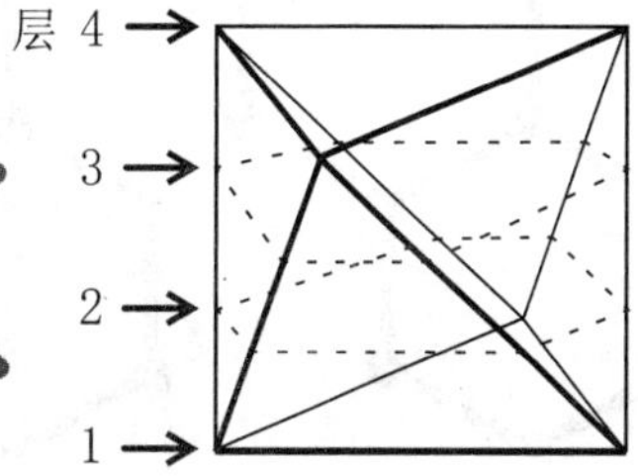

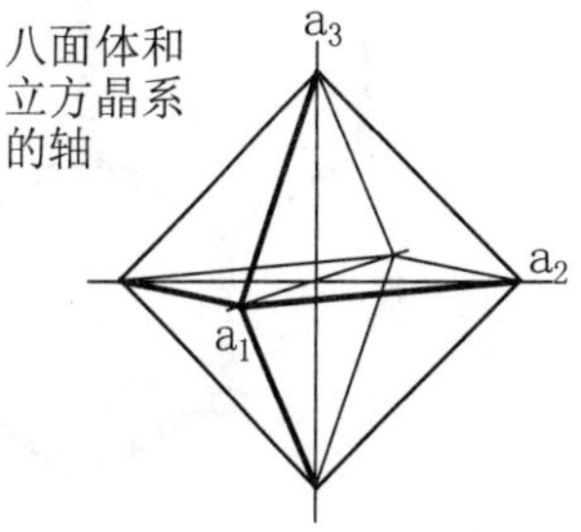

下页中的 4 个图分别代表由皱起的环组成的 4 层。黑点代表直立向上的地方。①先制作层 1。而后把管子插进标有“A”的朝上的支架。②将层 2 标有“A”的朝下的原子支架插进层 1 标有“A”的朝上的管子，这样就把层 2 架到了层 1 的上方。在层 2 中，标有“B”的位置是朝上的支架。③将层 3 标有“B”的支架插进层 2“B”处朝上的管子里。④制作层 4，把层 3 和层 4 中标有“C”的支架连接起来，这样模型就完成了。

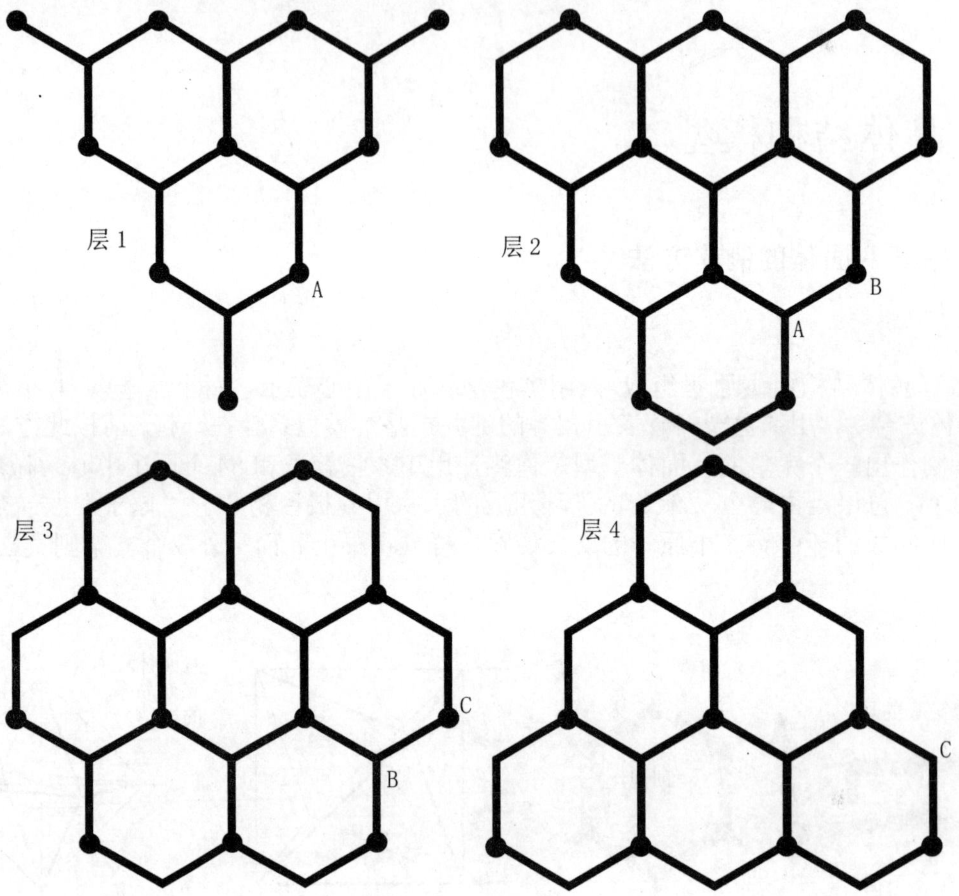
层 1
A
层 2
B
A
层 3
C
B
层 4
C

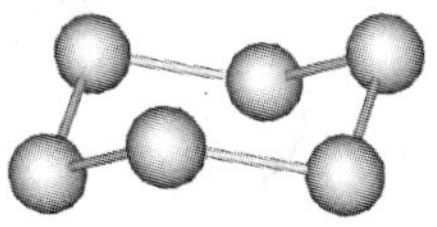

“皱起的环”

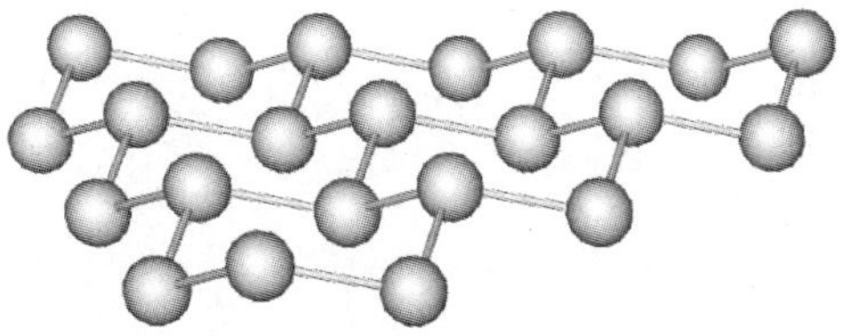

层 4 的两个视图

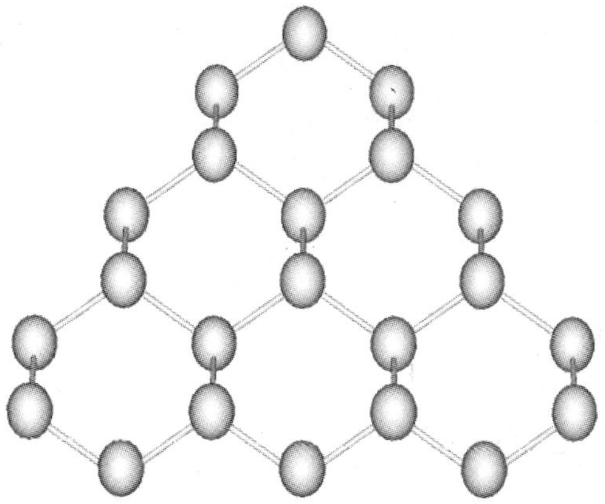

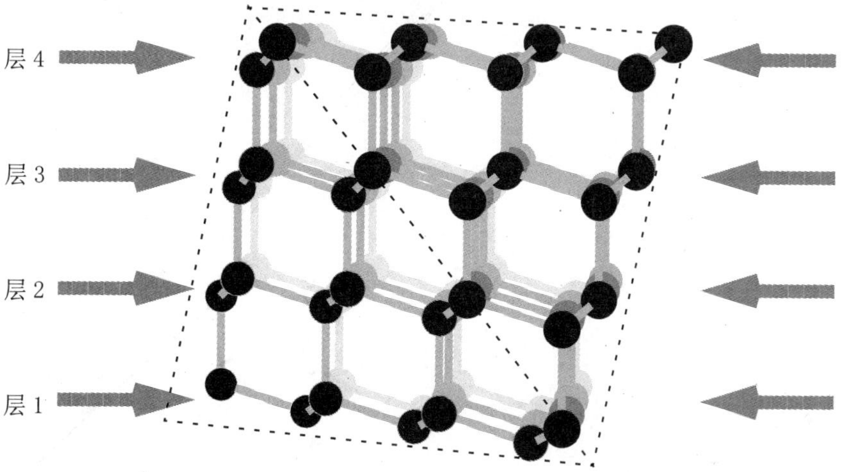

各层连接在一起构成完整的八面体

第一章　钻石的历史

目　录

第一章　钻石的历史

◆ 前言

宝石材料是我们星球稀有和受人喜爱的产品，而钻石是最受人喜爱的宝石之一。

♦ 什么是宝石？

任何用于个人装饰或装璜并具有特殊属性或价值因素的材料均可视为**宝石材料**。

最重要的价值因素是**瑰丽、耐久性、稀有性**和**可接受性。**

有多种多样的材料可视为宝石。钻石晶体、刻面紫晶、大理石板、塑料块仿煤精、养殖珍珠以及玻璃和石榴石的拼合石等均可描述为宝石材料。

原石（毛坯）是指能够制成瑰丽的宝石或饰品的未经加工的宝石材料。对大多数宝石原石而言，其瑰丽只是经过熟练工匠切割和抛磨后才能充分显示。这些加工最大限度地揭示出它们的颜色和光学效应，因而也提高了它们的价值。

在宝石商贸中除钻石外的所有宝石都叫“有色宝石”，尽管其中有些是无色的宝石，譬如水晶。

宝石材料最常见的用途是个人装饰，如首饰上的切割和抛磨的宝石。

关于钻石的评价和如何用于首饰，详见第十三章。

背景资料:

♦ 钻石——理想的宝石

钻石从古时起就被用作宝石或护符，也用作雕刻坚硬材料的工具。

钻石 (diamond) 一词来自古法语的“diamant”，而后者又源于中世纪拉丁语的“diamas”。“diamas”是由拉丁语的“adamas”变化而来，意思是不可战胜的或不能制服的，被用来形容任何坚硬的材料。而“adamas”这个词又是源自更古老的希腊语“adamao”，意思是“我制服”或“我征服”。在古代文字中，“adamas”或“adamant”被用来指特别硬的材料。

钻石是奇异的晶质材料。它是已知最硬的材料，这或许是它最主要的特性，但它还拥有其他许多使它成为工业和技术奇物及真正不寻常的宝石的突出特性。

因为有这些优异品质，难怪我们所在星球上钻石的成因和产出以及实现钻石的合成会如此吸引人并成为持续研究的课题。

对钻石晶体和地球岩石的广泛研究已有许多年。现在我们已有充分理由认为宝石级钻石是形成于我们完全不可及的地壳以下的深处。然而，一些钻石存在于地球表面和靠近地球表面已有千百万年。这里我们将介绍钻石是怎样形成的以及它们中的一些是如何出现在我们所能及的地方，从而可用作宝石和用于工业、技术领域。

对于钻石的成因以及它们如何运移到地球表面，还有许多不清楚的地方。各种研究不断地进行，钻石产地不断地被发现，看来问题是复杂的。本教程第二章从大量野外实验室和理论研究成果中汲取其精华给予了简单介绍。新的发现接连不断，其中一些影响深远。有些事实依然使研究人员感到不解。譬如，某些钻石的产出情况与迄今对古大陆及其与形成钻石的特定温度、压力间相互关系的解释不符。这些问题仍待作出解释。

本教程前四章给出的是背景资料。其目的是使读者对现代钻石业以及宝石级钻石分级和评价的重要过程有更深的领会。

本教程的随后几章涵盖了宝石级钻石最重要的一些方面，包括提取、加工、处理、合成和仿制品。教程中还深入地探究了钻石的颜色和类型，阐述了它们在处理和其检测以及宝石级钻石的分级和评价中的极端重要性。教程还提供了为更深入理解课程实践环节所需的基础知识。

课程实践部分的目标是使学生在分级和评价宝石级钻石有商业意义的特征以及鉴别宝石级钻石的仿制和处理方面达到切合实际的熟练程度。

关于地球及其活动的许多研究属于地质学。对于采自地球并用于工业和日常生活的材料的研究称为经济地质学。对矿物的研究称为矿物学。始于 19 世纪末的对宝石的研究发展成为宝石学的一个新的学科。本钻石证书课程的许多资料取自所有这些研究领域的成果。

第一章　钻石的历史

♦ 神话、传说和迷信

与钻石有关的最著名的传说之一是“钻石谷”。时间应大致是公元前 3 世纪。

“亚里士多德说，除亚历山大外没有任何人曾经到达这个产钻石的地方。这是一个与 Hind 相连接的谷地，目光看不到它的最深处。那里发现有人们从未见过的毒蛇，只要看着它，人就会死掉。然而，这种神力只是当毒蛇活着时才有，一旦蛇死了，这种神力就离它而去。在这个地方，夏天长 6 个月，冬天也是 6 个月。亚历山大命令要带上铁制的镜子并把它放在毒蛇居住的地方。当毒蛇来到时，它从镜中看到了自己，这样蛇就死去。亚历山大希望能从谷地中取回钻石，但没有一个人同意下去。亚历山大与一些智者商量，他们告诉他可把一些肉扔到谷地中。他这样做了。钻石粘到了肉上。飞鸟抓住了肉并把它带出谷地。这时亚历山大就命令手下人追捕这些鸟并收集从肉上掉下的钻石。”(据 Kunz, 1938)

关于这个故事有许多不同的版本，可能都是出自寻找钻石矿的人。这些传说的基础可能是源于在印度有矿山开张时要杀家畜的传统。

关于钻石的许多神话源自印度，并随钻石一道传到了欧洲。

钻石被认为能保护家庭，增强勇气和胆量。譬如，阿伯特 (Albert)(1206—1280) 就建议要把钻石戴在身体的左侧，这样可以防敌人。

然而，古代印度的宝石工匠则认为戴有瑕疵的钻石会带来灾祸。他们说：“一个有纯洁身体并佩戴尖的完全无瑕疵钻石的人的快乐、幸运、子女健康、丰收、牛和家畜将与日俱增直至生命结束。”

在西方，许多中世纪的作者描述钻石有防毒的功能，但也有人认为它是有毒的。关于若吞下钻石会中毒的传说可能是与要阻止窃贼从矿山偷钻石有关。吞下钻石通常既无好的也无坏的效果，钻石可无害地通过人体。然而尖的碎块有可能造成严重伤害。

钻石与爱情联系到一起已经有几个世纪了。然而，把钻石用来表达爱情并广泛用在订婚戒上还不是很久。这主要是因为在 19 世纪末在非洲发现钻石前，钻石还很稀有。20 世纪 30 年代末戴比尔斯开展了大规模的促销活动。

◆ 钻石发现史（图 1-1）

国家	首次发现	首次重要发现	开始生产日期
印度	古代		公元前800年至公元前600 年
印度尼西亚（婆罗洲）	古代		古代
巴西	1725		1730
独联体（前苏联）	1829	1954	1957
澳大利亚	1851	1978	1981
美国	1863	1906	无规模开采
南非	1866/67		1869/70
圭亚那	1890		1921
委内瑞拉	1901		1955
刚果民主共和国(前扎伊尔)	1903		1907
津巴布韦(前南罗得西亚)	1903		1905
纳米比亚(前西南非)	1908		1909
坦桑尼亚	1910	1940	1945
利比里亚	1910		1950
安哥拉	1912		1917
中非共和国	1914		1931
加纳	1919		1925
象牙海岸	1928	1948 年再次发现	1952
塞拉利昂	1930		1935
几内亚	1932		1934
中国	20 世纪 40 年代末		～1967
博茨瓦纳(前贝专纳)	1959	1967	1971
加拿大	1991		1998

Colesberg Kopje的金伯利矿，1871年7月15日发现
（版权所有）DTC

金伯利矿，1871年
（版权所有）DTC

金伯利矿，1872年
（版权所有）DTC

金伯利矿，1874年——旋转淘洗盘
（版权所有）DTC

金伯利矿，1875年——用索道将矿石从矿山运出
（版权所有）DTC

金伯利矿，1875年——水流冲洗装置
（版权所有）DTC

金伯利矿，1879年——不同标高的矿权地
（版权所有）DTC

金伯利矿，1895年
（版权所有）DTC

大洞，原先的金伯利矿
（版权所有）DTC

都多特斯潘和布尔丰坦
（版权所有）DTC

纳米比亚海滩矿床
（版权所有）DTC

第一章　钻石的历史

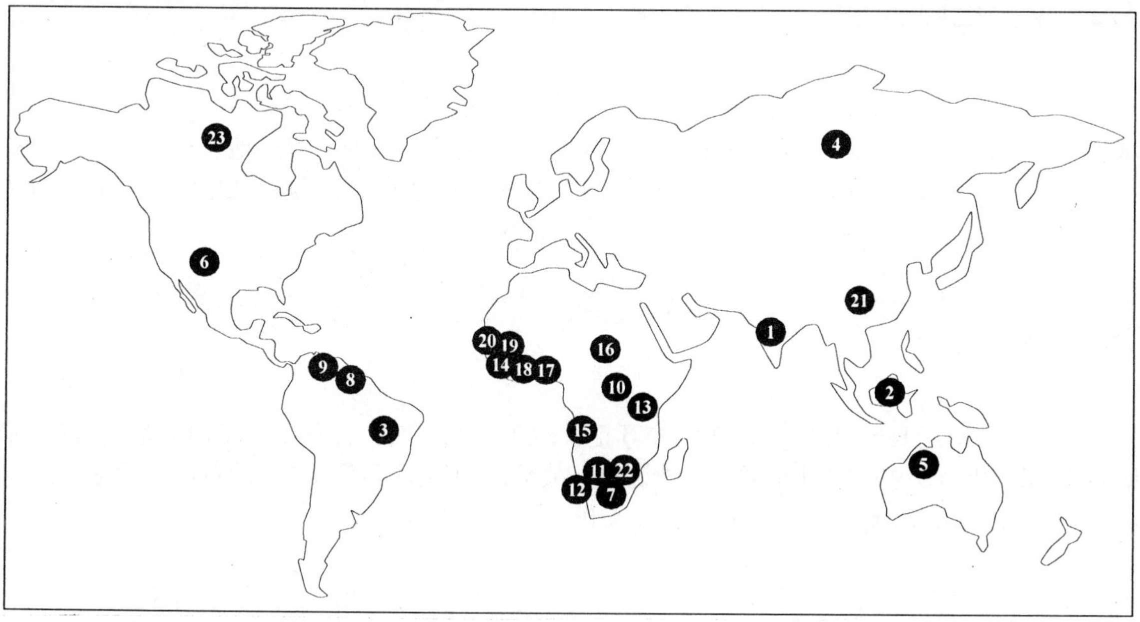

1. 印度
2. 印度尼西亚（婆罗洲）
3. 巴西
4. 独联体（前苏联）
5. 澳大利亚
6. 美国
7. 南非
8. 圭亚那
9. 委内瑞拉
10. 刚果民主共和国
11. 津巴布韦
12. 纳米比亚
13. 坦桑尼亚
14. 利比里亚
15. 安哥拉
16. 中非共和国
17. 加纳
18. 象牙海岸
19. 塞拉利昂
20. 几内亚
21. 中国
22. 博茨瓦纳
23. 加拿大

图 1-1　钻石发现地

公元前 800 年至 18 世纪，印度

印度是历史上重要的钻石产地。它是 18 世纪前唯一的主要钻石产地 。早期就曾在此发现包括光（明）之山钻在内的许多世界名钻。这些钻石发现于河岸或干河床的砂矿中。

Tavernier 在 1670 年出版的《*Travels in India*(印度之旅)》一书中曾描述过这些产地。他描述了他的旅行及对钻石重量、价格和质量的观察以及钻石切磨方法等细节。许多钻石由 18 世纪 50 年代成立的东印度公司船运到欧洲。

这一时期，在印度尼西亚（婆罗洲）也有钻石开采，但数量很少，均见于砂矿。

1725年，巴西

在巴西，钻石的首次发现是在米纳斯吉拉斯(Minas Gerais)，这也是一个砂矿。首次发现地在10年内开采殆尽。此后，在整个巴西境内又发现了一系列钻石产地，不过，直到1968年才发现火山岩筒中的原生矿。在19世纪南非发现钻石之前，巴西一直是世界上最大的钻石生产国。

1867年，南非

1867年末或1868年初首次在南非真正发现了一颗钻石。该钻石产于奥兰治河南岸De Kalk农庄的砾石层中。因对此事有几种说法，故准确的日期并不清楚。钻石原石重21.25克拉，切磨后重10.73克拉。该钻石被命名为伊利加(Eureka)。

最初的一些发现与在印度和巴西的发现一样是砂矿型的。然而，掀起钻石风暴的并不是伊利加钻，而是后来一位叫Swartboy的牧羊人捡到的一颗重83.50克拉的晶体。该钻石被命名为“南非之星”，切磨后的重量为47.69克拉。

1869年在远离河流沉积物的砾质土壤和风化岩石中发现了钻石。采掘者在挖掘过程中，从下面更硬、颜色更深的基岩中发现了钻石。这是一种现今被称为金伯利岩的岩石。这些发现迫使人们重新思考早先关于钻石及其成因的想法。这是迄今依然在研究的问题，对此我们将在本教程第二章中予以说明。

在新发现地，粉碎风化基岩后提取到了钻石。软的风化金伯利岩呈黄色，被称为“黄地”。开始时采掘者的矿权地为30平方英尺(9～9.5m^2)，但随时间的推移，因某些采掘者挖掘矿权地的速度高于周围的采掘者使其矿权地向外扩展，故矿权地的情况变得不稳定。

当采掘者挖到17～27m的深度时，岩石发生变化，它变硬并带蓝色调。这种岩石被称为“蓝地”。许多采掘者因认为已到达了钻石矿的底，故将矿权地出售。这为留下的采掘者提供了扩大矿权地的机会。没有几个人意识到这是未风化状态的金伯利岩，依然含钻石。

蓝地可人为使其风化，办法是把它搬运到地表并放置约3个月，另一办法是靠人工将它粉碎。金伯利矿于1914年停采。当时已采了1 450万克拉的钻，留下了一个深175m，直径450～460m的环形坑。这是世界上最大的人造环形坑之一，被称为大洞(Big Hole)(图1-2)。

在南非采矿业早期的这些年间，戴比尔斯矿业公司(De Beers Mining Co. Ltd.)最先成立。1887年前该公司完全处在罗得斯(Cecil John Rhodes)的控制下。它不断发展并于1888年变成戴比尔斯联合矿业公司(De Beers Consolidated Mines Ltd.)。在这一时期，该公司控制了几乎全部的世界钻石生产，这使它能调节钻石的供应和价格并保持生产的不间断进行。

在第十二章中讨论了戴比尔斯在现今钻石销售渠道中所起的作用。

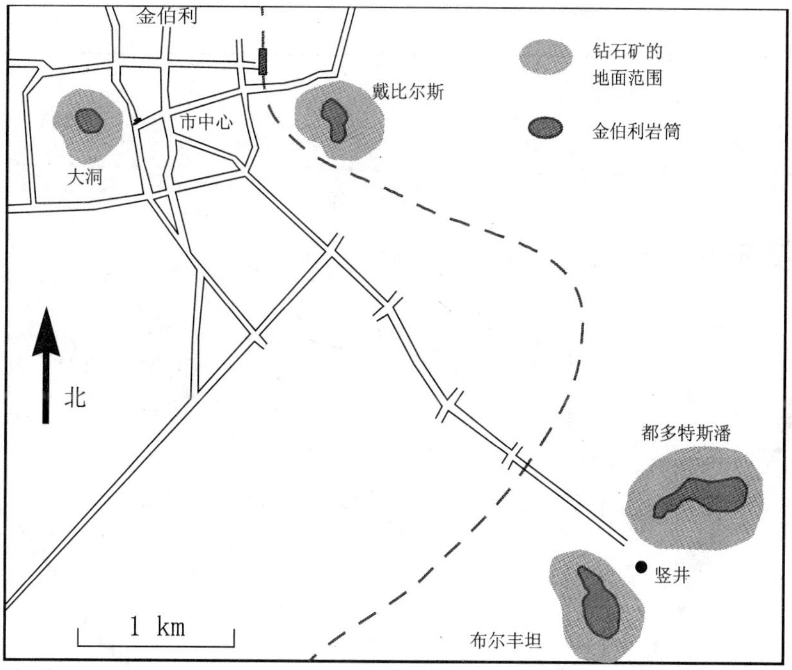

图 1-2　位于金伯利的钻石矿山

南非的矿山	日期
科菲丰坦 (Koffiefontein)	1870 年， 1971 年重新开采
金伯利 (Kimberley)，现叫大洞 (Big Hole)	1871 —1914 年
戴比尔斯 (De Beers)	1871 —1908 年， 1963 —1989 年重新开采
都多特斯潘 (Dutoitspan)	1871 年
布尔丰坦 (Bulfontein)	1871 年
维谢尔顿 (Wesselton)	1891 年
普列米尔 (Premier)，现叫库里南 (Cullinan)	1903 年
纳马夸兰 (Namaqualand)	1908 年
芬什 (Finsch)	1967 年
维尼提 (Venetia)	1992 年
奥克斯 (The Oaks)	1998 年

19 世纪到 20 世纪，非洲

在南非最先发现钻石后不久，在非洲其他地方，包括纳米比亚和博茨瓦纳，也发现了钻石（图 1-3）。

图 1-3　南部非洲钻石产地分布图

纳米比亚，1908 年

特别需要提到的是纳米比亚（前西南非）的海滩砂矿。在本教程第二章中有对这些海岸带矿床的讨论。而在第九章中可找到其专门开采方法的说明。采自这些矿床的钻石质量非常高，约有 90% 的为宝石级。

博茨瓦纳，1967 年

尽管有早期发现的记录，但 1967 年发现的奥拉帕岩筒是首次重要发现。博茨瓦纳现今是世界上最大的钻石生产国之一。从价值来说，博茨瓦纳有世界上最富的钻石矿床。

第一章　钻石的历史

背景资料：

矿山	日期
奥拉帕 (Orapa)	1967 年
莱德哈坎 (Letlhakane)	1977 年
杰旺年 (Jwaneng)	1982 年
达姆沙阿 (Damtshaa)	2003 年

独联体 (俄罗斯), 1954 年

随着第二次世界大战的结束，开始了冷战时期。由于钻石在工业上的重要性，西方大国决定对前苏联实施钻石禁运。当时前苏联既没有合成钻石，也没有有商业价值的天然钻石矿床。他们研究了本国的地质条件并与南非钻石矿床的地质条件做比较，认定在西伯利亚有可比的环境。于是，开始了对钻石的研究。1954 年研究取得了成功，发现了一组多达 400 个的金伯利岩筒，其中至少有 40 个是含钻石的。已证实这些矿床的产量至少与南非相当。然而，总产量的约 85% 来自 “成功” 和 “佳节” 这两个矿山。

背景资料：

矿山	日期
曙光	1954 年
和平	1955 年
成功	1955 年
卫星	1959 年
第 23 次党代会	1960 年
光荣	1960 年
佳节	1991 年

1989 年后，因政治局势的变化，现今所有钻石矿床都在俄罗斯的雅库特区，而市场运作则在莫斯科。

澳大利亚，1971 年

一个多世纪前就已知道在东澳大利亚有钻石，但数量较少。然而，20 世纪 70 年代在西澳大利亚的金伯利区发现了资源丰富得多的矿床，已证实是火山侵入岩体。

在旧殖民年代，英国的文职官员把该区命名为金伯利。这些人曾在南非服务过，而后又被派往澳大利亚。他们之所以用这个名称，是因为他们认为这里的岩层与南非金伯利一样。请看他们有多么正确！

澳大利亚主要的钻石矿床是在阿盖尔 (Argyle) 岩筒。虽然它在地质上与金伯利岩相似，但矿物成分有差别，是钾镁煌斑岩。阿盖尔矿和鲍 (Bow) 河砂矿一道构成了世界上最大的钻石矿床。尽管鲍河砂矿已不再开采，但澳大利亚的钻石产量至今仍在世界钻石产量中占有相当大的比例。

阿盖尔矿宝石级钻石的产出率不高，所以它不如博茨瓦纳的矿床那样有价值。但它因产粉红色钻石而著名。在开采该矿前，粉红色钻石很少见。

阿盖尔矿是澳大利亚目前唯一的主要矿山。位于澳大利亚北内陆区的默林金伯利岩筒矿于 2003 年关闭，并在 2004 年由 Rio Tinto 公司卖给了 Striker 公司，后者准备恢复该矿的生产。

加拿大，1990 年

在加拿大西北内陆区的波因特湖 (Point Lake) 区发现了该国首个重要的钻石矿床。到 1997 年已确定了 100 多个金伯利岩筒的位置并完成了全面开采所需的基础设施。1998 年 10 月阿卡提 (Ekati) 钻石矿这个加拿大第一个钻石矿全面投产。

加拿大金伯利岩更多是以岩墙而不是岩筒形式（见第二章）产出，多发现于湖水下，比俄罗斯的雅库特更靠近北极圈。开采条件恶劣但产率高。该矿床被认为具有潜在的与独联体或南非的钻石矿床相当的价值。

第一章　钻石的历史

背景资料：

矿山	日期
阿卡提（Ekati）	1998 年
Diavik	2003 年
Snap Lake	计划于 2007 年投产

◆ 估计的钻石产量

国家	矿山	1999 年		2002 年	
		克拉（百万）	价值（百万美元）	克拉（百万）	价值（百万美元）
博茨瓦纳	奥拉帕	9.0		14.4	
	莱德哈坎	0.8		1.0	
	杰旺年	11.4		13.0	
	博茨瓦纳总产量	**21.2**	**1 611**	**28.4**	**2 170**
独联体（俄罗斯）	成功	9.3			
	佳节	5.2			
	其他	1.7			
	独联体总产量	**16.2**	**1 523**	**17.0**	**1 470**
南非	维尼提	3.7		5.0	
	库里南	1.5		1.5	
	芬什	1.7		2.4	
	纳马夸兰	0.7		0.8	
	其他	1.9		1.2	
	南非总产量	**9.5**	**980**	**10.9**	**900**
安哥拉		3.6	543	5.5	900
纳米比亚		1.6	413	1.4	450
加拿大		2.5	421	4.0	430
刚果民主共和国		22.0	725	16.0	400
澳大利亚		29.7	436	33.6	400
其他		4.2	592	4.0	600
世界总产量		**110.5**	**7 244**	**120.8**	**7 720**

第一章　钻石的历史

小结

2002 年按价值和按克拉重统计的最重要生产国是：

国家	2002 年	
	按克拉重排序	按价值排序
博茨瓦纳	2	1
独联体（俄罗斯）	3	2
南非	5	3
安哥拉	6	4
纳米比亚	8	5
加拿大	7	6
刚果民主共和国	4	7
澳大利亚	1	8

提供给学生的信息：

◆　坚持你的学习

为在课程进行过程中帮助你巩固你的学业，请使用我们所建议的快速复习方法来增强记忆和加强理解。复习应该经常进行，直到最后的总复习，甚至在课程和考试之后这种复习都是有用的。本教程中介绍了复习方法，请参阅教程末尾帮助一节中关于复习、写报告和考试技巧的指南。

♦ 复习

在草稿纸上写出要复习的问题。在头脑中思考与这些问题有关的要点 ，而后把要点及相关内容写在草稿纸上。

经过复习 ，你会发现任何重要的词或术语会变得更容易记忆和理解 ，而这又会使你更易理解课程后续的内容，并对你完成家庭作业题和考题有很大帮助。

强化题和家庭作业题在每章的末尾。这些题在课程各阶段的复习中会对你很有帮助。

第一章课程强化题

强化题的回答是非常短的，有针对性的，不要求全面论述。你应尽可能快地回答全部问题，譬如说用 10 到 20 分钟时间。没有把握或忘记的内容可先跳过，回过头来再看看教程。强化题的全部答案在附录 2。

1. 大多数宝石应具备的 4 个属性是什么？
2. 钻石最重要的古代产地是哪里？
3. 说出 19 世纪最重要的钻石发现。
4. 说出在第 3 题所回答国家中发现的两个矿。
5. 说出新近有重要钻石发现的那个国家的名称。
6. 说出第 5 题所回答国家中第一个投产的钻石矿山的名称 。
7. 说出独联体两个最重要的矿山。
8. 说出 2002 年钻石产量按克拉重计为前 4 位的国家。
9. 说出 2002 年钻石产量按价值计为前 4 位的国家。
10. 哪个矿以粉红色钻石著称？
11. 说出第 10 题所问矿山的所在地和国家。
12. 哪个国家以滨岸钻石砂矿而著称？

第一章家庭作业题

1. 概述世界钻石矿床发现史。可能的话说出每个发现的相对时间和结果。 (20 分)

2. 解释下列术语的含义：
   (a) 宝石材料； (4 分)
   (b) 黄地； (4 分)
   (c) 蓝地； (4 分)
   (d) 大洞； (4 分)
   (e) 伊列加钻。 (4 分)

目　　录

第二章　钻石的成因和产出

◆　前言

在已知的宝石中只有钻石是基本上由单一的化学元素——重量轻的碳元素组成。

钻石是晶质碳。

碳实在是我们生命的一部分：包括人类在内的所有已知的生命形式都是碳基有机组合体。具有机成因的材料，诸如煤、煤精、石油、琥珀、石灰岩和天然气都是富碳的。石油和天然气是经化学转换可形成碳基产品如塑料的重要原材料。有机化学是研究和利用所有这些材料的科学。

晶质碳以若干种可替换的形式存在。在每一种形式中，碳原子以不同的结构排列键合。石墨和钻石是两种大家最熟悉的可替换的晶质排列。碳原子的环境决定了会形成或保持哪种结构。

钻石是国民经济的一个主要支柱，也是人类历史上许多戏剧性事件的起因。然而，它们的内部秘密是什么？它们是怎样形成的？我们能预测在什么地方可找到它们吗？

为了能找到一些答案，我们需要考察地球的连续变化。有些变化太缓慢了，除非使用尖端的科学仪器进行研究，否则无法检测到。另一些变化则太明显了，如火山爆发、滑坡和地震。地球的动力活动产生了多种多样的天然材料。

地球的岩石因温度、压力、运动和化学变化等自然过程而不断地转换和再造。矿物结晶和重结晶。在不断活动的地球的内部和表面，在过去几十亿年间形成了无数的宝石矿物晶体，有些则现在正在形成。

当前有许多研究工作涉及钻石是怎样形成的以及其中一小部分是如何运移到地球表面的。这一历程的细节是复杂的，要完全弄清这些细节还有很长的路要走。

对这一历程的认识随着时间会有变化，原先所持的一些观点会被放弃。然而，为了给了解和欣赏宝石级钻石打下一个基础，本教程对此作了相当简要的说明，摈弃了许多可能有变化的细节或还不太清楚的问题。

宝石级钻石的历程开始于地球内部。

◆ 钻石的成因

地球的内部（图 2-1）

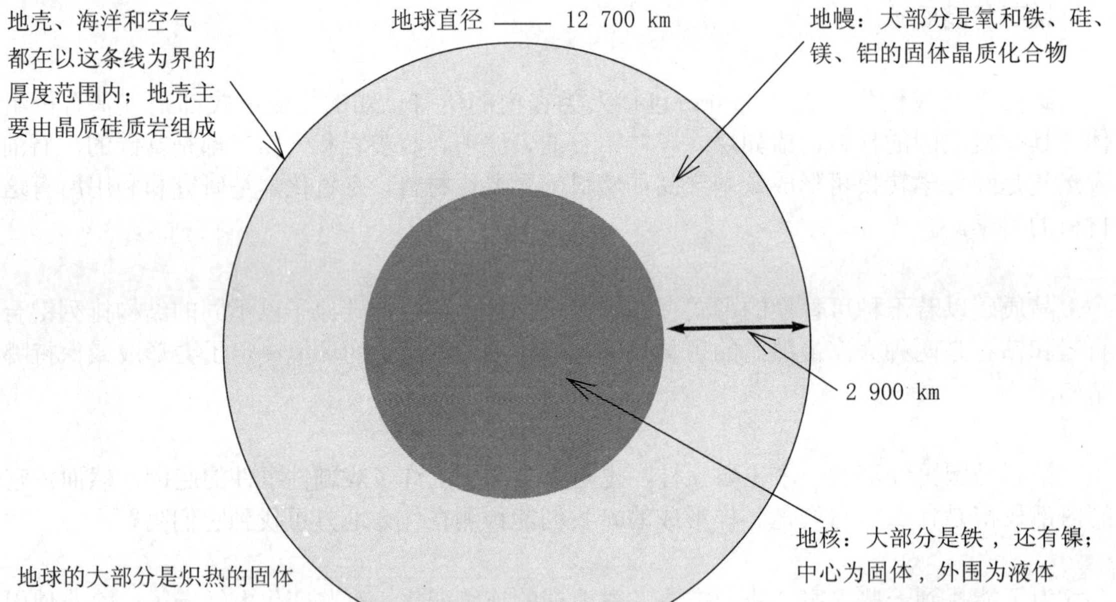

图 2-1　地球的结构和化学组成

地球薄的壳——**地壳**，与我们关系最密切，因为它是固体地球中我们唯一能够直接接触到的部分，也是人类自身的发源地。我们从地壳中获取包括钻石在内的各种有用矿物和化合物。我们还从地壳中获取用于生产钻石仿制品如玻璃和立方氧化锆所需的原料。

地幔超过地球体积的十分之八。它由炽热的晶质富铁岩石组成。碳的总重量尽管很大，但它仅占地幔岩重量的百分之一，即很小的比例。有些碳一直是地幔岩的组成部分，另一些碳则是在地幔岩和上覆地壳不断循环运动过程中从地球表面和海床运移来的。

第二章　钻石的成因和产出

地球的内部活动（图 2-2）

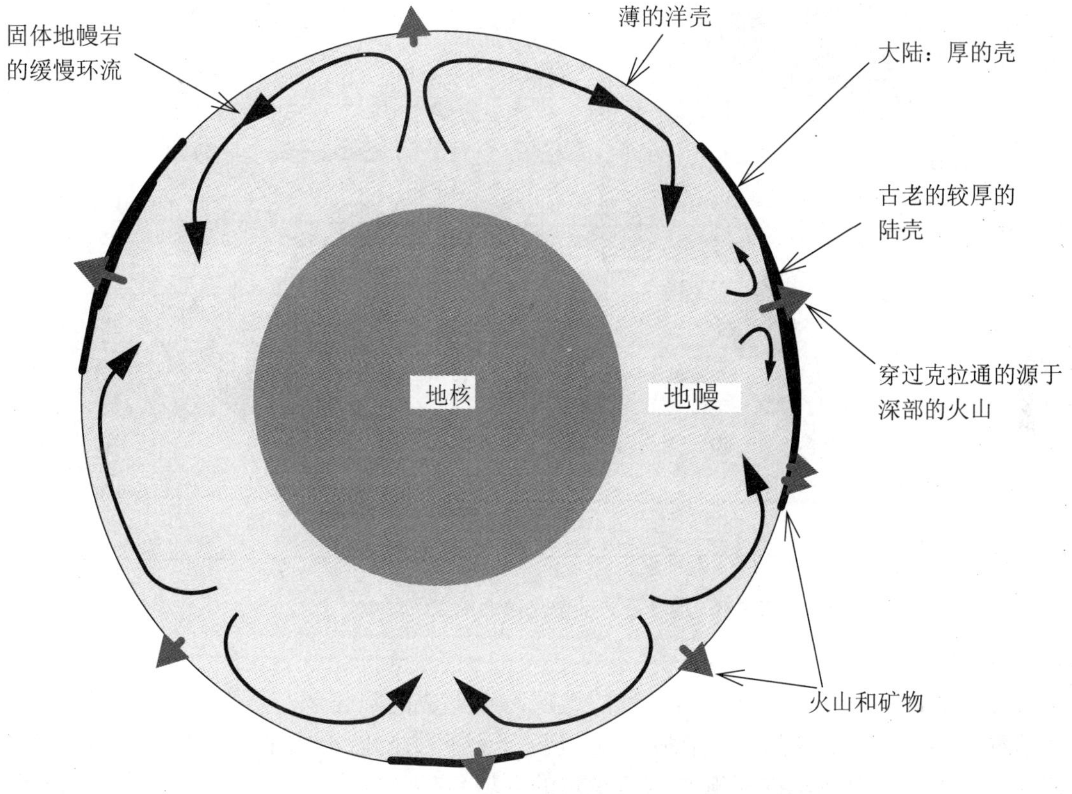

图 2-2　地球的内部活动

尽管地幔岩大部分是固态的，它仍在地球内部循环流动。它的温度几乎达到白炽，并处在巨大压力下。固体地幔连同其“蠕动的”矿物晶体以每年几厘米的速度循环流动。这个速度看上去很慢，但在一百万年这个从地球活动尺度看并不很长的时间里，固体岩石可移动几十公里，并造成大陆与它们一道漂移。

随着这种运动，温度相对更高的不太坚硬的一部分地幔朝地球表面上升，而较坚硬的近地表的一部分地幔则连同一些薄的洋壳朝下俯冲。在固体地幔缓慢运动的过程中，大陆经受了各式各样的挤压、拉张而逐渐扩展。

所以，熔岩、火山、地震、新矿物和山脉都是地球内部连续活动的表现。在地壳和地幔岩向地球深部环流处，火山作用产生新的陆壳，也产生了新的宝石矿物。这一过程现正在发生，特别是在环太平洋边缘的火山链。

克拉通（图 2-3）

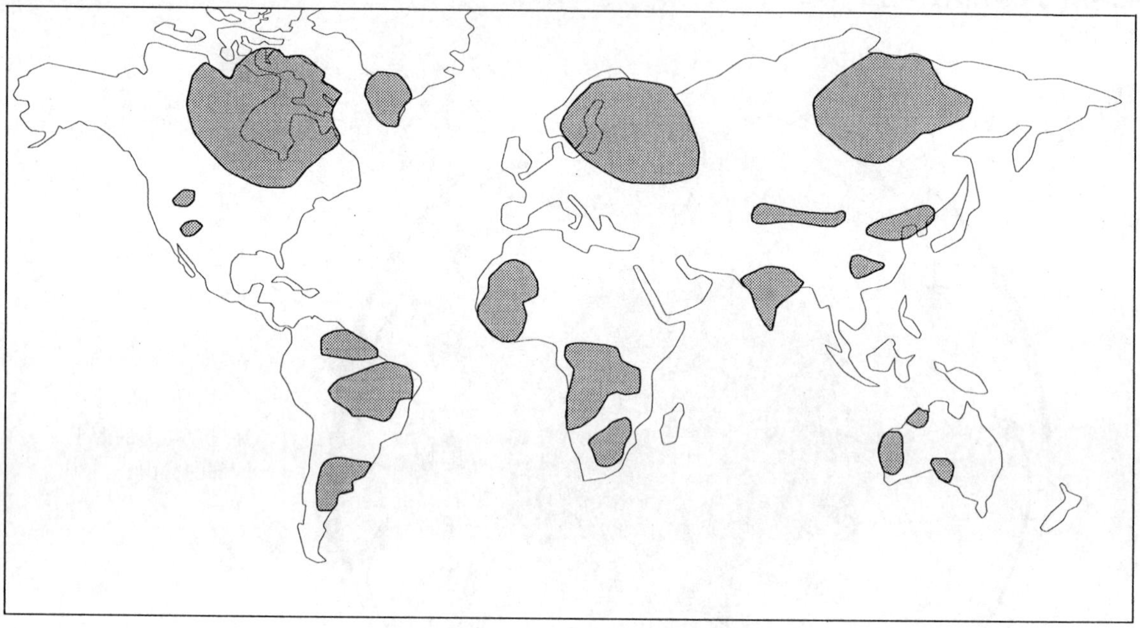

图 2-3　地球各大陆中克拉通的大致区域

地球上有为数不多的几个在非常久远的地质时期形成的陆壳区。从那时起，这些地区曾因地球活动而多次褶皱、受热、拉张和破裂。现在，这些大陆区形成了厚厚的坚实的克拉通，它们极少受到现今地球活动的影响。这些稳定的区域包括有加拿大、南部非洲、巴西、澳大利亚、西伯利亚和北欧波罗的海区的陆“盾”区。

钻石的产出与陆壳的这些较厚的部分，即克拉通，有密切关系。

地幔中的钻石

深度、压力和温度的相互关系以及岩石的化学组成控制了地球中钻石的形成。

压力随深度的增加而加大。在距离地表 150km 深处，作用于地幔岩矿物的压力 (45kbar)(1kbar=10^8Pa) 大致是大气压的 4 万 5 千倍。压力随深度而增大的速率，即“压力梯度”，在地球各处是相似的。然而，温度随深度而增大的速率，即“温度梯度”，则如图 2-4 所示，在地球各处不同。譬如，在南部非洲克拉通下面 150km 深处的温度要低于薄洋壳下面 150km 深处的温度。

正因为如此，在克拉通下方和周边的特定深度和温度下，其物理和化学条件明显有利于碳以钻石形式长时间持续存在，而且是在地幔岩较浅部位（图 2-5）。

第二章　钻石的成因和产出

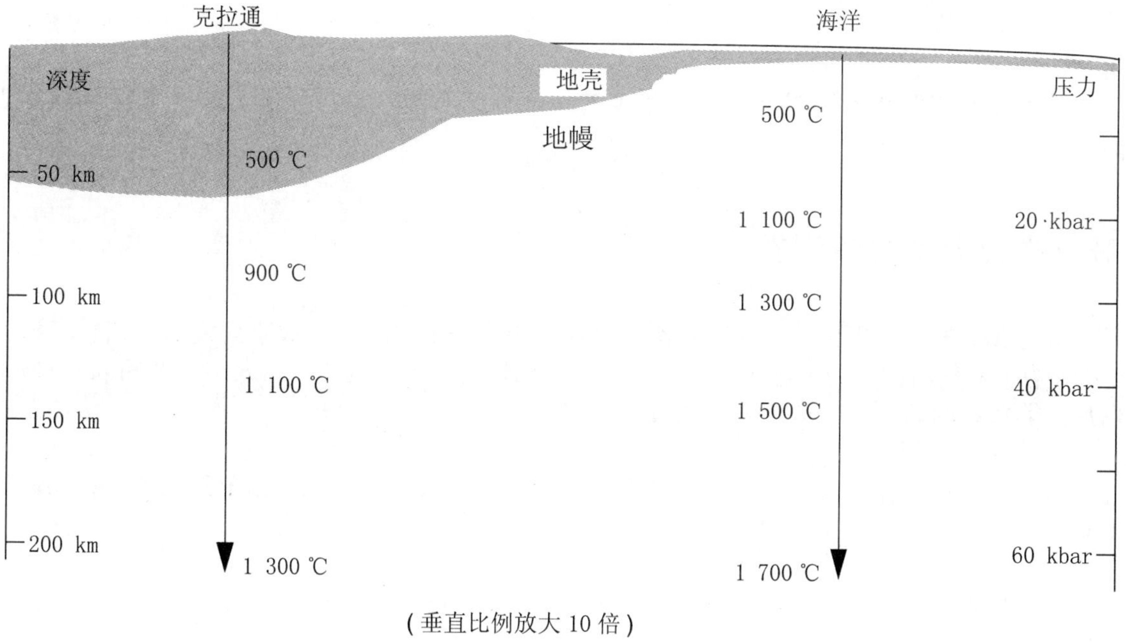

图 2-4　地球外圈 200km 深度范围内的压力和温度

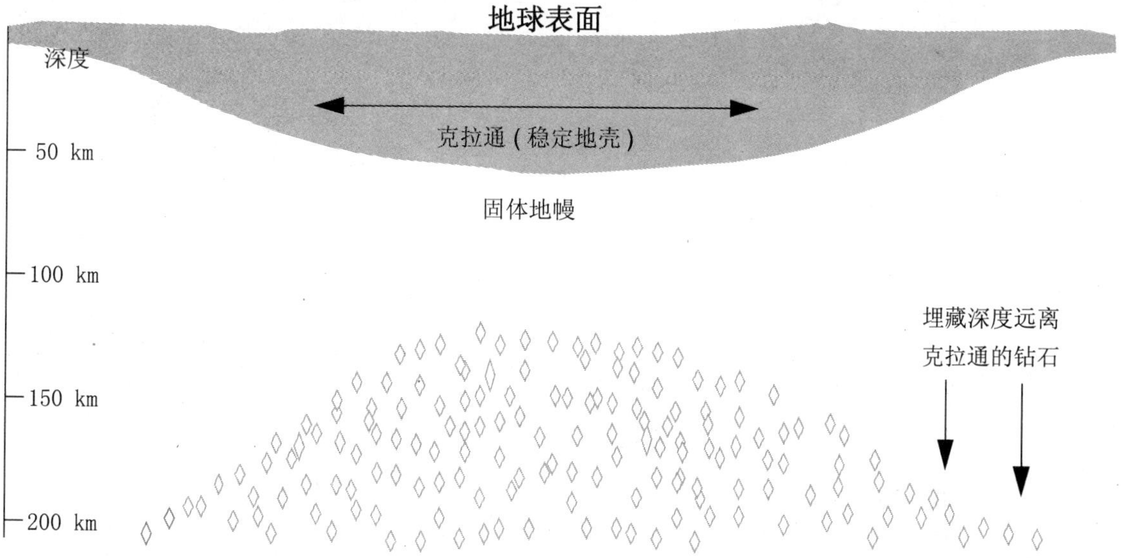

图 2-5　埋藏于克拉通下方的钻石

在克拉通下方低于 120 km，即温度高于 900℃处，钻石对于地幔岩中存在的多数固体碳来说是最佳的和稳定的晶体结构。钻石在那里保留于天然储库中。在那个深度之上，石墨是稳定的形式。

只是在非常偶然的情况下，有非常少的一部分钻石被从克拉通下方向上搬运到地球表面。

钻石形成于地幔的证据

所有我们见到的用作宝石的钻石都是在地幔中生长的。钻石形成于地幔的证据包括钻石中的杂质，对钻石的压力实验和地质学研究。在地球的其他环境中，在太空以及因陨石撞击，也形成非常小的钻石，但迄今未发现可用作宝石的。

与其他矿物一样，钻石在其生长过程中从围岩捕获杂质，从单一原子到完整的矿物晶体都有。那些在普通宝石显微镜下可以看到的杂质被称为**包裹体（内含物）**。

作为包裹体能在钻石中看到的有 20 多种矿物。通过对它们的研究获得了 3 个方面的重要信息：

（1）几乎所有这些矿物都是和钻石一道形成的；它们是所谓的**同生包裹体**。它们是与钻石一道生长并被包封在钻石中的原始物质，保留有地幔深部条件的证据。

（2）这些同生包裹体天然地划分为两组。这两组包裹体通常不会在同一钻石中出现。这表明，地幔中的钻石有两种不同的成因。

（3）由此看来，在构成地幔的岩石中，转化为钻石的碳有两个不同的来源。

背景资料：

形成钻石晶体的碳的两个来源

地幔中的碳大多数是在地球形成以及地幔和地核分离之后不久就已在那里存在。与硅、氧、铁和镁等元素相比较，碳原子在地幔中只占很小的比例。

构成上地幔大部分的岩石是**橄榄岩**（图 2-6）。这是主要由辉石和橄榄石矿物组成的浅绿色岩石（橄榄石也出现在开采宝石级橄榄石的地表宝石矿床中）。在上地幔的高压和熔炉般温度条件下，碳看来是以固体矿物或溶解气体形式存在。溶解气体可能是二氧化碳，也可能是甲烷，这取决于具体的化学环境。

第二章 钻石的成因和产出

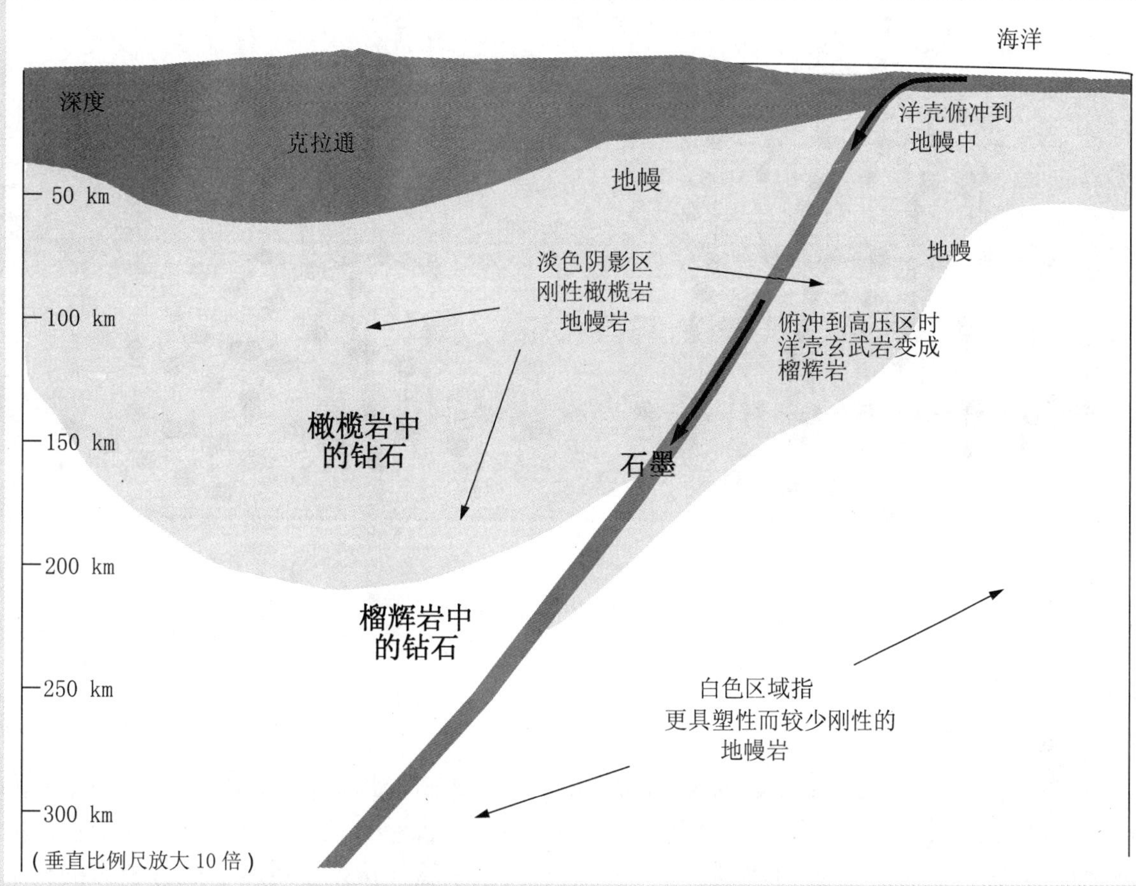

图 2-6 克拉通下方的橄榄岩和榴辉岩

经过一段地史时期后，可能是在 30 亿年前，克拉通地壳下方特定的化学、温度和压力条件使碳能结晶成由大量钻石晶体组成的固体岩石。有理由认为这些钻石的大部分依然保留在那里。除克拉通下方外，其他地方的地幔岩看来也有钻石。

碳的另一来源是被环流作用带入地幔的岩石。因为这是一个连续的过程，这就意味着碳现今还在环流入地幔。洋壳与其上覆的海床沉积一道俯冲到大陆的下方并被挤压到地幔环境中。其中的富含长石的岩石，如玄武岩和辉长岩，在高压下转变成称为榴辉岩的特殊岩石。

榴辉岩是带红或橙色石榴石晶体斑点的亮绿色岩石。绿色矿物是一种辉石，而石榴石属于铁铝 - 镁铝榴石。在相图所示的特定条件下，高压可使榴辉岩中的碳从石墨形式转变成碳原子的更致密、更对称的晶体结构，即我们所知的钻石（图 2-7）。

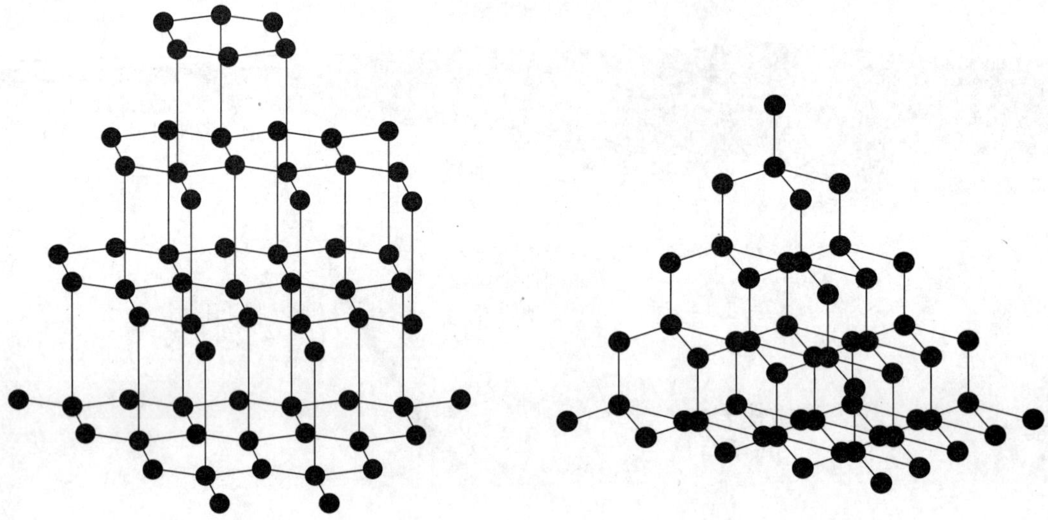

图 2-7　石墨和钻石：碳晶体结构

钻石成因的进一步证据

我们对上地幔岩石中钻石晶体结构的认识一部分来自于地球科学的研究。火山学、海洋学、地震学、构造地质学和大地构造学（对包括大陆漂移、造山运动和地幔环流在内的地球运动的研究）以及其他的地球科学的研究都促成了这一认识。然而，也像所有的科学一样，随着在研究和勘察领域的许多不同领域取得的进步，认识的细节在不断地变化。

钻石成因的进一步证据来自对生长条件的实验室研究。通过在高压和高温下对不同矿物的实验，可以估计出钻石、石墨以及以包裹体和围岩形式与它们共生的矿物的稳定域。

对于在橄榄岩中形成的包裹体，实验表明，它们的形成温度是在1 000℃到1 300℃之间，而压力是 45 到 60kbar(1kbar 是 1 000 个大气压)，相当于地球 130 到 180km 的深度。对于榴辉岩中结晶的钻石内所含的包裹体，实验表明，其形成温度约为 1 250℃，而压力所对应的形成深度超过 180km。

对榴辉岩中钻石的研究和观察结果表明，地幔岩晶质物质中的金属铁和镍硫化物的熔融薄膜和液滴能使钻石开始环绕石墨的细小晶片生长，石墨的有些细小晶片就留在了生长的钻石中。

第二章　钻石的成因和产出

钻石的年龄

地幔中两种不同成因的钻石形成于不同的时间段。我们的证据同样是来自那两组包裹体以及对地球及其大陆和组成岩石地质历史的更广泛的思考。

钻石年龄的测定结果表明，在橄榄岩和榴辉岩这两种不同的地幔岩中找到的钻石晶体具有不同的年龄样式。方法是通过测定放射性原子和其衰变产物的比例来确定这两组包裹体中一些包裹体的年龄。

对于显然是生长在地幔橄榄岩中的钻石，所测得的年龄至少为 30 亿年。从地幔形成时起，碳就已经在岩石中。在温度、压力、流体运动和化学条件一道创造了有利于碳转化为钻石的地方就生长了钻石。这些条件在过去 30 亿年间也一直保持稳定。尽管 30 亿年来的不同时期，这些钻石曾被自然过程移动过，但它们的年龄数据都是相似的。譬如，南非金伯利矿与橄榄岩共生的钻石的年龄就在 30 亿年以上。

从地幔榴辉岩内生长的钻石中所含包裹体测得的是过去 30 亿年来不同时期的年龄。榴辉岩中的碳可能源于自微生物在海洋中开始茂盛以来不同时期居住在海底软泥中的微小生物。海底软泥逐渐变硬为岩层。在这些岩层中，微生物富碳的有机遗体逐渐转化为含高比例碳的颗粒。如果这些岩层最终被更深地埋藏并受热，碳将部分或全部地结晶成原子有序排列的石墨。

作为地幔不断环流作用的组成部分，地球的构造活动将洋壳和海洋沉积物带入地幔，也引发了大家较为熟悉的地质事件，如火山和地震。在大陆下方和周边的地幔中，某些富含石墨的岩石可达到相应的压力和温度条件，从岩石内的石墨或含碳气体可重结晶出钻石。

从榴辉岩中所含包裹体测得的年龄，以澳大利亚阿盖尔为例是 15 亿 8 千万年，而博茨瓦纳的奥拉帕则是 9 亿 9 千万年。像这种类型的钻石不无可能现在还在地幔的某些地方形成。

宝石储库

所以，从已有的证据，可能在地球的上地幔内有一个巨大的钻石储库。我们无法获得这些钻石。世界上最深钻井的深度也只相当于这一宝库所处深度的很小一部分。距离、压力和温度排除了获得所有这些钻石的任何可能尝试。我们只知道有宝石级天然钻石存在，这是因为地质作用曾将这些钻石中非常小的一部分从其生成地带到了地球表面。幸运的是现今已被自然地质作用搬运到近地表的钻石至少还有一小部分我们能开采到。

◆ 小结

（1）钻石在温度 900℃到 1 300℃之间，压力超过 45kbar 和距地表深度超过 120km 的条件下由碳形成。

（2）碳可源自地幔橄榄岩，而且可能是从这些岩石形成伊始就保存在那里。由这些碳形成的钻石，其年龄至少已有 30 亿年。

（3）钻石也可形成于地幔榴辉岩中，那里的碳可能是来自生活于海床软泥中的早期微生物。由这些碳形成的钻石，其年龄少于 30 亿年。

（4）这两种不同成因的钻石通常可根据所含的包裹体来区分。

◆ 钻石的就位

我们所使用和佩戴的钻石与火山活动有特殊的关系。每颗钻石都是从地球深处被快速携带向上穿过地壳到达大陆表面的。没有火山活动，我们就不会拥有天然宝石级钻石。

在熔岩（岩浆）抵达地表处，它所含的气体会像充气香槟酒从猛力摇动的酒瓶中喷出那样被突然地排出。于是发生了熔岩、岩石碎块、固化的岩浆尘粒（火山灰）和充满气体的云雾的喷发。这就是火山喷发，取决于喷发的类型，大量的岩石碎屑物和火山灰可环绕爆发口堆积成火山。

似乎已有非常漫长时间没有宝石级钻石被带到地球表面了。然而，这并不意味着此类事件今后不会再发生。但可以肯定的是，这种携带钻石到地球表面的火山爆发类型在地球历史上是少有的事件。

克拉通的火山

虽然含钻石的火山喷发也有出现在非克拉通及其周边的例子，但此类喷发通常还是发生在大陆克拉通的内部和周边，譬如加拿大北部。然而，克拉通内的火山是很少见的，这是因为克拉通极少受到地球运动的影响，通常不是火山活动区。 可能是受到从克拉通下方上升的“热点”地幔柱影响才偶发拉张事件，致使厚的克拉通破裂和漂移。

第二章　钻石的成因和产出

在这些不多见的事件中，热流体及拉张引发的压力释放有可能导致组成固体炽热地幔岩的矿物颗粒的局部熔融。炽热的流体状岩浆沿着张开的裂缝冲向较低压力区。这种少见的深部熔融是携带钻石到地表的火山类型的成因。

钻石的捕获

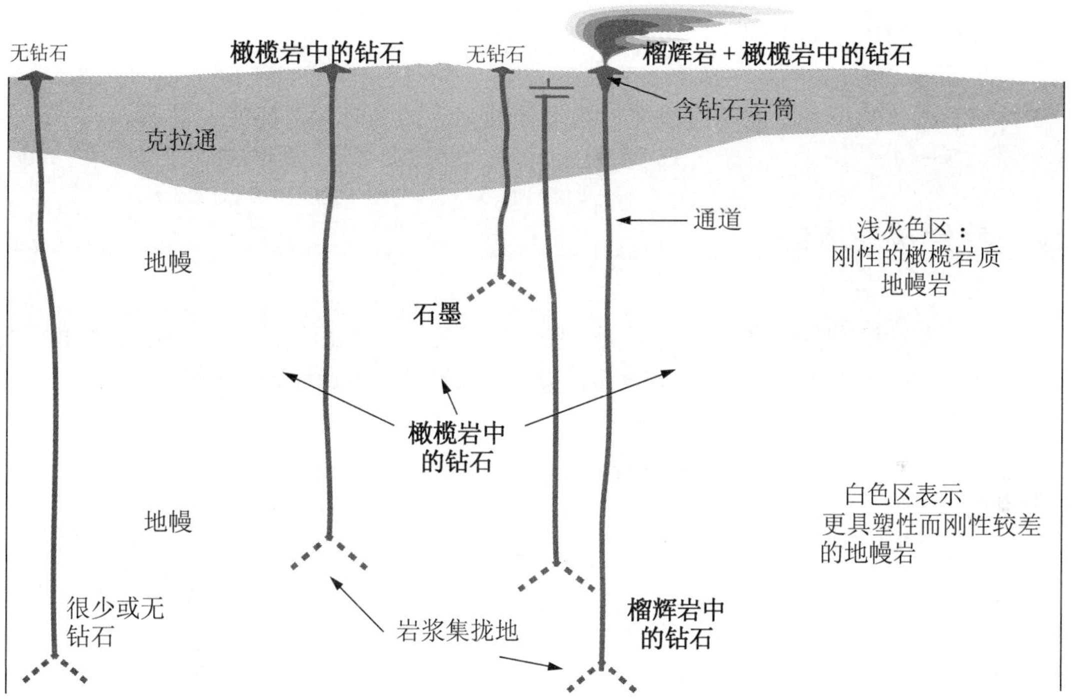

图 2-8　钻石被捕获入岩浆通道和含钻石岩筒

每颗宝石级钻石都是岩浆在其上升过程中的偶然捕获物。克拉通下方地幔岩中的钻石储库只是在这些罕见的事件中很偶然地被岩浆穿过（图 2-8）。只有在下列情况下岩浆才能把钻石带到地表：

（1）岩浆产生地位于钻石储库下方或储库内；

（2）压力条件要能使含钻石的岩浆运移到地表；

（3）岩浆的运移要足够快，以免钻石在热的但压力较低条件下转变成石墨。

由于这种类型的熔融事件原本就少见，故任何钻石能达到地表的机会显然是很少的。世界古克拉通内部和其周边较其他地区更常见到上述的 3 个条件。

运移到地球表面

钻石曾在地球历史的不同时期被携带到地球表面。

任何钻石晶体的形成时间与它被突然搬运到地球表面的时间之间并无关系。

通道、岩管和残留物

火山**通道**这个术语是用来描述穿过地幔和陆壳的很长并可能是复杂的一组裂缝，炽热、充满气体并具侵蚀性的岩浆沿通道涌向地球表面。大多数通道并未到达地表。

背景资料：

在地幔200～300km深处，通道可由复杂的盘状张性裂缝系列组成，每条裂缝都可张开让岩浆通过，而在岩浆通过后又重新关闭。朝上，在地壳中，因边界压力较低，张性裂缝的形状会较为宽展。留在这种张性裂缝中的岩浆在冷却后形成了称为**岩墙**的狭窄片状岩体（图 2-9）。这发生在大多数岩浆通道到达地表前。

在地壳的最上部，岩浆的压力能克服岩层的垂直压力，岩浆灌入岩层的水平裂缝和空隙中，冷却后成为平卧的**岩床**（图 2-9）。

为了能有机会保存下来，处在侵蚀性岩浆中的钻石晶体必须非常快速地运移到地球表面。从大约 150km 深处升上来必须只用很少的几小时。在到达地表前，依然炽热的岩浆基本上是熔融和半熔融岩石以及出溶气体再加上混入的矿物晶体和岩石碎屑的混合物。

如果这种岩浆达到了近地表岩石和空气的较低的压力，它会借助溶解气体，特别是水蒸气和二氧化碳的剩余压力而爆发。喷发的混合物从张性裂缝强劲地上扬。在有些地方，形成称为岩筒的锥状漏斗。岩浆以每小时几百公里的速度从地表喷出，所生成的岩屑和尘屑回落并常环绕每个喷发口堆积成矮的火山锥。一个岩筒或“爆发”会靠消耗其他岩筒的能量而形成一个火山，成为释放压力的主要出口。通常通过几期喷发，形成一个宽度大都小于 500m 的喷出口。

钻石晶体（从左上方顺时针方向：纳马夸兰海滩砾岩中的钻石；南非金伯利岩中的钻石；西伯利亚岩石中的钻石）
（版权所有）自然历史博物馆，伦敦

各种钻石晶体
（版权所有）DTC

第二章　钻石的成因和产出

偶有发现古火山口呈环绕火山灰层和湖泊沉积物的一圈圈火山碎屑物。如果钻石被携带到了地表，它们就有可能在任何这样的沉积物中被发现。火山口可在后期的沉积岩层下发现，然而，大多数火山口则早已被剥蚀到露出岩筒较深的部位或其下方的岩筒和岩墙。

如果钻石被岩浆携带向上并顺利到达地表，它们将富集在岩筒内，特别是火山口内气体和碎屑造成的紊流堆积物中。

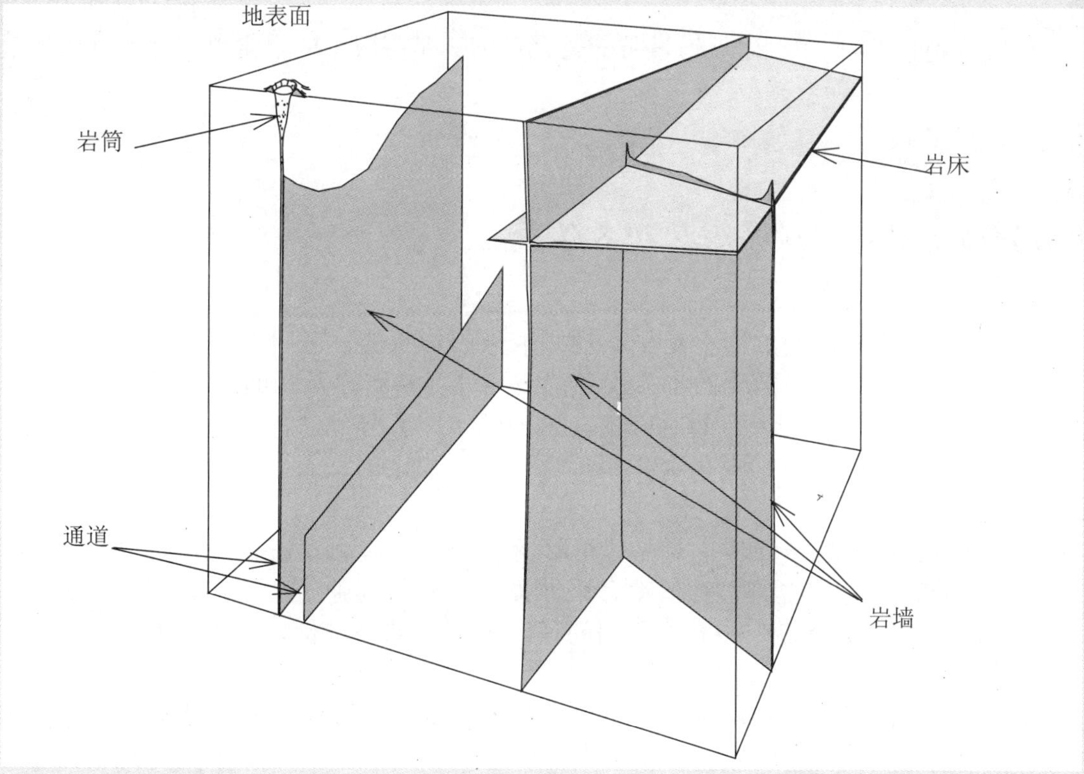

图 2-9　通道、岩墙、岩床和岩筒

在岩筒的岩石内，由岩浆从所穿过的岩石中捕获的钻石大多呈单个“裸露的”晶体保存在固结在岩浆和岩石碎屑内。也有一些钻石呈“被防护的”晶体，它们依然被封在称为**捕虏体**的岩石碎屑内。捕虏体是“外来石”，是岩浆上冲过程中剥落和上搬的地幔榴辉岩和橄榄岩。有少数榴辉岩捕虏体的钻石含量达到矿物组成的 10% ～ 20%，理所当然地成为世界上最值钱的岩石。

所以，爆发的混合物含有：①来自极深处的捕虏体；②从开裂地壳剥落下来的大量破碎岩石；③可能存在的来自爆裂岩筒和火山口并靠从逐渐冷却的岩浆中喷出的气体保持运动的岩屑；④岩浆自身固结形成的矿物颗粒或火山灰的云雾；⑤固结岩浆的碎块。

捕虏体因远距离搬运中的翻滚和侵蚀而大都圆化，许多还在途中释放出所含的钻石，使这些钻石晶体暴露于岩浆的作用下。所以，任一矿床可含有处于不同条件下的钻石，从晶形完好的到被侵蚀圆化或带机械损伤的。

在某些地点，特别是在加拿大，爆发并不总是形成向上加宽的火山岩筒，岩浆是从狭窄的裂缝直接喷发。有些裂缝和岩筒在爆发后变空，随后被火山碎屑和沉积物重新充填。

在岩筒深处和再向下到岩墙通道带，冷却的岩石是更致密的，通常呈暗色并含地幔岩捕虏体和锯齿状地壳岩碎块。

火山通道中钻石晶体的形状和条件

大部分钻石是有晶面的而不是呈不规则或破裂形状的。它们大多数为八面体或受到侵蚀的八面体，后者常呈圆化的十二面体晶形。许多钻石在从地幔快速上升过程中受到侵蚀并再成型。在这样一个短的时间里，压力的下降会导致热的钻石开始转化为石墨，与此同时，充气岩浆的侵蚀性也会作用于已变得不稳定的钻石。

在上升过程中，机械翻转也对晶体形状的改变起了作用。在有些岩筒中，有足够数量的钻石保存下来，使岩筒岩石值得开采并提取钻石。其他一些岩筒，尽管就在附近，但由于本章“钻石的捕获”一节中所列的任一原因而无经济价值或无钻石。

尽管石墨是地表压力和温度条件下碳的稳定结晶形式，但钻石一旦冷却后也是非常耐化学和物理作用的：它的致密和惰性的晶体化学结构在地表条件下是特别稳定的。除并不多见的火山活动偶尔能从地幔中带来钻石外，钻石在地表的稳定性是人类的另一福音。

◆ 钻石的产出（图 2-10）

有用矿物材料的地质**产出**是指这些材料得以在其中产生也因而能被发现的地质环境。有多种类型的产出，但对宝石级钻石来说，最重要的是：

（1）**原生矿床**，之所以这样叫是因为这些矿床是钻石的最初停留地。原生矿床大多数是金伯利岩含钻石岩筒矿床，也有一些是火山口充填物矿床和岩墙及岩床中的根带（root zone）矿床。

第二章　钻石的成因和产出

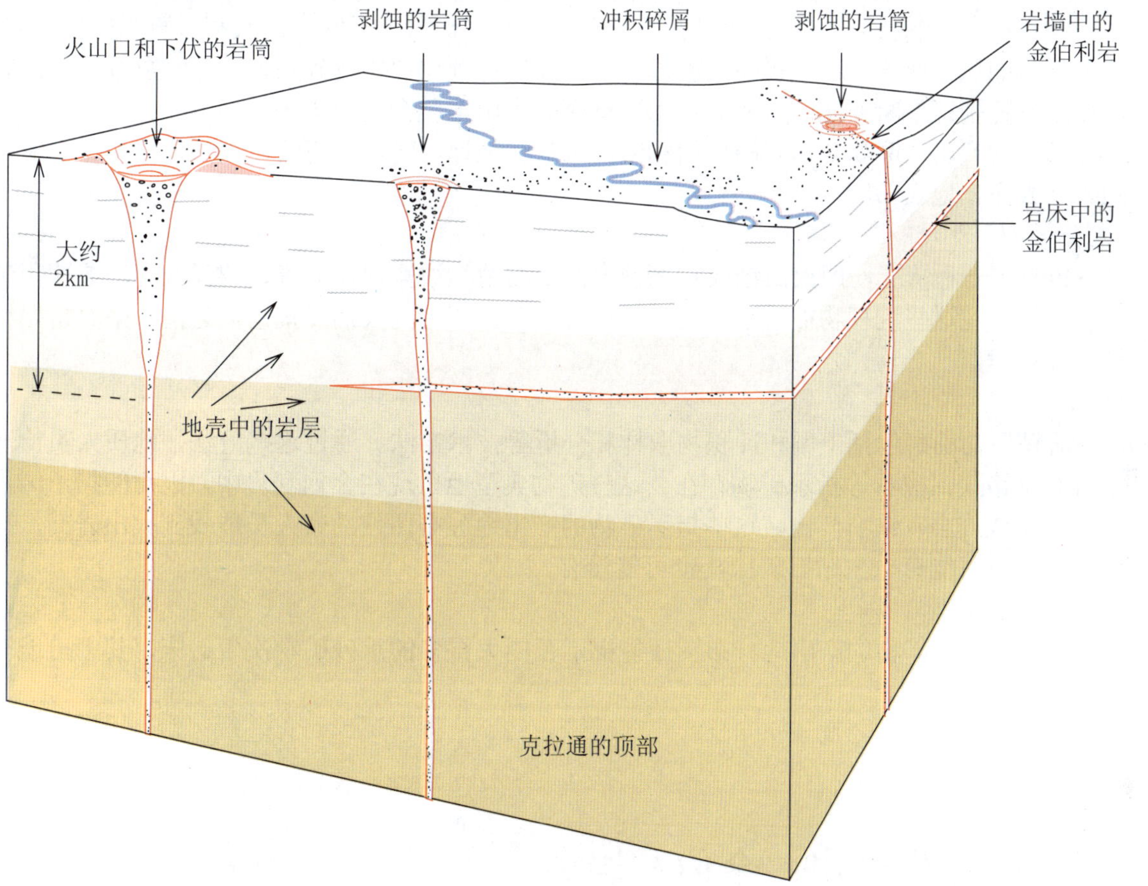

图 2-10　钻石的产出

（2）**次生矿床**，这里的钻石是靠自然作用从其原生矿床搬运来的。次生矿床大都为**砂矿**，即有用矿物在河流和海岸带冲积沉积和海底海洋沉积中的富集。

这两种类型的矿床大都与克拉通区密切相关。因而，这些区域是钻石的首要勘察区。这一事实已被多年来的钻石勘察工作所证实。

火山和剥蚀作用

在过去 30 亿年间有过无数次的地幔岩爆发，其中有少数爆发将钻石带到了地球表面。所以，世界各地含钻石岩筒的年龄及其埋藏或剥蚀状态是各式各样的。即便如此，与大多数其他类型火山活动例如“环太平洋火山带”活动相比较，这种类型的爆发是比较罕见的。

大多数火山锥是地质上的短暂构造。它们通常是由松散结合的火山灰和岩屑颗粒构筑的。这些材料的风化使得火山锥极易被剥蚀，岩石和矿物颗粒被搬运到别处。持续数百万年的剥蚀作用，特别是不断变迁的水系的作用，整个的火山地貌会完全消失。经过几亿年的时间，原生钻石的产出，例如含钻石的金伯利岩筒可被剥蚀掉，直至岩筒的较深部位甚至作为通道的岩墙裸露出地表。

也有另一种情况，即火山锥或被剥蚀岩筒中的钻石被掩埋在河流、沼泽、湖泊或冰川沉积物之下。在这些沉积物被剥蚀掉之前或探究其存在秘密的人们发掘它们之前，钻石将始终埋藏在那里。

对钻石的勘察包括土壤和冲积物取样和分析等技术方法。通过这些方法，地质人员检测是否有富铬镁铝榴石等**指示矿物**存在。这些矿物典型地出现在金伯利岩中，因而能指示区内哪些地方或许会有钻石产出。这些指示矿物的产出地分布图使勘察人员能找到火山岩筒。这些岩筒内有可能有原生钻石矿床，也可能没有。

此外，指示矿物的产出地分布图还能揭示范围大得多的重砂矿物次生矿床，其中可能有钻石，也可能没有。

♦ 原生产出：金伯利岩筒

金伯利岩是最常见的有钻石作为组成成分的火山岩（图2-11)。它是一种稀有的岩石。金伯利岩火山爆发看来已有数百万年未曾发生了。金伯利岩只形成于地质历史上不多见的时段内。在所有的火山岩中，对金伯利岩的研究是最深入的。

极少发现有其他类型的火山岩含钻石。到目前为止，唯一已知含有经济价值钻石的另一种火山岩是**钾镁煌斑岩**。这种岩石是从含溶解气体少于金伯利岩的岩浆中冷凝的。它形成在与金伯利岩相比喇叭口更宽的岩筒和火山口中。

第二章 钻石的成因和产出

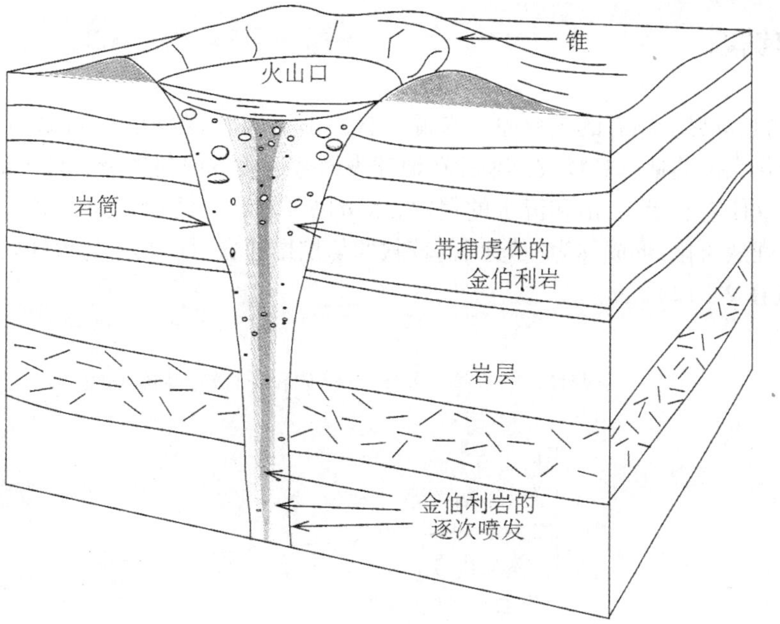

图 2－11 含钻石岩筒

只在这些岩石的一块手标本上观察，哪怕是很小的钻石都极难找到。

世界上的钻石大多数是无色、黄色和褐色的。颜色是由来自地幔岩的杂质以及晶体结构中的应变所导致。钻石晶体中的应变是当钻石处在巨大压力下开始上升时的应力造成的。来自金伯利岩的钻石和来自钾镁煌斑岩的钻石在颜色和形状上并无明显不同。

目前世界上已知的金伯利岩筒有 5 000 个左右，其中有一半以上在南部非洲。在所有这些岩筒中只有不到 1% 的岩筒被确认是具可作为重要矿山来开采的经济价值。

即便是已知最宽的金伯利岩筒也表明原始的金伯利岩火山是比较小的。然而，尽管金伯利岩筒稀少且规模小，通常在基部不足一平方公里，但对它们还是做了深入的研究。这不仅是因为它们有时含钻石，还因为这些岩筒是认识地球内部的稀有和难得的科学窗口。它们提供了关于数百公里深处地幔中岩石、矿物和物理条件的珍贵信息。

金伯利岩和钻石

金伯利岩筒是世界上钻石的主要原生来源。自火山活动后,在岩筒历经数百万年的风化和剥蚀过程中,数十亿克拉的钻石被释放出来并在地球表面搬运。金伯利岩是不稳定的岩石:它容易破裂并快速风化,这使它易受风、雨和流水的侵蚀,冰川也可非常广泛地传播岩屑。在某些气候条件下,矿床上部可强烈风化,形成称为"黄地"的较软的易挖掘的岩石。其下的较硬较暗色的未风化岩石称为"蓝地"(图 2-12)。

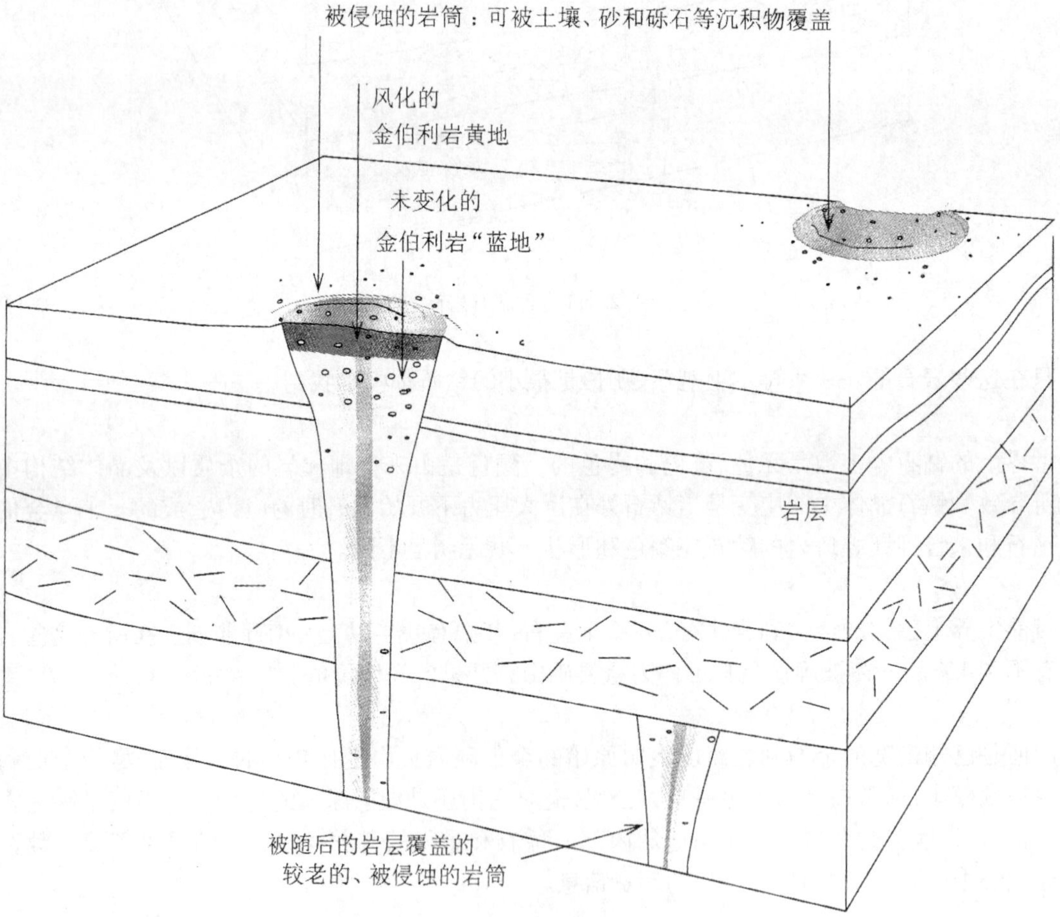

图 2-12　被侵蚀的含钻石岩筒

第二章 钻石的成因和产出

在远多于2 000年的时间里，世界上的钻石只采自砂矿：大部分来自印度，后300年许多来自巴西。19世纪60年代，在南部非洲与河流砂矿挖掘地有一些距离的草原地带的地下发现了钻石。“钻石风暴”开始了。采矿者向下挖掘土壤，而后遇到岩石。令人惊讶地发现在下面的岩石中继续见到钻石。该岩石最终被称为金伯利岩。

最初是用干法挖掘土壤和金伯利岩风化顶部的黄地。随着挖掘的继续进行，逐渐揭示出每个矿床的范围和形状并最终开始了向深部的采矿作业。岩石被证明是火山成因的。

上述发现的地点是一组被侵蚀的岩筒，近表面的金伯利岩已风化。风化的黄地被风和雨逐渐但不间断地侵蚀。上亿年间，由不断侵蚀所产生的岩屑被逐渐搬运掉。现在保留的是每个岩筒一半左右的深度。在这样长的时间里，岩筒向多期次的洪泛和河流释放了百亿克拉计的钻石。

在岩筒周围残留的碎屑中还有少量钻石，它们于19世纪60年代被发现并采出。这导致了19世纪70年代的钻石风暴并开始了大规模的钻石开采和回收。

◆ 次生产出

许多宝石发现于砂砾堆积物中。这些堆积物是搬运来的被破坏岩石的碎屑，通常是靠河流和洪水搬运。在不稳定的金伯利岩遭风化和剥蚀后，钻石作为最硬的矿物则极能抗破坏。次生钻石矿床是指那些含有靠自然过程从原生钻石矿床搬运来的钻石的矿床。

当岩石碎屑在水中搬运时，那些较硬和较坚韧的材料不像耐久性差的材料那样快地被磨蚀。这些硬的韧性的矿物也大都是**化学上稳定的**材料：化学风化对它们的影响甚微，几乎未发生变化。

因而，某些矿物在这种破坏性环境中能很好地保存并富集。自然界通过这种途径造成了由易破碎材料和富集材料共同组成的地质堆积体。这是一种使人们最终较易从中采出所含宝石的产出类型。

砂矿(图2-13)是钻石、锆石、石榴石和金等被搬运矿物在砂砾沉积物中的自然富集。大多数砂矿是冲积成因的，也有一些是残积的、海滩的和海相的矿床。当然，砂矿中的矿物含量取决于形成砂矿的被风化和侵蚀的母岩中的矿物含量。

冲积沉积是靠洪水或河流搬运岩屑形成的沉积。它们通常含大量的粉砂、砂和砾石。残存下来的硬的、耐久的和致密的矿物富集和堆积在冲积沉积中河流和洪水流速及流量降低的地方。

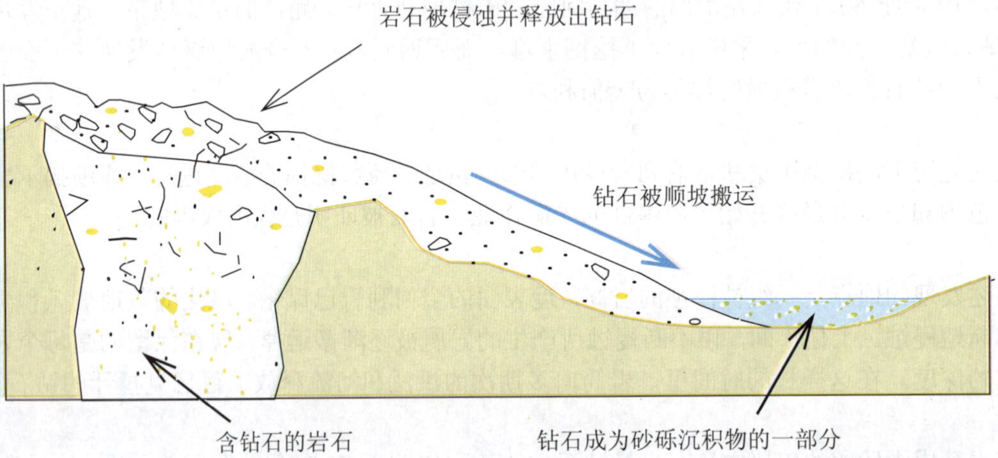

图 2-13　钻石砂矿的成因

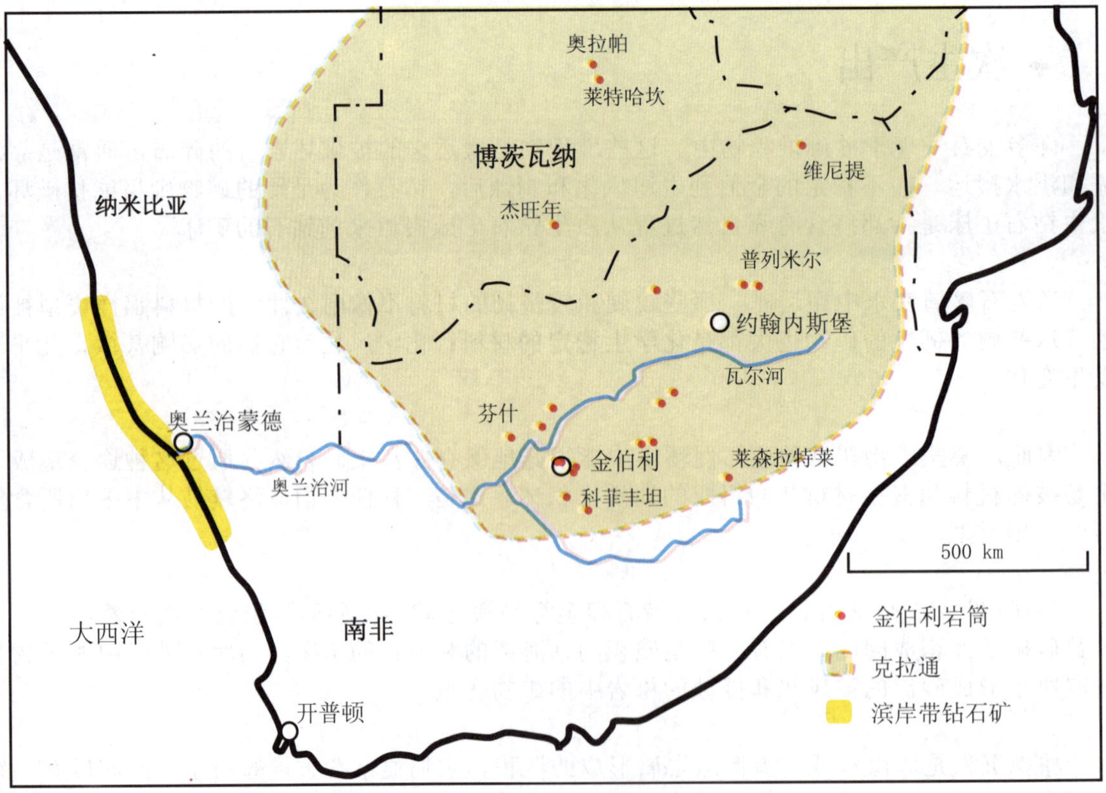

图 2-14　南部非洲原生和次生钻石产地图

第二章　钻石的成因和产出

宝石级钻石在河流和冰川搬运的自然条件下几乎是不发生变化的。砂矿钻石的质量大都比从岩筒中开采的要好许多。经过数百万年的时间，高质量的钻石散布到了大陆的广大地区。

在南非，奥兰治河和瓦尔河系将钻石搬运到西部海岸并使它们沿海岸及海岸带以外分布（图2－14）。海相沉积中的钻石至少有90%是宝石级的。在俄罗斯和加拿大，冰川把钻石搬运到更大的范围。由于长途搬运的磨蚀，低质量的钻石破裂成了微小的颗粒。

堆积在河流中的砂矿

当河水流经地势平缓的地方时流速变慢，重的和较致密的碎屑将堆积下来。河道在通向海的中途折弯。河水在折弯岸的内侧流动较慢，冲积物在这里大量堆积。较致密的矿物会在水流减弱处富集。钻石耐磨损，故在几百万年时间里可被河流再三地朝前搬运很远的距离。

背景资料：

河流是地质上的短期现象。钻石矿床既与古代河流有关，也与现代依然活动的河流有关。现代或活动河流的沉积是由冲积物组成并仍在由河流沿其泛滥平原不断地添加。古代的河流沉积是由现已消亡的河流在其泛滥平原内堆积的冲积物组成。

河流在其历史中曾多次地覆盖整个泛滥平原。如果陆地和海平面发生变化，河流下切入泛滥平原并在原先的泛滥平原内形成较小的泛滥平原，就形成了阶地。冲积砂矿出现在每个阶地上（图2－15，图2－16）。

由于钻石长时间地处在各种沉积物中，许多晶体会有非常薄的透明的绿色外皮。这种颜色是环绕钻石晶体的岩石中的地下水长期自然辐射的结果。这种作用在冲积砂矿中远比在岩筒中普遍。

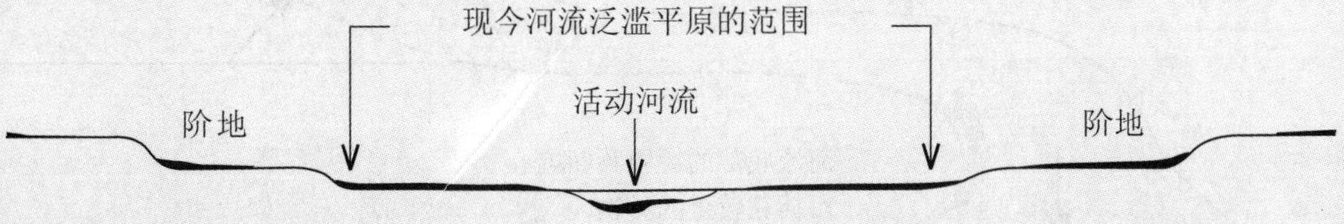

图2－15　河流阶地和泛滥平原的剖面图

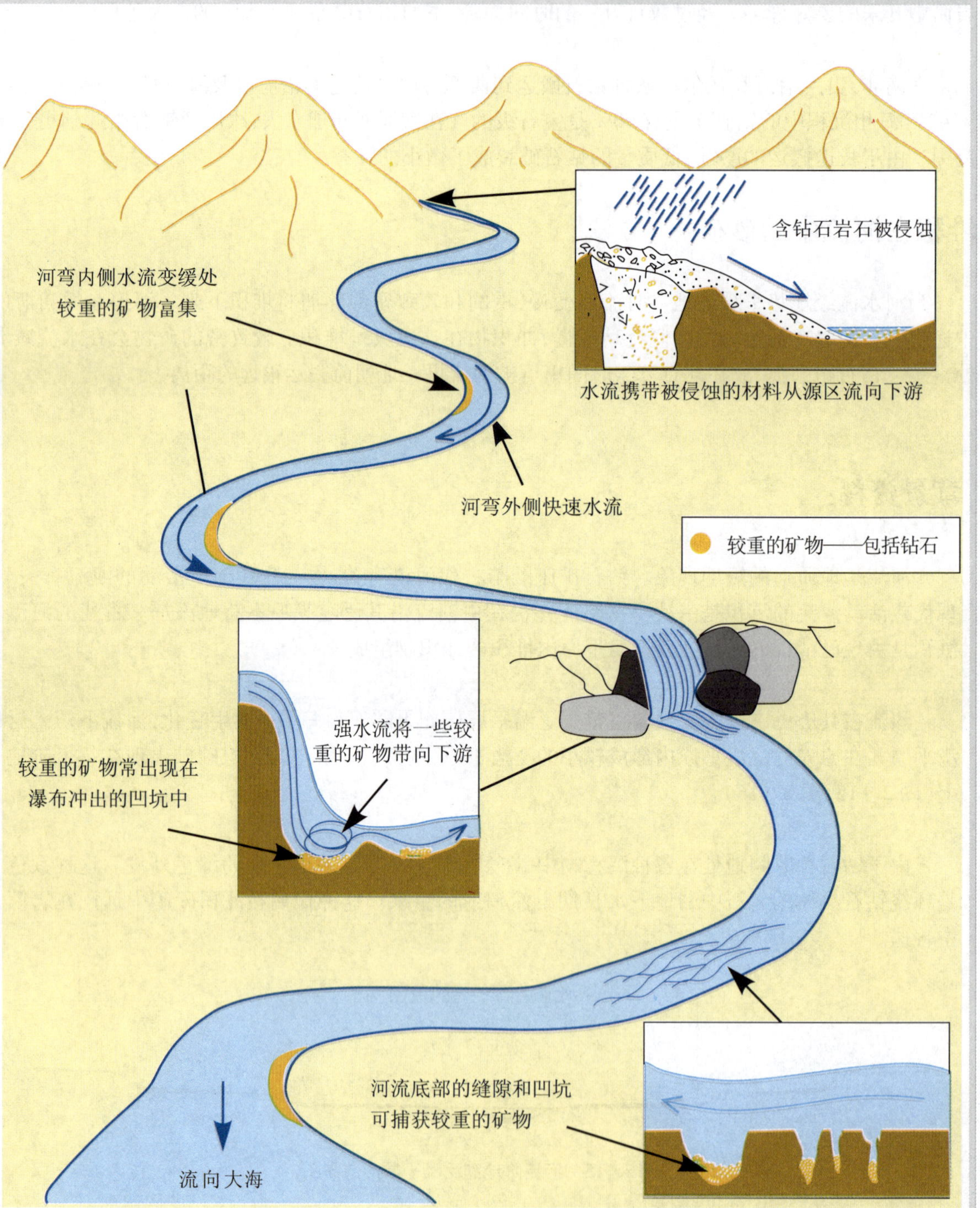

图2-16 堆积在河流中的冲积物

第二章　钻石的成因和产出

滨岸带和滨外带砂矿

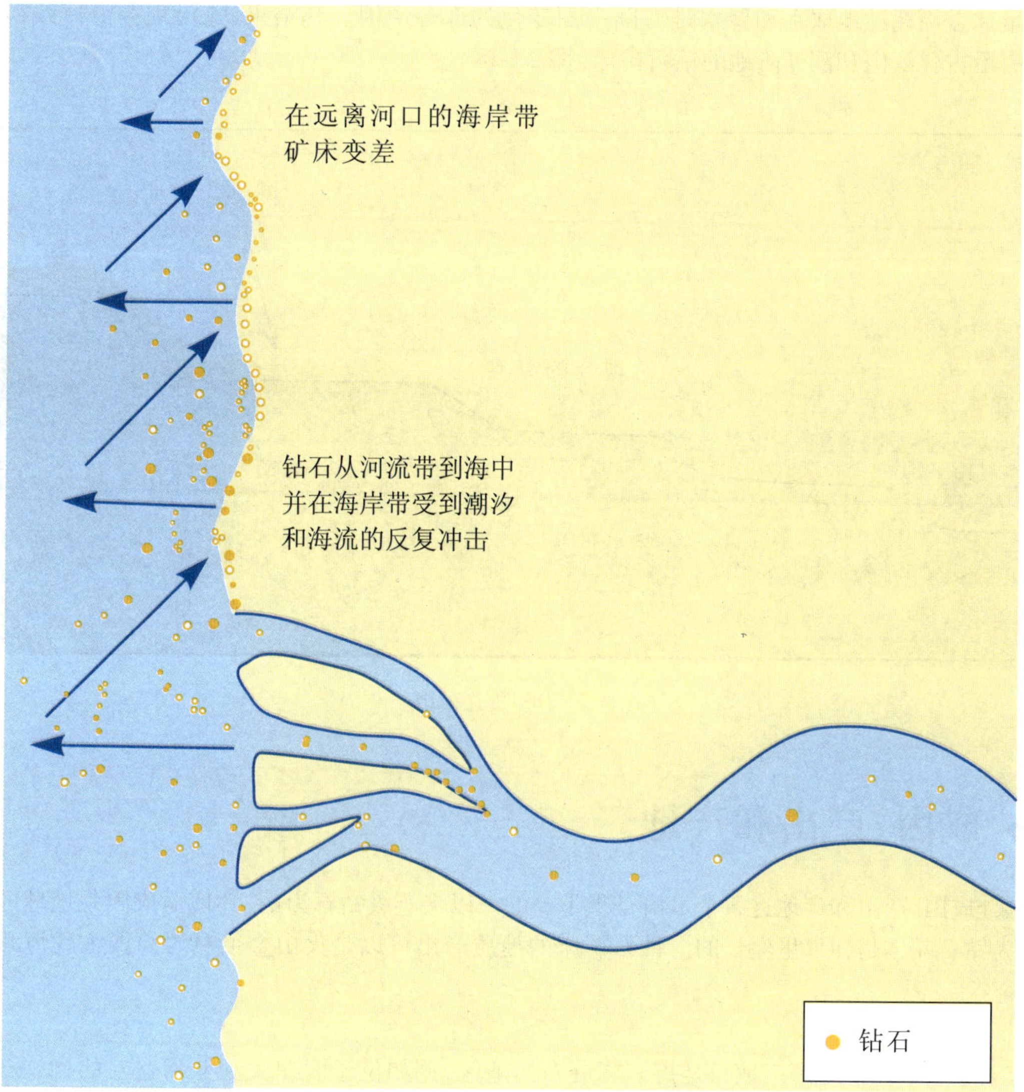

图 2－17　海相矿床和滨岸矿床

当河流抵达海洋时扩展为海湾和三角洲。它将冲积物堆积在海岸带和滨外带的广大地区（图 2－17）。河流在其生命期内有导致暴洪的高能时期。暴洪使冲积砂矿沿海岸带和滨外带扩展到很远的距离。

沿纳米比亚海岸带的这类矿床成为世界上最富的钻石产地。强烈的搬运作用使最高质量的钻石得以富集，所以 95% 左右的纳米比亚海岸带钻石是宝石级的。

和河流一样,海岸线也是地质上的过渡现象。它们因海平面和陆平面的相对变化而前进和后退,极地冰盖周期性地取水和释水是海陆平面变化的部分原因。其结果,除沿现今海岸线的矿床外,还有沿古代滨内和滨外阶地的钻石矿床(图2-18)。

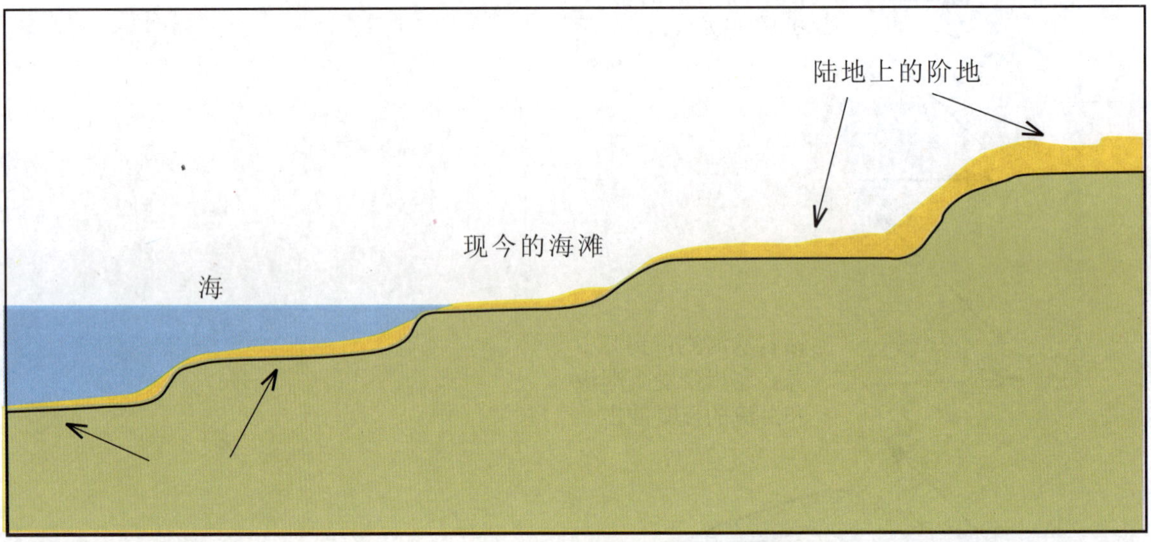

图2-18 海岸阶地

◆ 成因、产出和产地

区分成因、产出和产地这3个术语是很重要的。以宝石级钻石为例,其地质成因是地球的地幔岩,因为钻石晶体是在那里生长的。钻石矿床的地质产出可以是火山金伯利岩筒或古代海滩砂砾层等。

宝石矿物矿床的地理产地只是指矿床分布的地区,例如位于西澳大利亚阿盖尔的含钻石岩筒和位于纳米比亚奥兰吉蒙德的钻石砂矿。

第二章　钻石的成因和产出

背景资料:

◆ 勘察

大都以金伯利岩筒形式产出的原生钻石矿床是不易发现的。它们面积小而且可被沉积物覆盖。虽然也有不在克拉通区内的,但它们大都还是出现在大陆的克拉通区内或附近。譬如在芬兰和瑞典的“波罗的海地盾”区内就有可能发现有商业价值的钻石矿床。虽然那里的气候条件和湖泊使一地点的地质制图有困难,但取样已在该区的不同部分发现了钻石。

卫星遥感、构造制图和解释以及过去的勘察和取样都有助于确定勘察靶区。在大范围野外工作阶段、可编制指示矿物产出点分布图。勘察人员寻找指示矿物以确定它们最富集的地区:铬铁矿、富铬石榴石、钛铁矿和透辉石都是在金伯利岩中与钻石共生的矿物。虽然它们也是稀疏、分散的,但其数量还是比钻石多得多。然而,它们的耐久性不如钻石。随着从岩筒向外搬运距离和时间的加长,它们将越来越稀疏。来自别种岩石的钻石可发现于没有明显指示矿物的地区,譬如西澳大利亚阿盖尔的钾镁煌斑岩。

根据所有的证据,这些地区可以立桩划界或风险竞标。开展地球物理调查,了解在湖泊和沉积物下方的是什么,这样一来就可以确定下一步详细野外工作的目标区。目标区可通过打钻或掘进以确定岩石的详细分布和可能的钻石矿床。对岩石样品进行分析。对可能的钻石矿床的样品做微粒钻石的研究分析。

所取得的结果可导致对取自矿床的更大量样品的进一步研究:寻找较大钻石并对其富集程度、质量和价值作出评价。

品位和价值

对矿床的品位作出评价。品位是指每百吨矿石,即每百吨矿床岩石如砾石或金伯利岩中的钻石克拉数。然而,不论矿床的品位如何,都期望钻石是高价值的。低品位但有大颗粒高价值钻石的矿床可能成为值得开采的地点。

至此,决策就集中到了开发费用、基本建设和运作费用及可能的回报等问题上,还要考虑环境、气候和社会反应。整个的研究可能要几个月甚至几年时间。在本教程第九章“开采和回收”中概述了矿山开发前和开发期间应遵循的步骤。

◆ 资源和储量

天然钻石的补充将永远不会完全终止。然而，自有人类历史以来的这段时间里，并没有新的钻石运移（补充）到地表。所以，钻石是一种消耗性资源。资源、储量和矿是 3 个专门的经济术语。世界钻石资源可简述为地壳中现今和未来有价值的全部钻石，这包括了已知的矿床和尚未精确定位但从地质角度看有可能存在的矿床。现今的钻石储量是指埋藏于地下并已经过地质工作证明适合于投资开采的钻石蕴藏量。储量包括经过度量的储量和只根据地质认识推算的储量。打个比喻，资源可想象为超市和你家中储存的全部茶叶，而储量则是你橱中放置的随手可用的茶叶。

矿是指现阶段开采并提取有用矿物如钻石从经济上是合算的矿床，如某些金伯利岩。所以，一个矿床是否视作一个矿取决于许多经济和其他的因素，而这些因素会随着时间而改变。昨天无经济意义的矿床，明天可能是个矿，反之亦然。

第二章课程强化题

1. 构成地球内部的 3 个主要的层是什么?
2. 说出存在克拉通的 3 个地区。
3. 说出克拉通下方天然储存钻石的大致最小深度。
4. 什么是同生包裹体?
5. 地球内部含钻石的两种主要地幔岩是什么?
6. 已发现某些钻石的年龄不少于 30 亿年。　对/错
7. 给出次生矿床的两个实例。
8. 在下面这张河流示意图中指出什么地方会堆积钻石，什么地方水流最快。

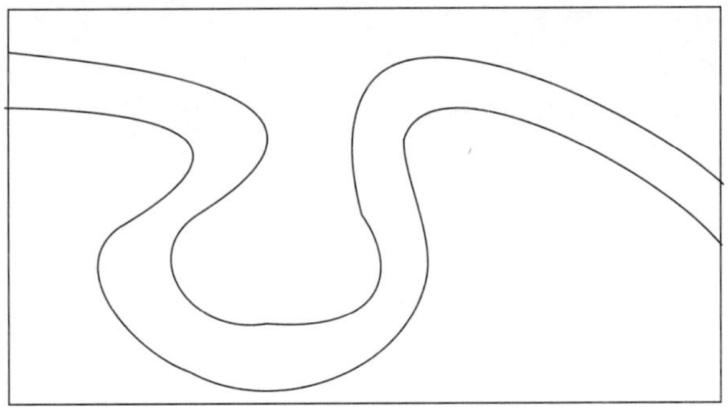

9. 说出最常见的含钻石的火山岩的名称。
10. 说出两种指示矿物的名称。
11. 什么是矿床的品位?

第二章家庭作业题

1. 简要解释下列术语的含义：
   (a) 地幔　　(4分)
   (b) 克拉通　　(4分)
   (c) 金伯利岩　　(4分)
   (d) 产地　　(4分)
   (e) 矿　　(4分)

2. 简述钻石的成因。(20分)

3. 借助示意图描述原生和次生钻石矿床的产出（不是成因）。给出实例。　(20分)

第三章　钻石的本质

目　　录

第三章　钻石的本质

◆ 化学和结晶度

♦ 原子、键合和晶体结构

原子和元素

地球和地球中的所有物质，不论气体、液体和固体都是由**原子**组成的。有许多类型的原子。每种类型都被视作一种化学元素。地球中的大多数原子呈结合状，即它们是键合到一起的。

化学元素的实例有碳、氮、硼、氢、镍和铁。譬如一块纯碳是由碳原子组成的。

采用缩写符号来表示各种元素。这些由 1 个或 2 个字母组成的符号代表了元素的名称。第一个字母总是大写，而第二个字母如果有的话则总是小写。当讨论钻石时，所涉及的是为数不多的几种化学元素。

元素	符号
碳	C
氮	N
氢	H
硼	B
镍	Ni
铁	Fe

元素
是完全由化学上相同的原子组成的物质。

钻石是唯一由单一元素组成的著名宝石：它基本上是由碳组成。纯净钻石可视作碳元素的样本。相反，差不多所有其他地球材料则都是由不同化学元素的结合物组成的。

在绝大多数固体材料中，原子以整齐和规则的方式键合到一起。这样的材料被说成是**晶质的**，其有序的原子构架被描述为晶体结构。天然的晶质材料称为**矿物**。

矿物
是由无机地质作用形成的通常为固体的晶质材料。

大多数宝石是由矿物组成的，既有单晶体，也有许多晶质颗粒的集合体。晶质宝石矿物包括钻石、石榴石、锆石和石英等。

术语“无机的”是指在材料形成过程中没有活的有机体参与。

◆ 原子和化学键合

我们日常生活中所熟悉的所有物质，包括宝石在内，都由原子组成。原子是化学元素能作为该元素存在的最小粒子。原子的典型尺寸是直径为1/10纳米左右。1纳米（1nm）是1/1 000 000毫米。一张纸卡的厚度大致为1 000 000个原子直径。

原子
是化学元素在能保持该元素特性情况下的最小单元。

一个原子是不能用化学反应分割的，故一种元素不能靠化学作用变成另一种元素。

每一种化学元素都是由原子组成，而原子又是由亚原子粒子的特定排列组成。为了对化学键合和晶质结构能有个基本了解，你首先需要对原子有一些了解（图3－1）。

电子是直接卷入原子健合的亚原子粒子。电子对我们是重要的，这是因为化学键合取决于环绕原子的电子运动，而所有的宝石材料又都是由键合的原子组成。

电子轨道被描述为离原子核不同距离的同心圆。这些轨道被称为“电子能级”或“电子壳层”。

电子非常小，而轨道电子和核之间的距离相比之下确实很大。如果你把原子核比作一个足球的话，那么最近的电子将是距它几公里外的一个小点。所以，一个原子的大部分体积是由空无一物的空间组成。原子核占了原子实际上的全部质量（重量）。一茶匙彼此之间无任何空间的原子核，其重量将与一座山一样。

原子核带正电荷，电子带负电荷，而一个完整的原子是电中性的。以碳为例，它的原子核中有6个正电荷（以6＋表示），作为平衡物，有6个绕这个核运行的具负电荷的电子（以6－表示）。

第三章　钻石的本质

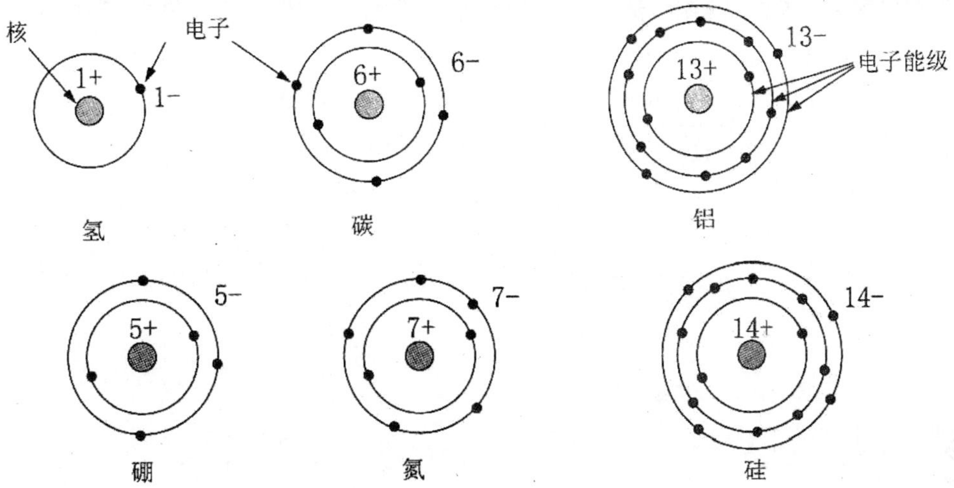

图 3－1　不同元素的原子当完整并呈电中性时其电子的数目（—）和核的电荷（+）

键合

当原子获得、失去或共用其外圈电子能级的电子时，他们便相互连接，即它们是键合的。

> **化学键**
> **是由电子相互作用导致的相邻原子的连接。**

电子和电子力是所有化学活动的关键。化学作用本质上就是原子间电子的作用和反应。

有各种类型的键合，其中有两种在宝石学中是重要的，它们是**离子键合**和**共价键合**。离子键合出现在当原子获得或失去电子时。所形成的带电荷的原子称为离子。离子可带正电荷或负电荷。相反的电荷相互吸引形成离子键。

钻石中的键合——共价键

当电子不像在离子键合中那样是被获得或失去而是被原子共用时，出现了一种不同的离子紧密键合类型。纯共用的共价键没有相反电荷的相互吸引作用。在大多数材料中既有离子键合也有共价键合。钻石晶体结构的特点是几乎全部靠共价键连接（图 3-2）。

共价键
是原子间共用电子导致的电子连接。

共价键通常以一定的角度定向。这种方向性的键常导致有序的晶体结构，而结构的样式与键的方向有关。

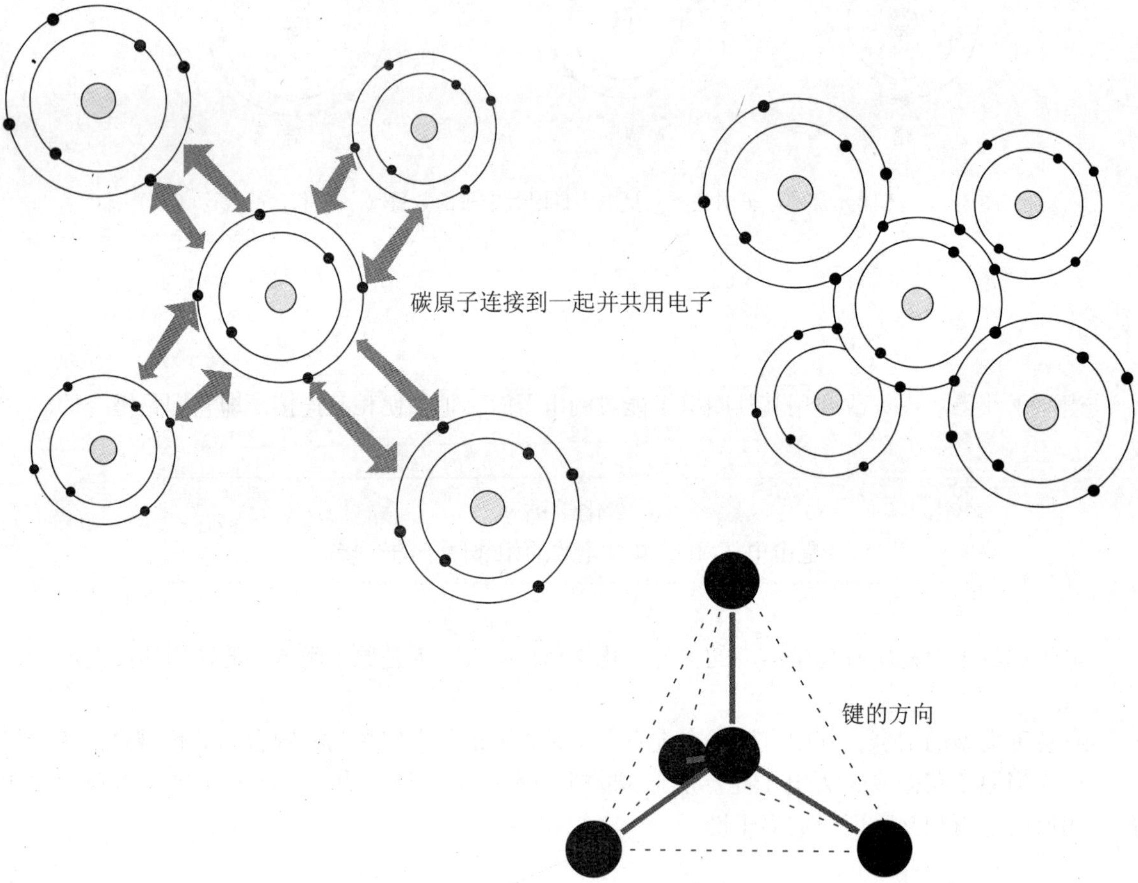

图 3-2　共价键合：原子彼此之间共用电子

在钻石中共价键环绕每个碳原子以 4 个相同的角度定向。这导致了紧密、规则和对称的结构（图 3-3）。如果你以前没有制作过钻石结构模型，那你现在就用所提供的指南来做这个模型并观察相等的键合角。

第三章　钻石的本质

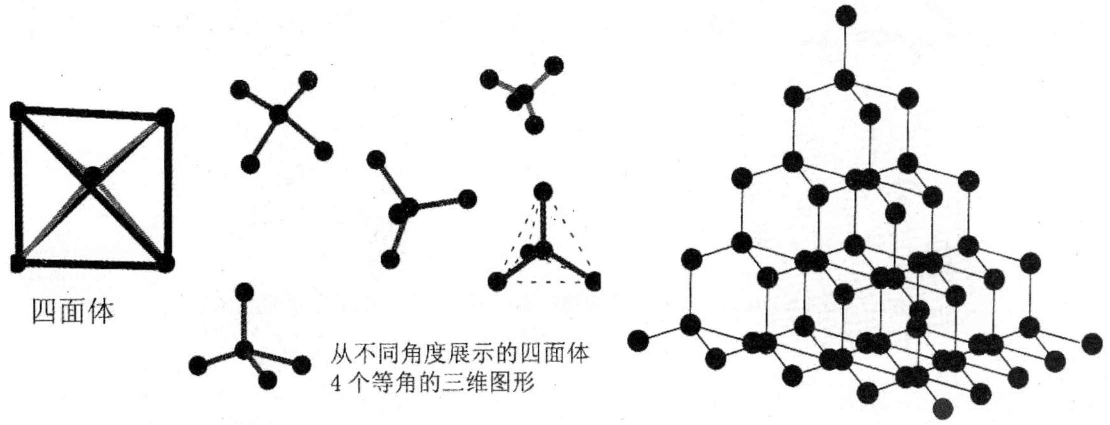

图 3-3　四面体共价键：钻石晶体结构

◆ 晶质材料

晶体结构模型和示意图揭示了有序晶体键合的规律性和重复性。这是晶体结构的基本特征。

晶体结构 是键合原子规则重复和三维的排列。

晶质材料具有晶体结构或是由结合或生长到一起的晶质单体组成（图 3-4）。

反之，具很弱或不具晶体结构的材料，如玻璃，则称为非晶质的。这些材料的特点是没有晶形和内部有序性，因而也就没有有序晶质材料特征的光学性质和其他性质。

由许多晶体组成的材料称为多晶质的，譬如翡翠。

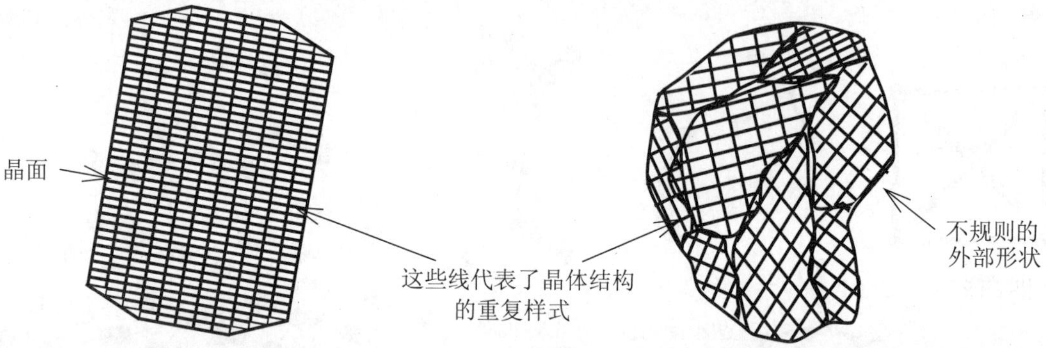

图 3-4　单晶（左）和多晶质材料（右）示意图

晶质材料
是具有晶体结构的材料。

“晶体”这个词通常用来描述具平坦晶面的单个晶质固体。但晶体一词也用来描述尽管外表面是不规则、磨损或破裂的或经过切磨或琢型的但也是由单个的内部晶体结构组成的宝石材料（图 3-5）。

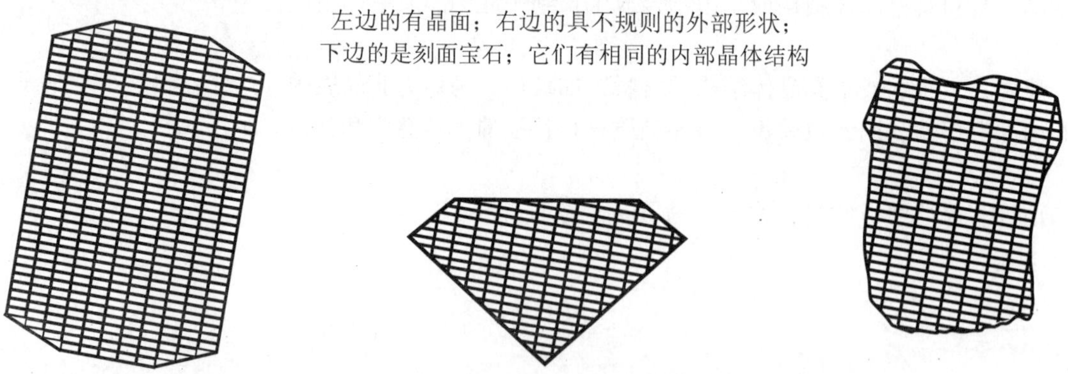

图 3-5　显示晶形的晶体和无定形的晶质固体

当固体晶体结构形成时，该材料被说成是结晶了。不论何时只要有足够的离子化原子

第三章　钻石的本质

相互吸引（见本章前文关于离子键合），或只要有足够的原子靠近到足以共用电子，将形成稳定的原子团，固体材料就生长。原子团将吸纳更多的原子继续构筑刚性的结构。固体材料的构筑很少是任意和无序的。

原子非常有效地键合成有序晶体结构，在这种结构中原子和键在整个三维空间以整齐和规则重复的顺序排列。原子自然堆积成在普通条件下可能的最为有序的结构，电子键以有序的方式排列。

晶体结构中有序、规则重复排列的键与穿过晶质材料的物理力或化学活动系统地相互作用所产生的效应包括在宝石中可观察到的重要性质，如解理、定向的表面标志和定向的包裹体。

结晶作用是自然力作用下的天然过程。然而，不论何时只要晶体是在实验室中生长，该过程就在一定程度上由人类控制。合成的晶体只要有与其天然对应物相同的晶体结构和化学组成，也将具有相同的物理和化学性质。

同质多象变体

许多化学物质以一种以上可相互替换的晶体结构存在，每一种这样的材料称为一种**同质多象变体**。

同质多象变体
是单个化学物质可拥有的能相互替换的结构。

同质多象现象的一个极好的例子是碳，它能以钻石和石墨这样两种大家熟悉的材料存在（图 3-6, 图 3-7）。它们的晶体结构不同。在碳的这两种同质多象变体中，碳原子以不同的方式键合。

所以，钻石和石墨是两种非常不同的材料。其不同在于一个具有可作为宝石的性质，而另一种则是重要的工业润滑剂。

钻石致密的晶体结构是它的大多数性质的基础。这包括钻石极高的硬度、极高的导热性、对酸化学侵蚀极强的抵抗力以及高的透明度。这些性质将在第四章中说明。

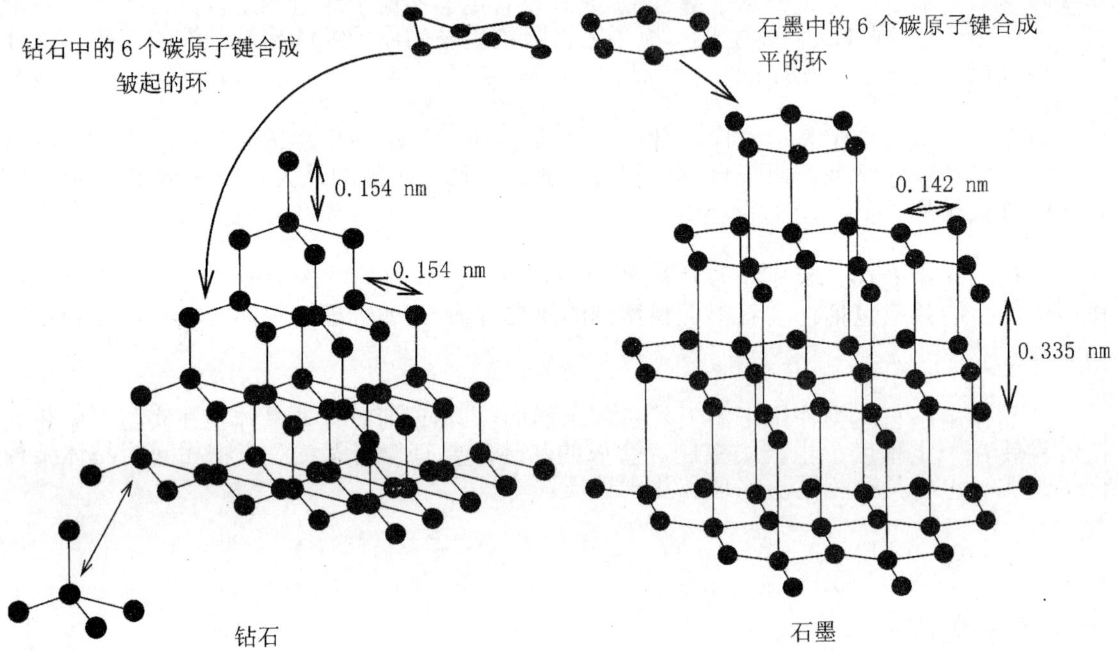

图 3－6　碳的两个同质多象变体：钻石和石墨

背景资料： （图 3－7）：

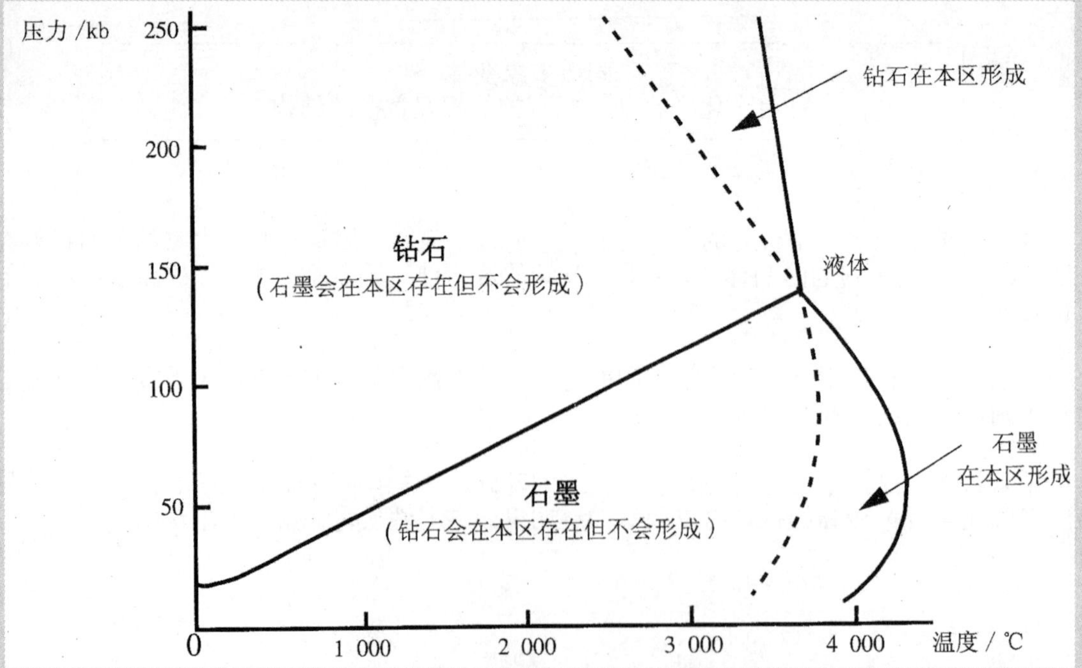

图 3－7　碳同质多象变体形成条件示意图

第三章　钻石的本质

晶体的双晶生长

晶体结构内的重复方向可有变化并形成双晶。双晶化晶体的两个或更多个组成部分之间的相互关系与该结构的正常对称性无关。它们与双晶反映面或反映轴有关或与两者都有关。图 3-8 中表示了一个简单的“反映双晶”。结构的双晶化可以是晶体生长中的偶然事件，也可由应力或生长期的温度变化引起。

双晶 **具有在结构连续性方面互不相同的两个或更多个部分。**

晶体中的双晶生长常可由晶面间存在内凹角来揭示（图 3-8，图 3-9）。

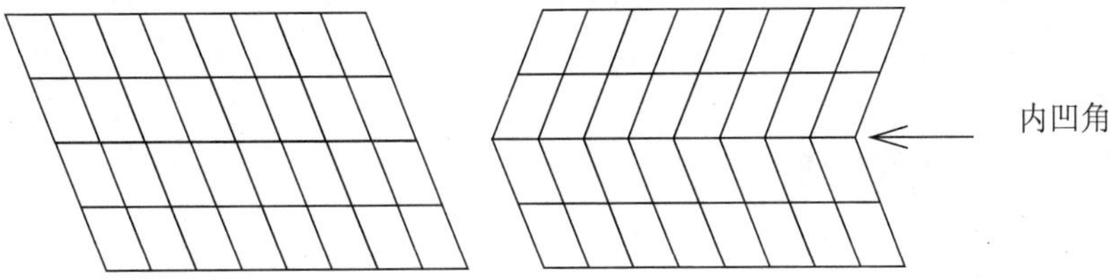

图 3-8　晶体结构中的双晶

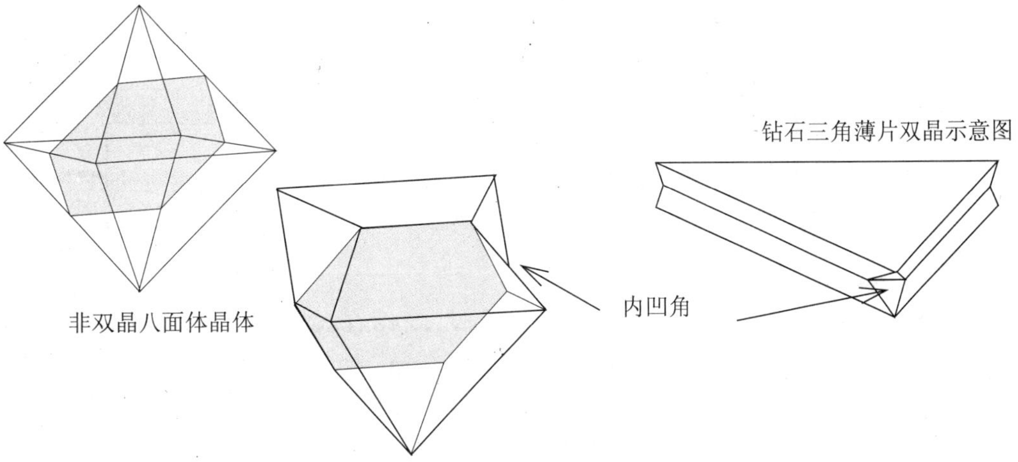

图 3-9　钻石双晶举例

晶体结构中的对称性

不同晶体结构与诸如光波等物理力之间可发生不同的相互作用。不同的晶体结构还会显示不同的、可识别的晶体形状和晶面标志。

出现这些现象的根本原因在于晶体结构有序度不同；某些晶体结构不如别的那么“精巧和整齐”。晶体结构所拥有的有序度可用对称性来表示。对称性是一个抽象的、简化了的概念，用来描述晶体结构的均衡或重复。

晶体对称性
是用于描述晶质材料中原子和键结构排列重复性的一种方法。

对称性对观察和识别晶体和未加工的宝石材料是重要的，它也是分类的基础。

背景资料：
对称要素和对称性操作

本课程中我们将只涉及两种类型的对称要素，即对称轴和对称面。对于较容易的一些步骤，你可以用以下方法为自己展示对称性：首先用纸面上的二维图形（图 3-10)，然后用诸如盒子、桌子和剪刀等三维 (3-D) 物品，再进一步借助你的钻石晶体结构模型，以获取三维晶体结构中对称性的概念。这种训练对你在 10 ×放大镜下的观察会有帮助，并最终对光学检测结果的解释有帮助。

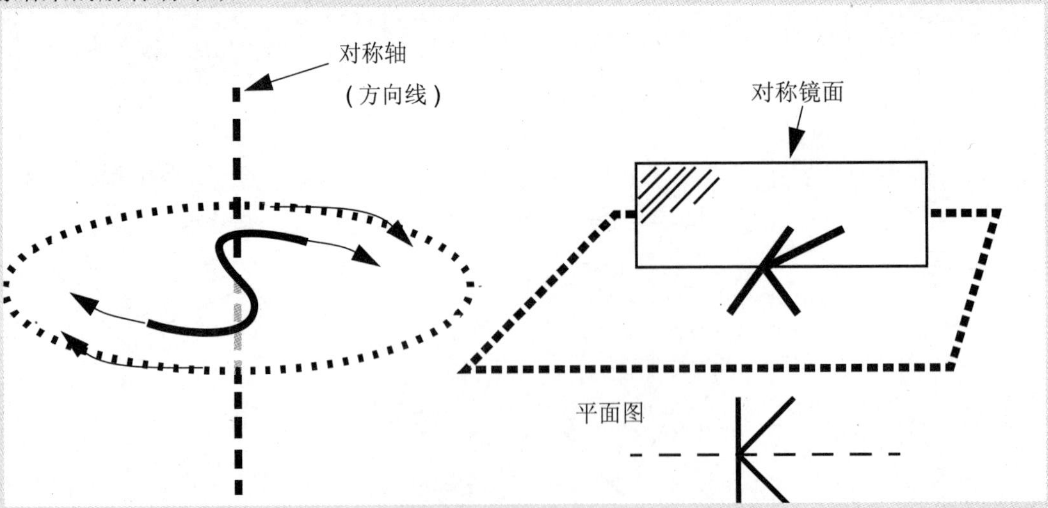

图 3-10　二维物品相对于一条线和一个平面的对称性

第三章　钻石的本质

每个对称轴或对称面称为一个**对称要素**。当你观看或推测一个物品的对称性时，你就是在进行对称性操作。对称要素只确定晶体结构的方向，而不确定穿过晶体结构的任何具体位置。以下两个重要定义有助于你观察晶体对称性。

对称轴
是一条假想线，它揭示了穿过晶体结构的一个方向。当晶体结构绕该方向转动一圈时，相同的情况出现 2、3、4 或 6 次。

对称面
是把晶体结构划分成两个部分的一个假想镜面，任一部分可由镜面反映并显示与另一部分相同。

对于规则重复的二维图形，诸如编织品和瓷砖的图形，你可操作对称要素来旋转和反映该图形（图 3-11）。在操作对称要素后，你将在相同的取向上看到相同的图形。这使你有可能对图形的对称性进行分类。

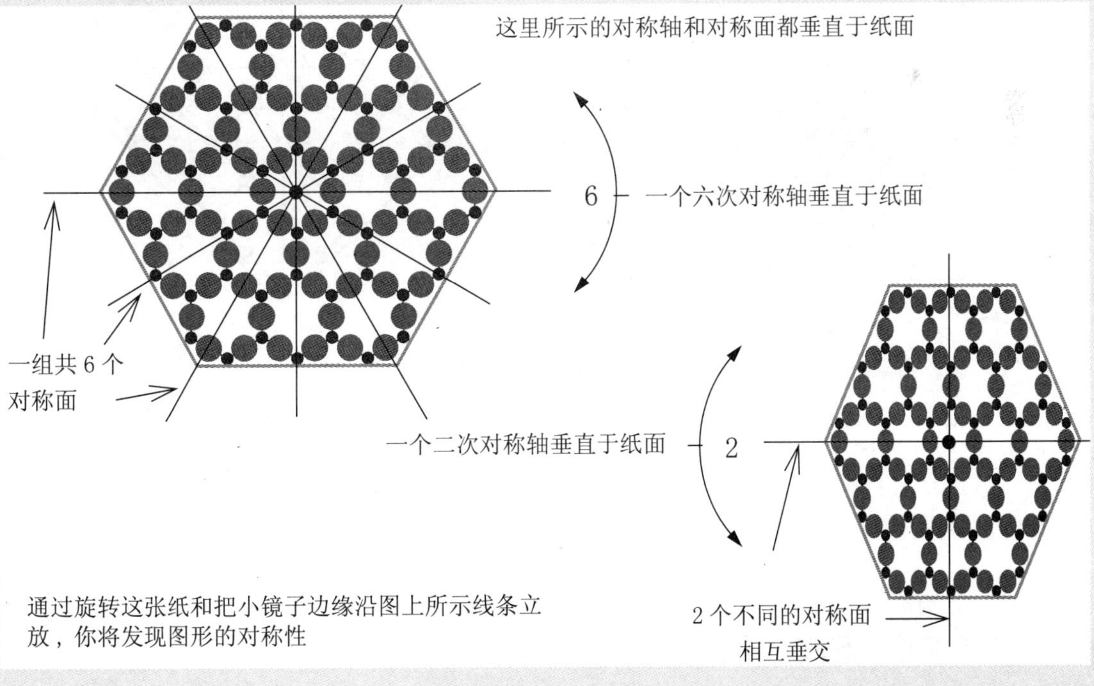

图 3-11　二维图形中的对称轴和镜面

实际晶体和未加工宝石材料中的对称性

对于具有晶面的晶质材料，对称要素重复晶面之间的夹角。这是因为，每个晶面都是晶体结构的最外层，故结构的对称性可通过晶面的角对称性来揭示。

晶面的形状和大小不能说明对称性，并可能造成误导。当你试图在实际晶体中识别晶面之间的对称关系时，要观察具体晶面之间的角度关系，还要观察相同的晶面标志。并非所有的内部对称性都可以靠晶面揭示。然而，任何晶体的晶面夹角都受其内部晶体结构控制。

转动你的钻石晶体结构模型以便你能浏览整个模型（图 3-12）。你将发现有 1 个图形，其中结构看上去是“正方形的”，所有的键以直角相交。然后环绕你的视线方向转动该模型并保持键相互间始终为直角。转动 1 圈，结构看上去有 4 次是相同的。你的视线所对着的是该结构的四次对称轴方向。

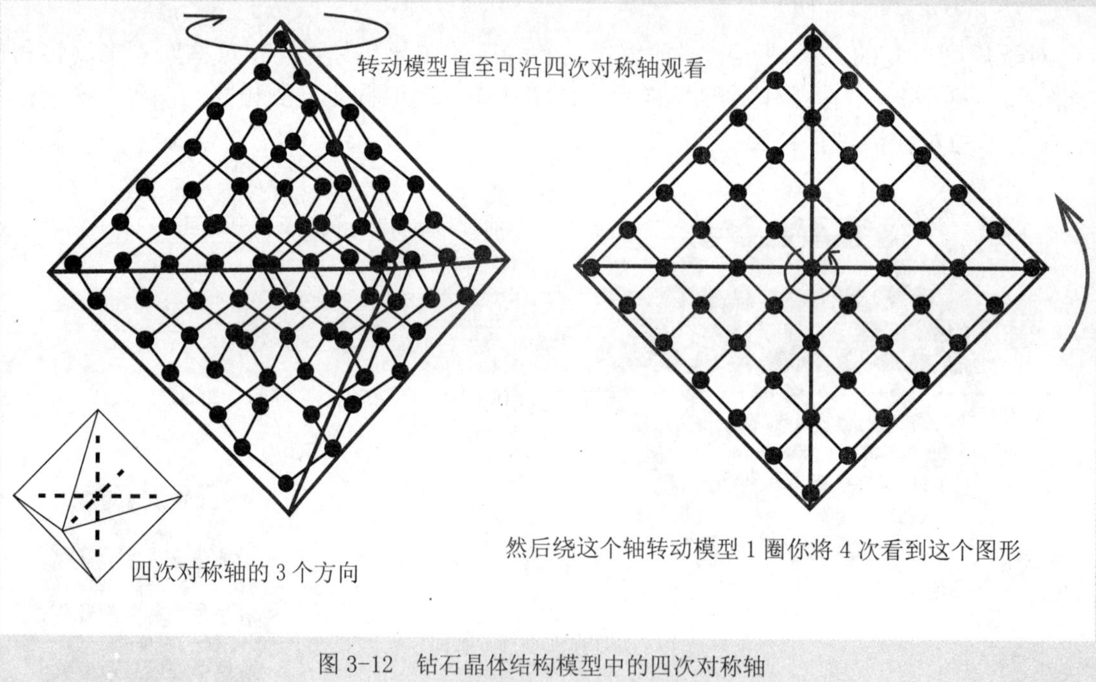

图 3-12　钻石晶体结构模型中的四次对称轴

注意，模型的外表面或“晶面”也 4 次显示同样的角度取向。你将发现有那么 3 个方向，沿着它们你能观察到钻石模型中的四次对称性。

还能发现 4 个三次对称轴：所有立方晶系晶体都有 4 个三次对称方向。看看直视八面体的 1 个三角形面，你能否找到 1 个三次对称轴。除此之外还有 6 个不同方向的二次轴。钻石的晶体结构是非常对称的。

第三章　钻石的本质

基准轴

对称性是晶体分类的一个要素。为了能在一个简便的分类中描述所有可能的晶体结构，还需要另外一个基本的要素。

这第二个要素涉及穿过晶体结构的另外一种方向，它被称为**基准轴**或**晶轴**。该方向与晶体结构的构筑方式有关。

晶格

所有晶体结构都是由原子和键的规则、重复排列组成。如果这种排列的所有相同部分都被简单地设想为一个结点的话，那么任一晶体结构都可用一规则的三维点图形来表示。每个点表示了结构的相同部分沿特定的重复方向重复出现的位置。由它的代表性的点所构成的规则的、重复性的点图形称为**晶格**（图 3-13）。

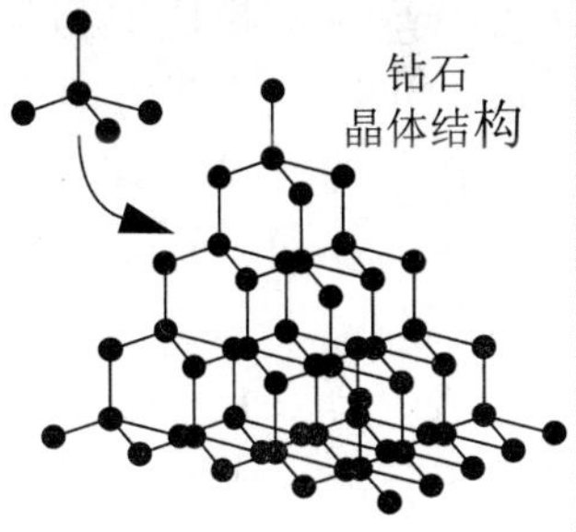

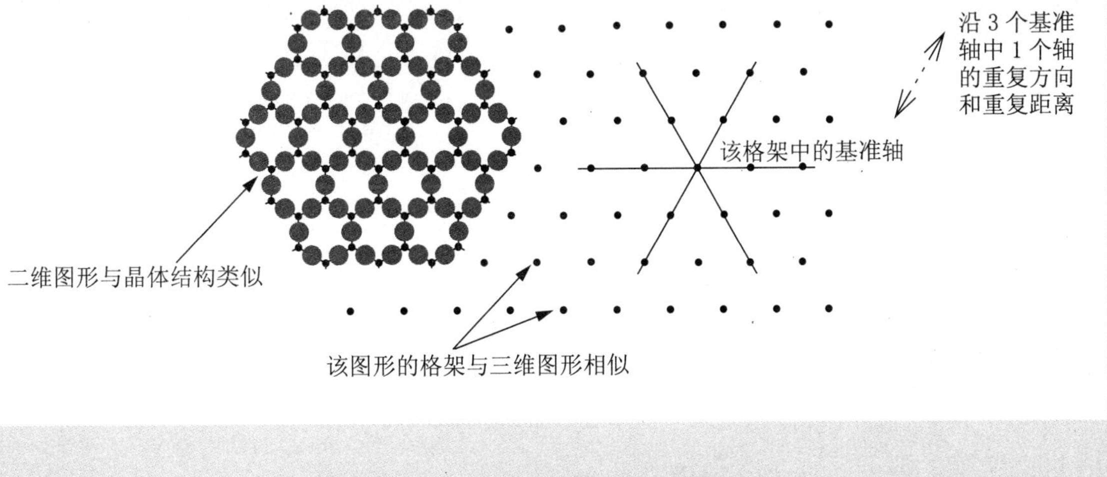

图 3-13　二维图形及其格架和基准轴

晶格乃是原子和键组成的所有实际晶体结构都以之为基础的简单基本的样式，不论这些结构是天然的还是合成的，也不论这些结构有多么复杂。每种晶格类型都可以有大量的完全不同的晶体结构。

晶格中结点的重复方向就是基准轴。

基准轴的长度代表沿轴的方向上结点之间的重复距离。每个轴表示主要的重复方向。

基准轴（晶轴）
是穿过晶体结构的一条假想线，它指明了晶格结点的
重复方向，也指明了结点沿该方向的相对重复距离。

基准轴对描述单晶和晶质材料外部和内部的面、层和方向的定向是特别重要的。利用基准轴可以毫不费力地描述对称轴和对称面的方向。晶体的物理性质，包括晶体结构与光相互作用的方式，都与晶体对称性有关。所以，晶质材料的物理性质可用基准轴给出最佳的说明，譬如晶面取向、不同硬度方向和解理方向。

请记住，基准轴和对称轴不是一回事。然而，在许多对称性高的晶体结构中，这两种轴是平行的。所有的轴都只表明方向而不是位置。

晶系

现在你已明白怎样能用这两种轴来（1）描述晶体的对称性；（2）作为晶体排列样式的基础。

对称性和基准轴作为两个重要要素被一道用来制定有效、简便的晶体分类方案。这个分类是晶系或“对称系”的分类。

对称要素的 7 种不同的基本组合可用来界定所有的晶体结构。与相关的基准轴一道，共界定了 7 个晶系：

（1）立方晶系——钻石属于立方晶系
（2）三方晶系
（3）四方晶系
（4）六方晶系
（5）斜方晶系

(6) 单斜晶系
(7) 三斜晶系

背景资料:

在立方晶系中有 3 个等长并互相垂直的基准轴 (图 3-14、图 3-15)。

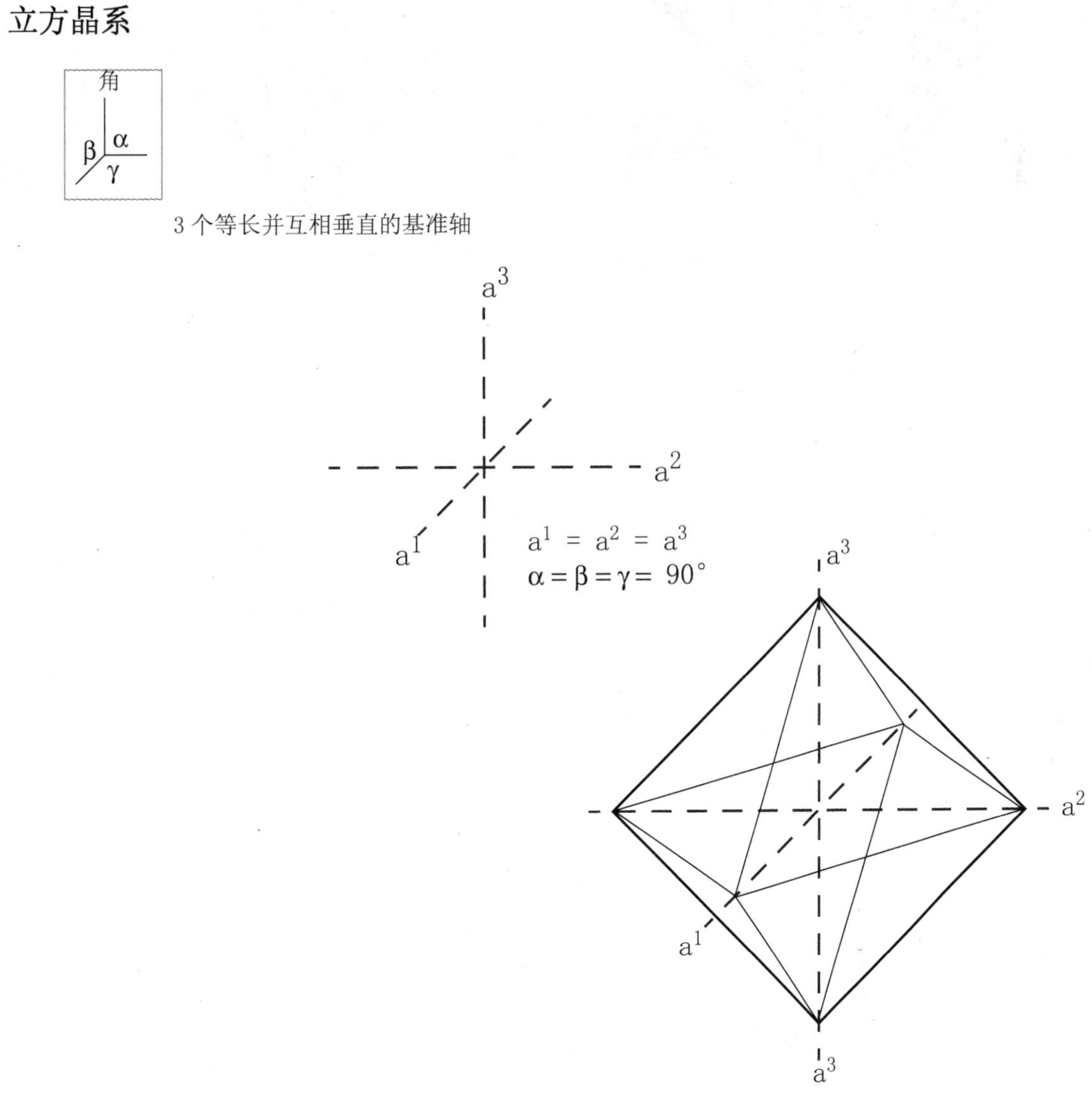

图 3-14　立方晶系及其基准轴

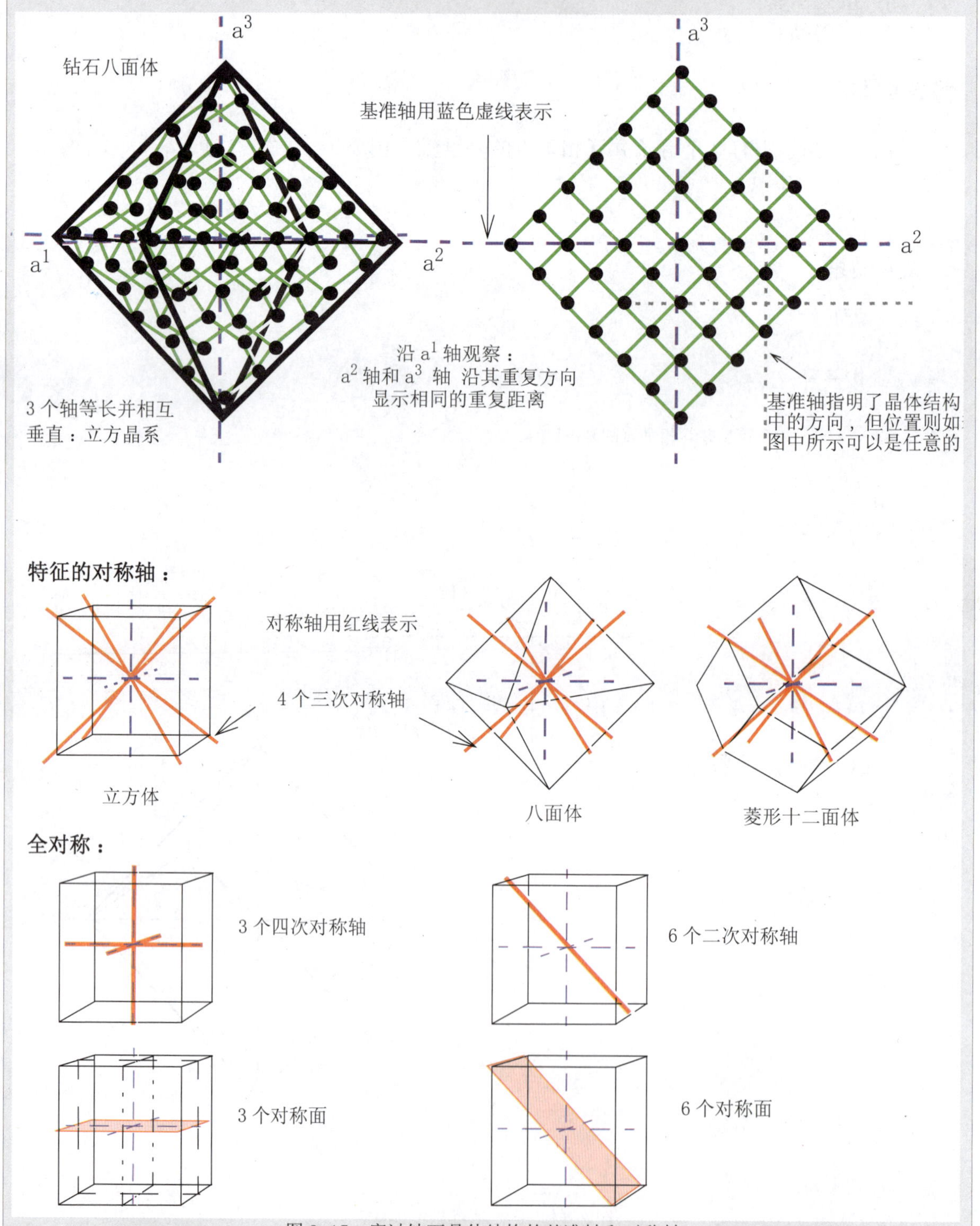

图 3-15　穿过钻石晶体结构的基准轴和对称轴

第三章　钻石的本质

◆ 晶体样品和观察

晶体的晶面形状用晶形和习性来描述。在观察未加工的宝石材料时，这些术语是重要的。

♦ 晶形

晶面是晶体结构的外表层。晶面大都是结构中原子排列最致密的层。晶体结构中所有各组具相同原子排列样式和空间分布的平面可发育成若干个相同的晶面。

这些相同的晶面都与晶体结构对称性有关。这些相同的晶面总称为**晶形**。

晶形 **是一组与对称性相关的晶面。**

如你在钻石晶体模型中所见，八面体的各晶面构成一个晶形。每个晶面与其他晶面都以结构对称性相关联。

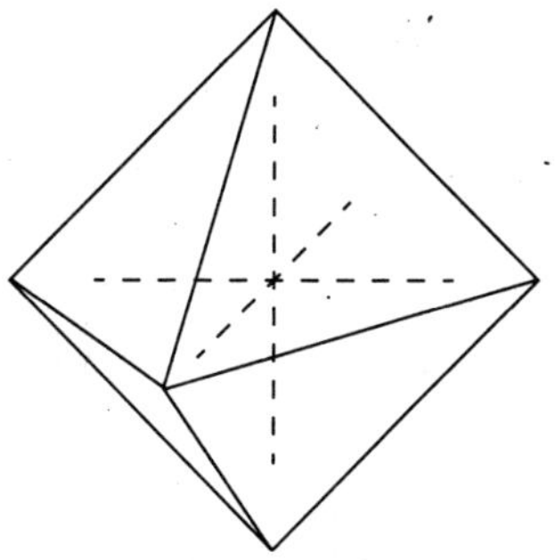

八面体

立方晶系中的晶形包括（图 3-16）：

晶　形	晶面数
立方体	6
八面体	8
十二面体	12
四六面体	24
四角三八面体	24

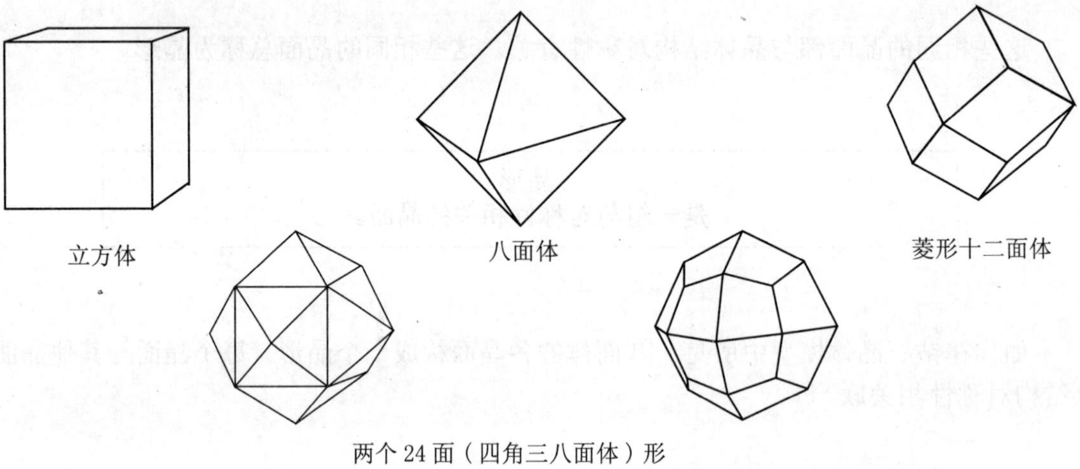

图 3-16　立方晶系中的晶形

♦ 结晶习性

单个晶体或一组晶体的习性是指总的形状。该形状是由晶体生长中形成的一个或几个晶形组成（图 3-17）。

> **结晶习性**
> **是指某个晶形的发育或两个或更多个晶形**
> **及其特征标志的相对发育。**

第三章　钻石的本质

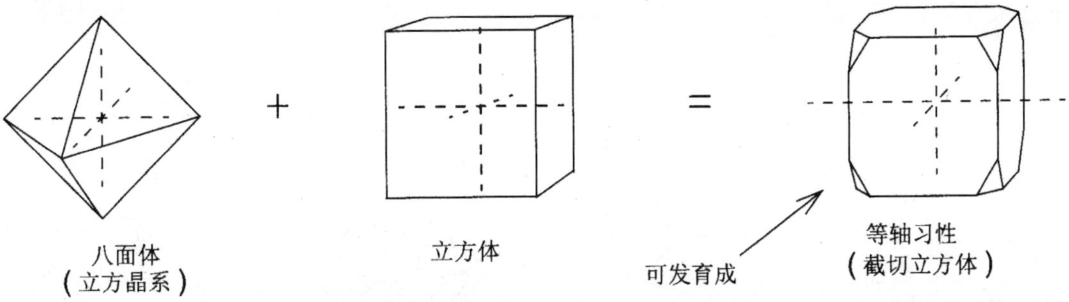

图 3－17　立方晶系中结晶习性与晶形的关系

实际晶体中所显示一个或若干个晶形取决于诸如生成温度、生长速度和化学杂质等变量。

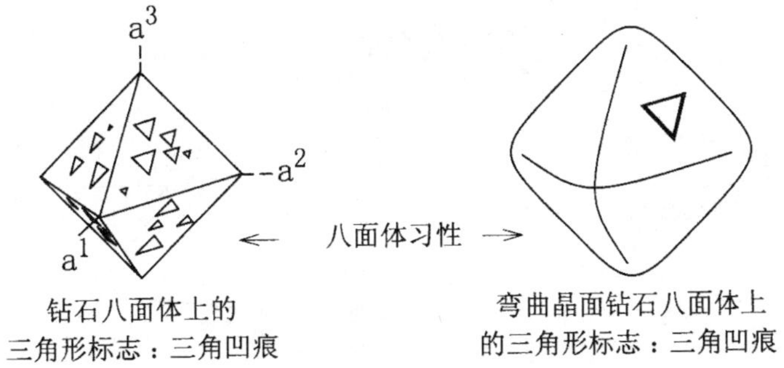

图 3－18　钻石的八面体习性

八面体晶形是宝石级钻石的常见习性（图 3－18）。还有一些更复杂的晶形，包括常具圆化晶面的十二面体以及三角薄片双晶（macle），后者常在角顶处显示内凹角（图 3－19）。

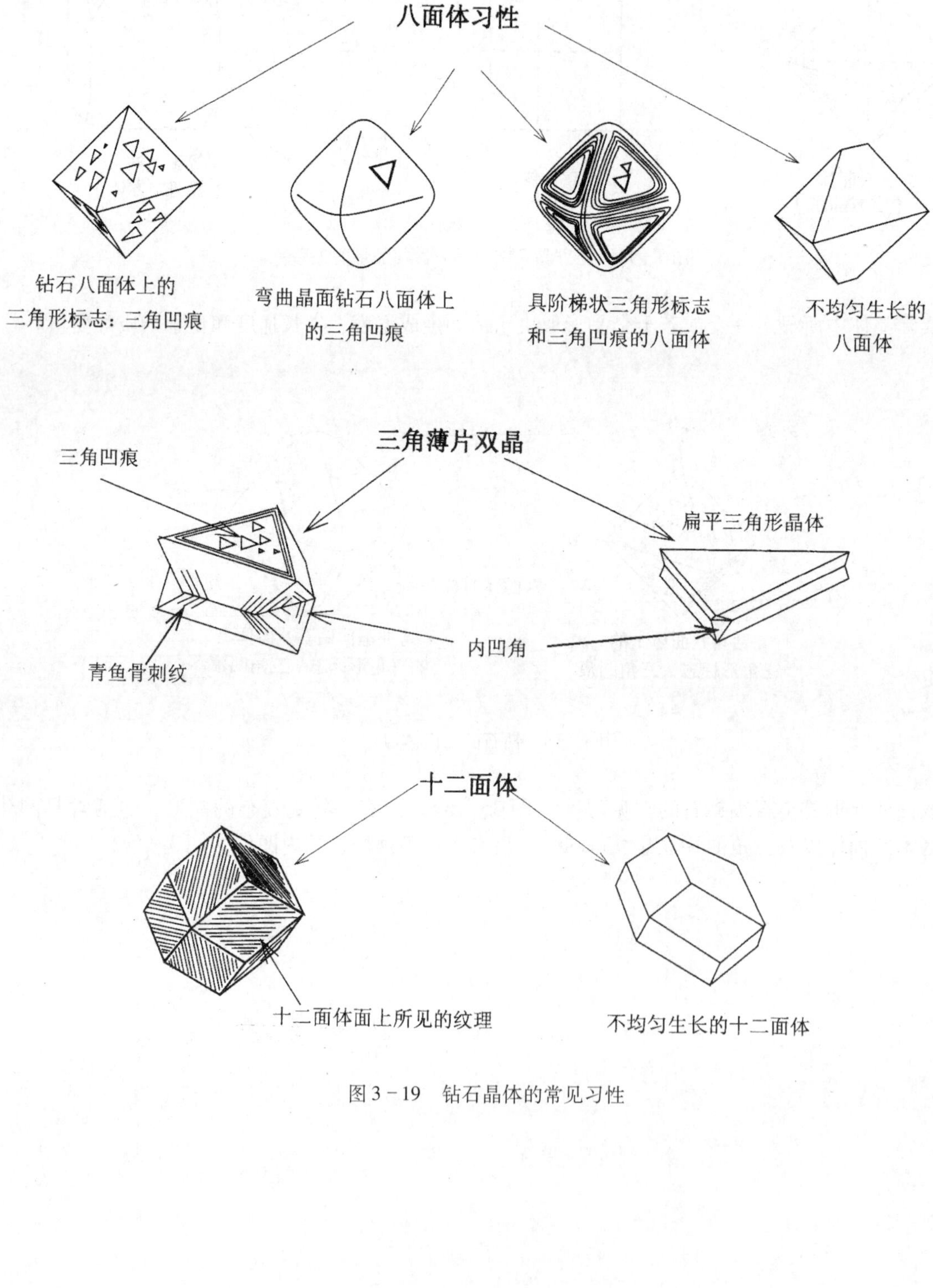

图 3－19　钻石晶体的常见习性

第三章　钻石的本质

双晶

本章前文中已对双晶的概念做了说明。三角薄片双晶是钻石中最常见的双晶 ，但它不是唯一可能的双晶类型 (图 3-20)。

三角薄片双晶是一种接触双晶。接触双晶是这样一种双晶 ，其晶体两部分的关联表现为当环绕双晶面转动一个部分后，两个部分合起来将具有单个非双晶晶体的形状。

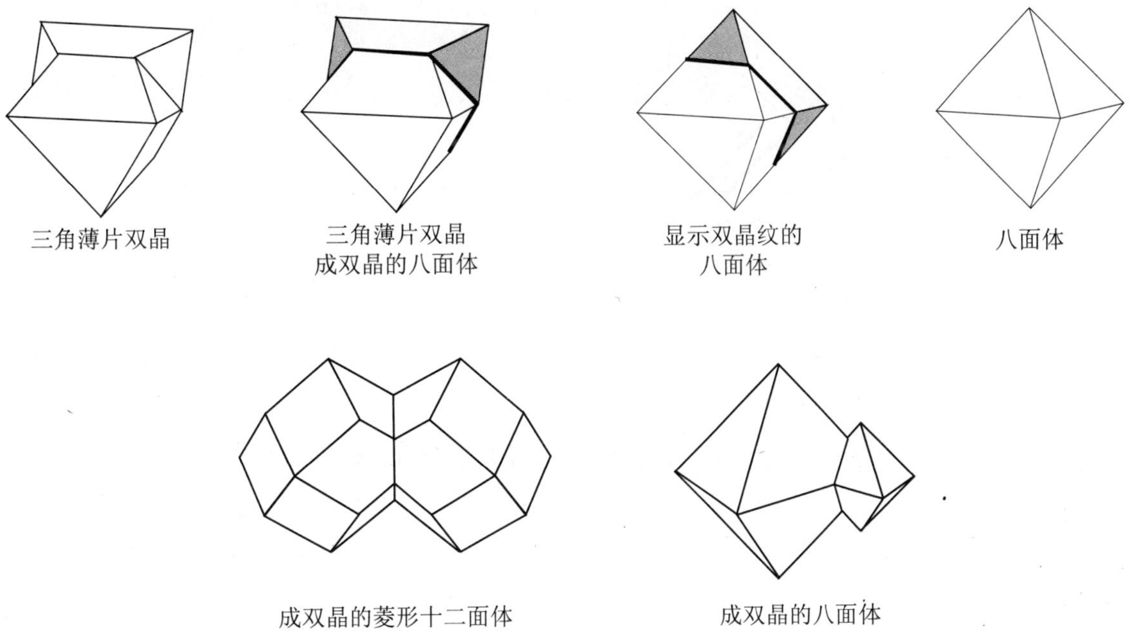

图 3-20　钻石双晶晶体

也会出现贯穿双晶，它与多重生长相似，但在两个或更多个成双晶的晶体之间可看到明显的对称关系。

晶结

因双晶或多重生长而导致纹理方向变化的结合部位称为晶结或晶瘤。纹理的这些变化会给加工带来麻烦。

平行生长

当一个晶体通过生长产生了由两个或更多个晶体沿同一方向长到一起的外观且晶面相互平行时，这些晶体被描述为显示平行生长（图 3-21)。这不是一种双晶类型。

多重生长

指一个晶体具有由两个或更多个晶体以互不关联的角度相互穿插而不是平行生长到一起所产生的外观（图 3-21)。这是多重连生，也不是一种双晶类型。

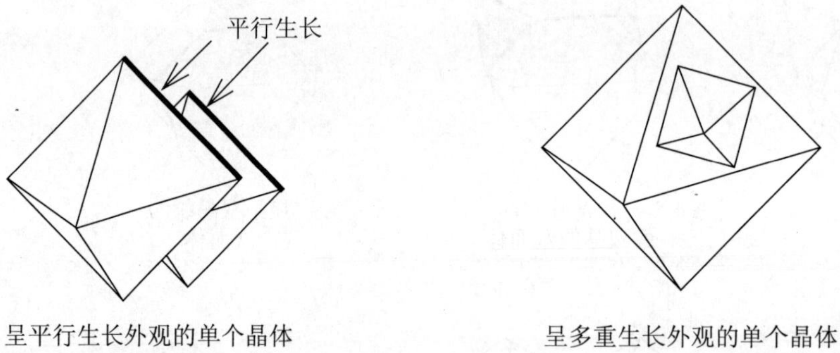

图 3-21　晶体的平行生长和多重生长

聚形

聚形出现在两个或更多个晶形共同构成晶体的情况下（图 3-22)。

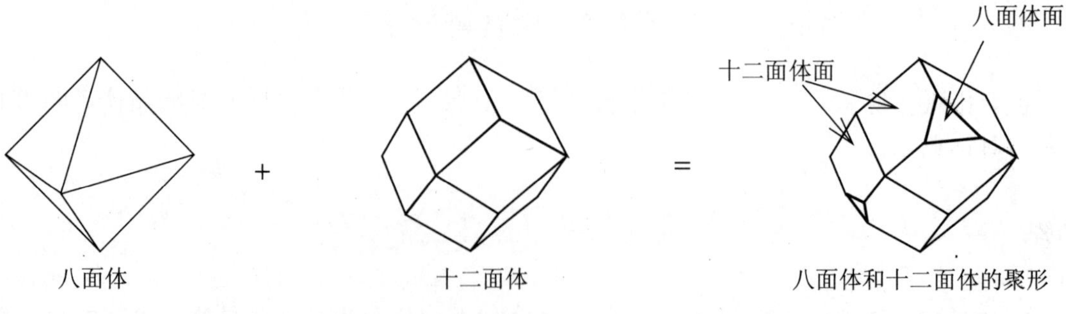

图 3-22　八面体和十二面体的聚形

一组共5个八面体晶体
（版权所有）DTC

不规则的玻璃状八面体晶体
（版权所有）DTC

不规则的八面体晶体
（版权所有）DTC

八面体
（版权所有）M Vainer

具表面纹理的十二面体
（版权所有）DTC

三角薄片双晶
（版权所有）C G Zeng

三角薄片双晶
（版权所有）DTC

具六边形蚀坑的三角薄片双晶
（版权所有）DTC

一组共5个八面体晶体
（版权所有）DTC

不规则的玻璃状八面体晶体
（版权所有）DTC

不规则的八面体晶体
（版权所有）DTC

八面体
（版权所有）M Vainer

具表面纹理的十二面体
（版权所有）DTC

三角薄片双晶
（版权所有）C G Zeng

三角薄片双晶
（版权所有）DTC

具六边形蚀坑的三角薄片双晶
（版权所有）DTC

八面体晶体上的表面标志
（版权所有）Gem-A

黄色钻石原石
（版权所有）M Vainer

三角薄片双晶表面的三角凹痕
（版权所有）C G Zeng

三角凹痕
（版权所有）DTC

一组奇形怪状的钻石晶体
（版权所有）DTC

非宝石级钻石晶体
（版权所有）M Vainer

第三章　钻石的本质

钻石的菱形十二面体被认为是由八面体变化而来。在地球内部变化的压力、温度和流体条件下，钻石遭化学侵蚀，八面体的晶棱被溶解，开始出现十二面体晶面。

表面特征

表面纹理

晶面上的表面纹理是材料内部晶体结构的外部证据。表面纹理也称为条纹。

在你的钻石晶体结构模型上观察八面体面上原子的排列样式。将这些原子用假想线相连接就产生了三角形的交叉样式。八面体晶面上的纹理与此有关（图 3-23)。

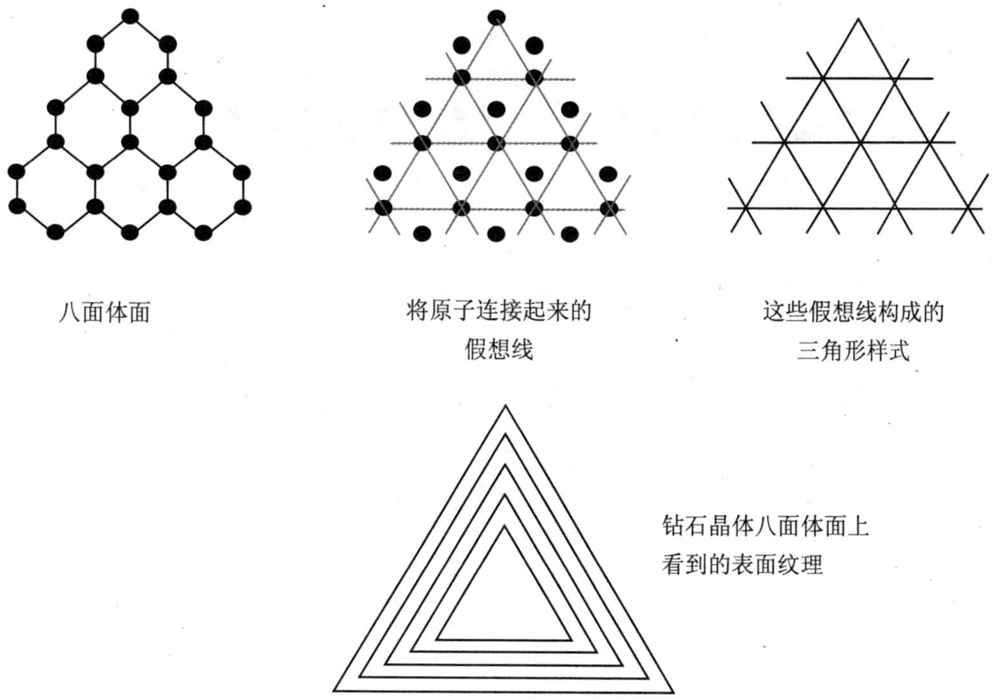

图 3-23　八面体面上的表面纹理

有时可观察到这种八面体面上的样式延伸穿过钻石，甚至在成品钻石中也能见到。它提供了八面体生长的证据。这称为**内部纹理**。

用以下方法来设想一下在十二面体面上哪里会出现纹理。在你的钻石晶体结构模型上观察两个八面体面的边棱，这里是十二面体面出现的地方。现在用假想线连接原子。预期在十二面体面上看到的纹理方向与这些线有关（图 3-24)。

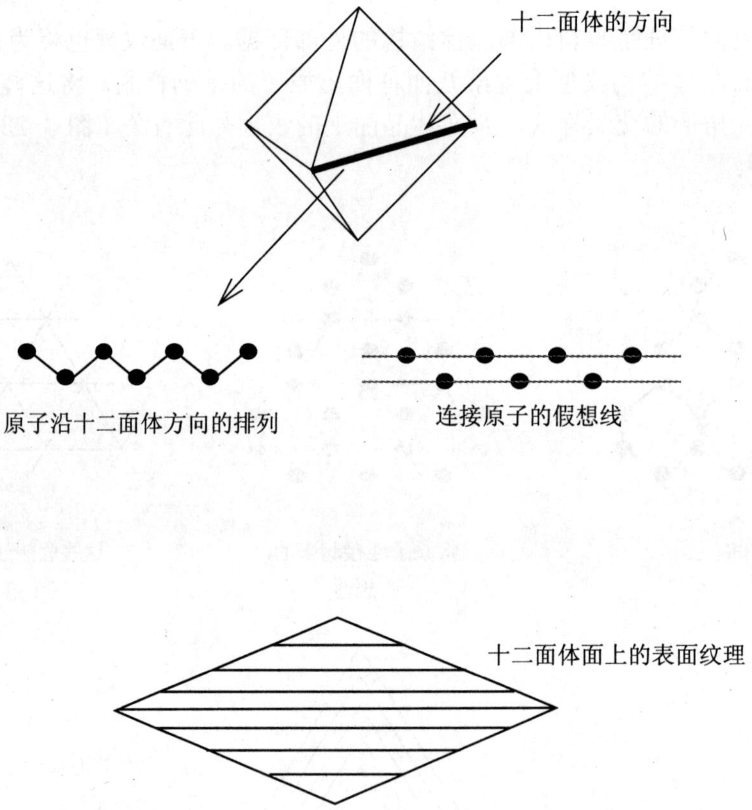

图 3-24　十二面体面上的表面纹理

内部纹理的证据也可从十二面体面上的舟形凹陷得到。

这些纹理方向与我们在第十章中将讨论的立方体面一道，在考虑钻石加工时是非常重要的。你的晶体结构模型对你想象这些方向有帮助。

第三章　钻石的本质

三角凹痕

大多数天然八面体面有小的侵蚀入钻石表面的三角形标志（图 3 – 25）。这些标志被称为三角凹痕。

三角凹痕是等边三角形的坑，其大小变化很大，有时相互叠覆。通常这些三角形蚀坑的角顶指向八面体面的棱。

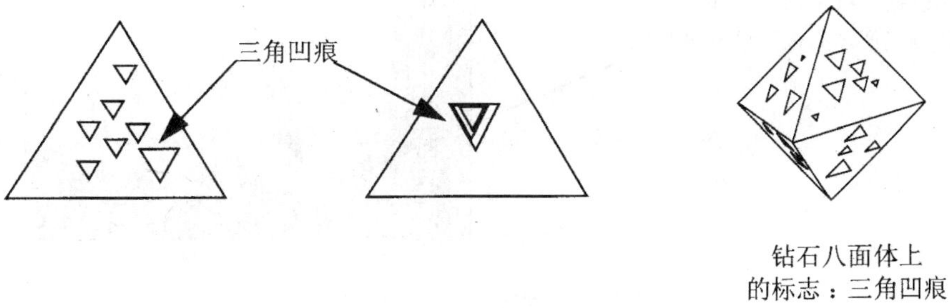

图 3 – 25　八面体面上的三角凹痕三角形

极少数情况下这些三角凹痕会与八面体面的排列一致。不要把这些蚀坑与图 3 – 19 中所示的阶梯状棱相混淆。

带壳钻石

一些钻石表面有一层精糙糖状的壳。这个壳有的薄如纸，有的则厚到占钻石的大部分。壳的下面可能是优质的宝石级钻石。这层壳通常是含许多微细杂质的钻石。

有些钻石可有绿色的皮。自然界中发现的绿色钻石大都不是从外到里都带色的，绿色只局限于表皮（绿皮钻石），通常是围岩或地下水的辐照所致。

为确定带壳钻石的质量，需要在钻石上抛磨出一个窗。

烟幕钻石

烟幕钻石有一层通常是极薄的半透明的无光泽表面。烟幕层通常见于产自砂矿的钻石，是钻石在顺流向下游搬运过程中被其他钻石磨蚀的结果（图3-26）。这种无光泽表面很容易通过抛磨去除。

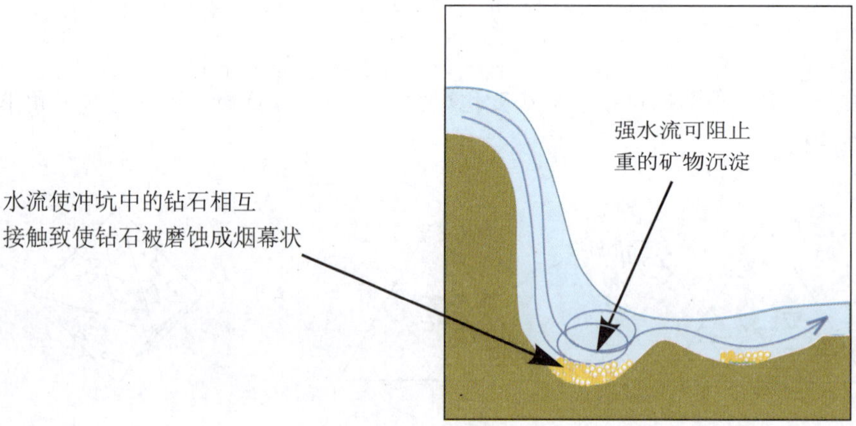

图 3－26　瀑布冲坑中的钻石

劣等钻石

劣等钻石是低质量钻石类型。这是多晶质物质，具暗淡或糖状表面外观。通常碾碎后用作工业磨料。有包括圆粒钻石（圆粒金刚石）在内的几个品种。

圆粒钻石是非常硬的天然多晶质钻石，由奶白色或钢灰色细小连生钻石晶体的球状块体组成。

黑钻石

黑钻石（黑金刚石）是多晶质钻石和非晶质碳的韧性和致密的混合物，黑褐色或暗灰色。因为它是韧性最大的钻石类型，故用于钻头和磨轮。

第三章　钻石的本质

第三章课程强化题

1. 缩写符号 C、N、B 代表什么元素？
2. 画出表示有电子和电子轨道的碳原子简图。
3. 钻石中出现的是什么类型的键合？
4. 说出碳的两种同质多象变体。
5. 钻石属于哪个晶系？
6. 给出这个晶系的对称性。
7. 画出这个晶系的基准轴。
8. 说出钻石两种常见的习性。
9. 什么是钻石的一种最常见的双晶类型？
10. 下图中所示的生长样式叫什么？

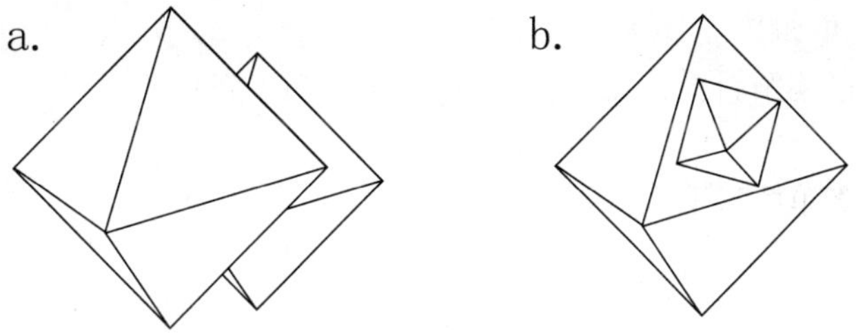

11. 三角凹痕出现在什么晶形上？
12. 什么是黑钻石（黑金刚石）？

第三章家庭作业题

1. a）简单解释下列术语含义并给出实例：

   （i） 原子； （4 分）

   （ii） 共价键； （4 分）

   （iii） 晶质材料。 （4 分）

   b）钻石和石墨有何不同？为何会有不同？ （8 分）

2. 什么是晶形和习性 （8 分）

   借助示意图描述钻石最常见的结晶习性。 （12 分）

3. 借助示意图简单解释下列术语：

   （a）聚形； （5 分）

   （b）平行生长； （5 分）

   （c）双晶； （5 分）

   （d）三角凹痕。 （5 分）

第四章　钻石的性质

目　　录

第四章　钻石的性质

◆ 非光学性质

♦ 耐久性

大多数宝石和装饰材料具有能承受高度抛磨的硬度，而且有足够的耐久性使它们的抛磨效果在正常使用期间得以保持，也使它们不会受损。

组成大多数宝石的原子彼此之间有很强的结合力，所以宝石能抗破裂。

宝石的耐久性是**硬度**、**韧性**和**稳定性**的组合。

硬度和韧性都影响宝石的耐久性，但硬度和韧性二者未必相关。宝石材料的化学和物理稳定性也是促进总体耐久性的因素。

譬如，尽管钻石是最硬的，但它是易碎的物质。如强烈撞击，它会破裂。然而，由细小、连生的钻石晶体组成的工业用黑钻石不仅硬度大而且韧性高。

在自然界，宝石材料会因有足够耐久性而保留在砂砾沉积物中。各种矿物在遭受风化作用后会被巨大的河流作用向下游搬运，并在此过程中遭受磨蚀。那些耐久性差，对连续撞击、磨蚀以及天然化学侵蚀没有足够抵抗力的矿物将完全破裂、侵蚀、溶解或磨损殆尽。耐久性较好的矿物则逐渐圆化。钻石在这类自然过程中能很好地保存下来。

硬度

如若把已加工或未加工过的不同种类的宝石混放在一起，有些宝石将被刻划。由连续刻划造成的损伤称为**磨损**（磨蚀）。

> **硬度**
> **是当材料被另一种物质的尖块刻划时所具有的抵抗磨损的能力。前提是刻划时的压力不足以产生断口或解理。**

为弄明白什么是硬度，我们需要仔细地考察材料的原子结构。硬度的基础在于原子之间的键合力，而不是因为某些元素的单个原子比别的元素的原子更结实、更具韧性或更能抗磨损。譬如，在由纯碳原子组成的钻石中，原子的键合是如此紧密和强有力，以至所形成的结构对磨损有异乎寻常的抵抗力。还是这些碳原子，能以完全不同的方式相结合，形成虽也是规则的但却是弱得多的石墨结构。因为在石墨中平行于一个方向的键合是非常弱的。

在石墨和钻石这两个极端之间有几百种原子结构具不同键合强度的宝石和材料。有些晶体在不同方向上具不同的键合强度，其硬度随方向而变化。

过去三百年间，科学家们尝试界定抗磨损能力的含义并加以量化。作为他们的研究成果，如今许多日常的工程和民用活动都已依赖于一个确定的事实，即有些物质能抗拒磨损或刻划，而另一些材料其硬度足以研磨较软的材料。

背景资料：

摩氏硬度计

1882 年，德国矿物学家摩斯 (Friedrich Mohs) 提出了评价矿物硬度的实用方案。

在一系列选择试验后，摩斯选择了 10 种能获得高纯度样品的常见矿物并按彼此之间抵抗刻划能力的大小依次排列。其结果便是大家目前所熟知的摩氏硬度计。滑石 (1) 是最软的，而钻石 (10) 是最硬的。

摩氏硬度计

1	滑石
2	石膏
3	方解石
4	萤石
5	磷灰石
6	长石(正长石)
7	石英
8	拓帕石
9	刚玉
10	钻石

硬度计是这样设计的，即每一种矿物均可被硬度计中所有序号高于它的矿物所刻划，它本身又能刻划序号低于它的每一种矿物。需强调指出的是，硬度计只给出相对硬度的顺序，硬度计中任两个相邻矿物之间的硬度差异并不表明其他任一对相邻矿物之间也存在同等的硬度差异。譬如，硬度计上硬度为 9 的刚玉和硬度为 10 的钻石之间的硬度差异比硬度为 1 的石墨和硬度为 9 的刚玉之间的硬度差异还要大。硬度计上每种矿物之所以被选中，不仅因为它们容易得到，还因为它们的硬度稳定，与矿物的产地无关。

第四章　钻石的性质

差异硬度

在某些宝石材料中，硬度依刻划方向的不同而不同。这种差异硬度是由晶体结构中原子键合面和键合方向的规则排列所导致。这与木头中“纹路”的效应是类似的：由于木头的规则结构，沿纹路刻划木头要比横穿纹路刻划容易。

钻石是已知最硬的物质，它能被切磨和抛光全靠差异硬度现象，也就是把一颗钻石中的较硬方向用于磨另一颗钻石中的较软方向。只有钻石能切磨钻石。

虽然在八面体面上也有较软和较硬的方向，但沿钻石八面体的各个方向上硬度总体都是大的，这使得八面体面通常是难磨的。不过，在所有方向中，硬度最大的还是平行于立方体面对角线的方向（图 4-1）。

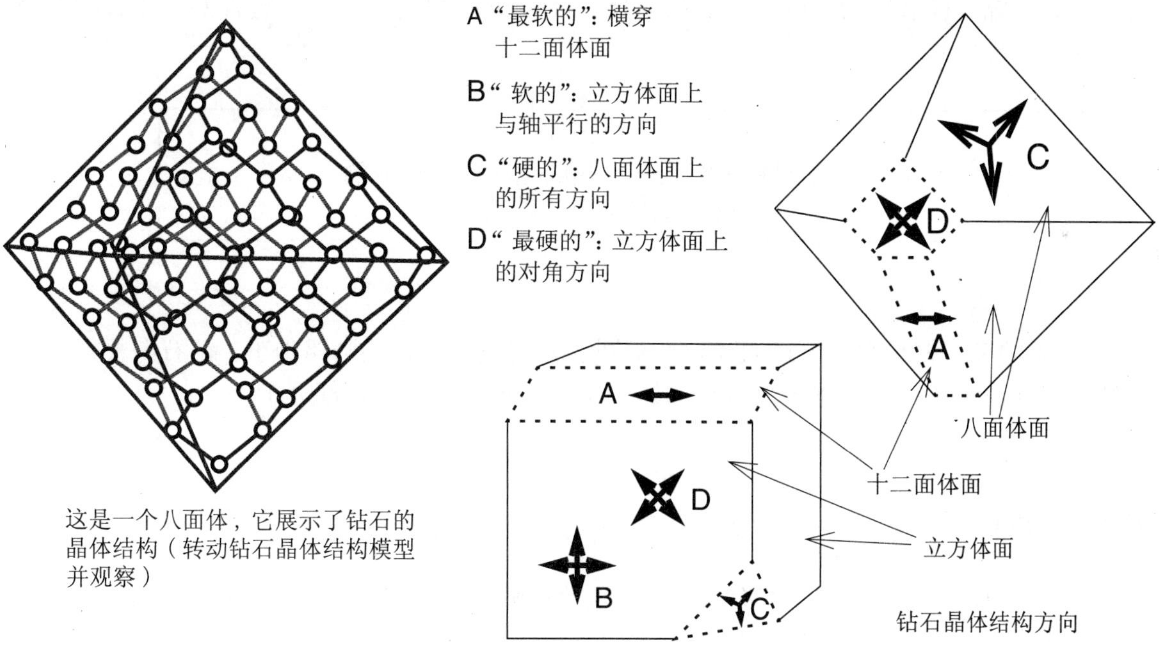

图 4-1　钻石中的差异硬度和晶体结构方向

用于切磨和抛光钻石的钻石磨料或粉料是一大堆其最大硬度呈各种取向的颗粒。因而，总是会有许多颗粒因其取向而能研磨待锯或待抛磨钻石的较软方向。在生产合成钻石时，有意使颗粒具某种形状，以便在宝石和钻石加工及许多工业应用中最有效地用于抛光、研磨或锯开。

差异硬度及它对锯钻和抛光的影响还将在本教程第十章中讨论。

韧性

韧性
是材料抗拒穿过它产生断裂或解理的能力。

一些材料比其他材料要坚韧得多， 玛瑙、软玉和翡翠等多晶质材料就是很好的例子。韧性既取决于原子键合和晶体结构，也取决于更大尺度上的结构。

稳定性

作用于宝石材料的物理和化学过程会导致褪色或颜色改变等光学变化， 还会导致表面粗糙化、收缩或碎裂等结构的和表面的变化。譬如， 一段时间的化学过程乃至化妆品都会对珍珠、大理岩和琥珀产生影响。

稳定性
是材料抗拒由光、热或化学作用造成的
物理或化学变化的能力。

所有的宝石材料都有自己的稳定性范围，有些较大，有些则相当小。钻石有很好的稳定性，它在正常条件下不受酸或氧化的影响（见本章随后的氧化部分）。

解理和断口

以不同方式向宝石施力，宝石会损伤、破裂或破碎成两块或更多块。宝石对这类处置的反应取决于它们的物理特征和性质,包括它们的韧性以及有无晶体结构和怎样的结构等。

解理是沿晶质材料中原子键合的特定平面发生的方向性破裂。

断口是在晶质和非晶质材料中发生的大都为随机方向的破裂。

很显然， 宝石材料越是能抗拒解理和断口的发生，那么在做成首饰佩戴后也越能抗磨损。

第四章　钻石的性质

解理和结晶度

> 解理
> 是指某些晶质材料具有的沿特定的清晰的晶体结构面裂开
> 并留下或多或少的平坦裂面的能力。

在许多晶质材料中，当沿恰当方向施以足够的力时，晶体结构可平行于结构中薄弱面的方向裂开。

这种由结构控制的破裂类型称为解理。解理只可能出现在晶质材料中。裂开面或裂开方向取决于内部晶体结构。

在钻石中，所有的键都是同等强度的，但也存在平行于某些界限分明的晶体结构面的较弱的结合。这你可从你的钻石结构模型以及图 4－2 中看出。钻石中的解理面是八面体方向的。它们平行于钻石晶体的八面体面。沿这 4 组八面体面或其“方向”的任一组，都可产生完全的八面体解理。

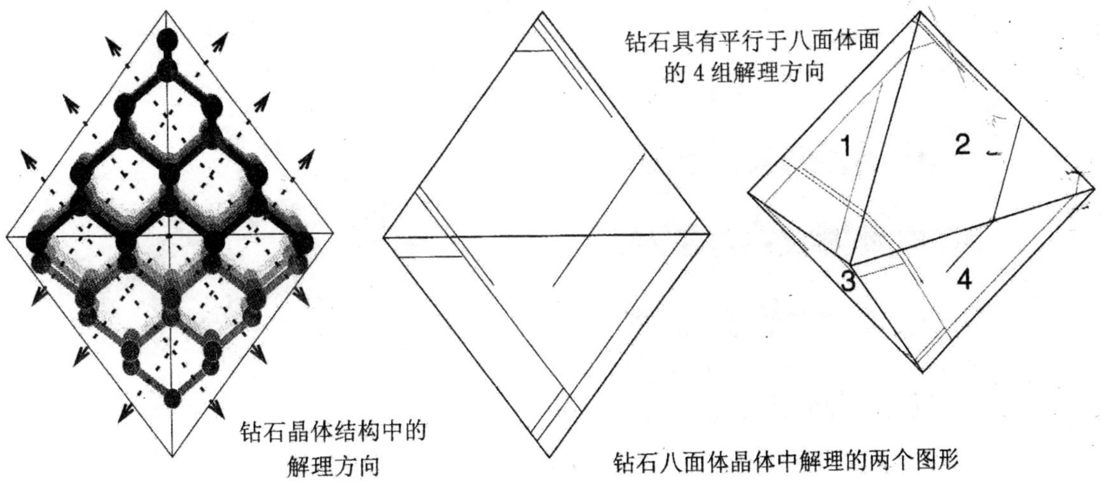

图 4－2　钻石中的解理

完全解理可根据一系列非常浅的阶梯来识别。阶梯是沿不同但又是平行的原子层发生破裂的结果。宝石内部的解理缝可因全内反射作用而反射光线或阻挡光线，因而它们看上去或是呈暗色的或是呈镜面状的扁平包裹体。解理缝（初始解理）既可能是从成品宝石或晶体原石的这一头延伸到另一头，也可能只表现为小的盘状的扁平包裹体或靠近表面的一条细线。细线可靠近刻面棱或宝石镶爪的下方。这些裂缝也可通过反射而显示晕彩。

不论你是用肉眼还是用放大镜或显微镜观察原石和成品宝石，解理的这些效应都是非常有用的。宝石学家把观察解理作为一种鉴别手段并从中受益。切磨师也会在一定程度上受益，因为可以较容易地从原石中去除质量差的部分。

解理的实际应用最早可能还是在钻石业。Jean Bapiste Tavernier(1605—1689 年）描述了印度某矿山的板状晶体，指出印度人在劈开钻石方面比欧洲人更有技巧。

断口

解理只发育在晶质材料中，而断口可出现在任何宝石中，不论它是晶质还是非晶质。人造玻璃和其他的非晶质材料可在任何方向破裂，断口将不是很平坦的。晶质材料中的断口可发生在横穿解理的方向上（图 4-3)。

断口
是应力作用下在宝石中形成的随机的
无方向性的破裂。

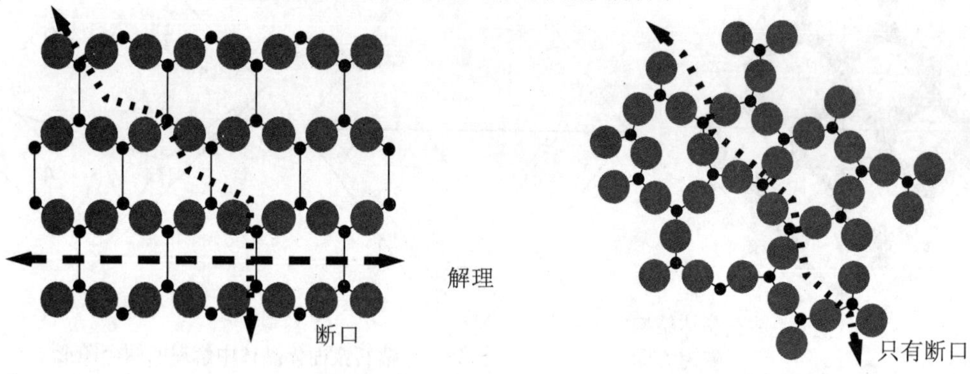

图 4-3　晶质材料中的解理和断口（左）及玻璃中的断口（右）

包括钻石在内的所有宝石中出现随机的无方向性破裂是应力作用的结果，如强烈撞击或持续地施压或快速加热、快速冷却等。

断口类型

已知有几种断口类型。常见贝壳状断口，这是当材料破裂时留下的与海生贝类的脊相似的同心状的、凸起的表面标志。玻璃和钻石、石英、锆石及其他许多宝石一样以这种方式破裂（图 4-4)。

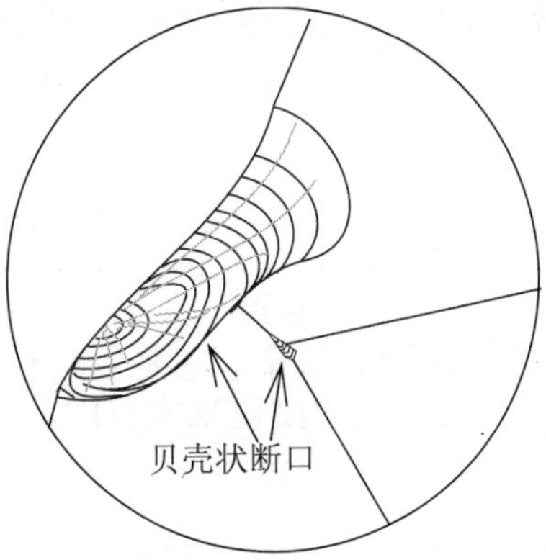

图 4-4　贝壳状断口

♦ 比重

密度和比重

许多宝石材料的密度值只在一个很小的范围内变化，因而度量密度有助于鉴别宝石。然而，这项测试存在一些实际困难。**为了确定密度，需要度量重量和体积**。像宝石、原石和雕件等小的、形状复杂的物品，其体积是难于精确测定的。

然而，我们可以把水的密度作为标准密度值，然后把其他材料的密度与这个标准值相比较。这样一来，我们就可以确定材料的**相对密度**，即它们的密度与水的密度的比值。

我们可确定材料的相对密度而无需知道它们的体积。

材料的相对密度被称为“比重”，记为 SG。

密度

密度是涉及质量（重量）和体积的一种性质。

比较具相同体积的两种不同的宝石。尽管它们占有相同的空间，即体积相同，我们可以设想其中一种材料比另一种材料含更多的或更重的原子。

尽管两种宝石的体积相同，但其中一种宝石所含原子的质量较大，这种宝石的重量大于另一种。也就是说它的密度较大。

根据重量和体积的数值可计算出材料的密度。

密度 **是物质单位体积的质量，它是以材料的重量** **和其体积的比值来度量的。**

密度是根据所研究材料的类型而选用的重量和体积单位来度量和记录的。譬如重量可用克（g）为度量单位，而体积用立方厘米（cc）。

$$密度 = \frac{重量}{体积}$$

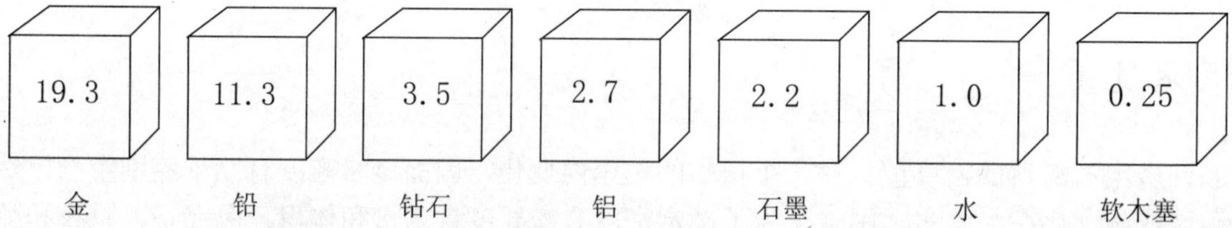

每个立方体的体积是 1cc，重量单位是克（g）

图 4-5　同体积的各种材料的重量

图 4-5 表示了同一体积（1 立方厘米，1cc）几种不同材料以克（g）为单位的不同重量。因为选用了 1cc 的标准体积，故以 g/cc 为单位的密度值与其重量值相同。

比重

物品的比重（SG）是指物品密度与标准密度的比较。

为了比较不同材料的密度，需要有一个可供比较的标准。说一颗立方氧化锆比一颗钻石重，这只提供了很少的信息。只有**对比同体积的不同材料的重量**才能作出精确的比较。

关于如何确定一种材料的“重”度问题早在许多年前当科学家把一个物品的重量与同

体积纯水的重量相比较时就已经解决了。换句话说，这两者的相对密度是可以比较的。这是解决这个问题的好办法。因为不论物品的形状如何，物品的重量和同体积水的重量在实践中都不难确定。

宝石重量与同体积水的重量之比称为**比重**(SG)。比较的结果以比值表示。比值是无量纲，因而无需用单位来表示。

> **比重**
> **是物质的重量与同体积水的重量的比值。**

该比值可表示为以一个重量除以另一个重量：

$$SG = \frac{\text{物体的重量}}{\text{同体积水的重量}}$$

举个例子，假设一颗钻石重1.76克拉，而同体积的水重0.5克拉，钻石的比重(SG)为：

$$\frac{1.76}{0.50} = SG\ 3.52$$

宝石的重量通常用克拉计算，因为这是珠宝商最熟悉的单位。然而，应强调指出：

对任一物质，不论是采用什么重量单位，其比值是一样的，故比重值是个常数。

不论所研究材料的尺寸和形状如何，这个说法都是对的。

1cc的任何材料的相对密度，即比重，是通过比较它的重量与同体积的作为标准材料的水的重量获得的。1cc水的重量为1克(g)。

背景资料：

比重测定和静水称重

为确定物品的比重，你首先需要知道它的重量。你还需要知道该物品如果是由水制作的，其重量又是多少。

要直接测定复杂形状物品的体积是困难的。你可通过把物品浸在水中并度量所排开的水的体积来确定物品的体积。但这对于小的物品是不切实际的。

多亏了阿基米德，使你在确定比重时不必为重量的单位（克、盎司）操心，也不必为度量物品或同体积水的体积操心。你可通过使用静水称重法以较容易的步骤完成这件事。

静水称重法利用阿基米德定律给出**除非常小的宝石外**所有物品的精确结果。

阿基米德定律：
当物体完全浸入液体中时所受到的上浮力
相当于所排开液体的重量。

如果物品被浸没在液体中，将出现视失重。

譬如，当你本人浸没在水中时，你就没有那么重了。你减少的重量等于你所排开的水的重量，也就是说，该重量的水的体积与你自身的体积相当。

用单盘天平测比重

如果用单盘数显宝石天平，你需要配备一个支架、一个兜和一个装水的烧杯（图4-6）。经过校准的天平因为能在重测宝石重量前使读数归零，能更快地测出结果。

首先，在天平的盘上以通常方法称宝石的重量，记下结果 (A)。往烧杯中装 2/3 体积的蒸馏水，而后将烧杯放到支架上。放入宝石兜并使之完全浸没在水中，但不能与烧杯的壁或底接触。

将天平归零。下一步是把宝石放入兜内并再次将兜浸入水中而后称重 (B)，注意在放入时不能有水溅出。

要确保宝石已完全浸没在水中 ，有的气泡都已去除。如果在称重前你已将天平归零，那么由这时的结果可得出宝石在水中的重量。重量 A 和 B 之差就是与宝石同体积水的重量。

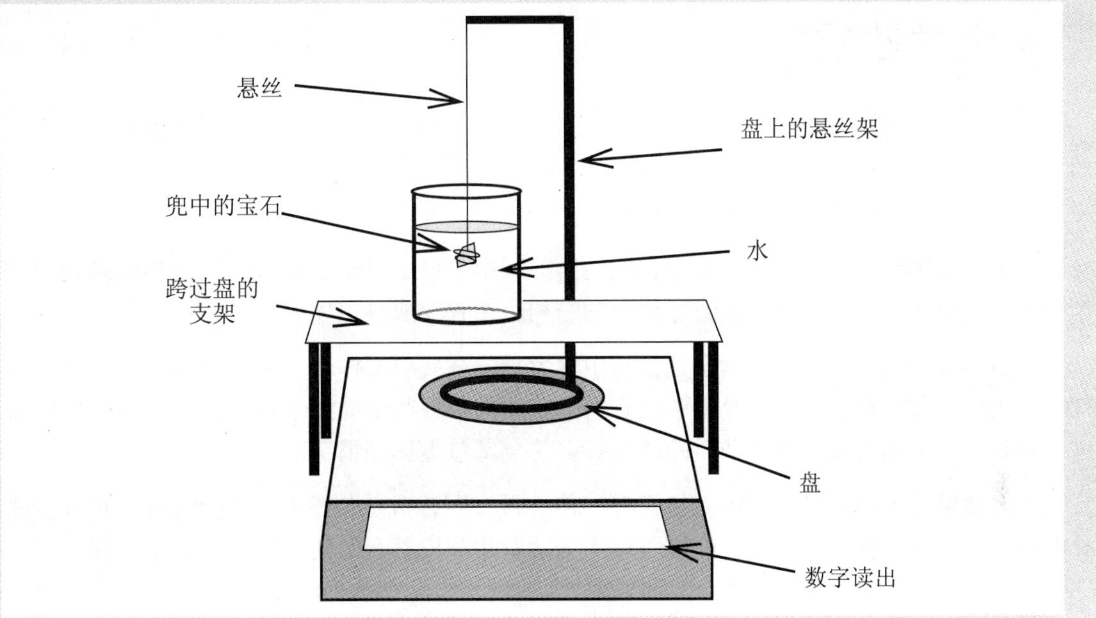

图 4-6　用单盘数显天平测定比重

现在，如前所述，用与宝石同体积水的重量来除宝石的重量，你就可得到宝石的比重。

$$SG = \frac{A}{A - B}$$

使用静水称重法时需注意的事项

(1) 样品必须是干净无油污的。

(2) 当在水中称重时，必须无气泡附在宝石上。自来水含一定数量的溶解气体，它会从溶液中释放并形成气泡附在宝石上。这些气泡会增加上浮力，使天平给出的读数不真实。开水中溶解气体的数量要少得多。

(3) 根据所使用的方法和天平的灵敏度，静水称重法可用于称重大于 1 克拉左右或 2 克拉左右的样品。对于较小的样品，其误差量要大得多。所以，要获得比较好的结果，待测材料越小，所用天平应越精确。

◆ 电学性质

除极少数情况外，钻石是绝缘体。绝缘体不导电。这是因为结构中无自由电子来产生电荷流动。

钻石越纯，它作为绝缘体的性能越好。

一种少见的钻石类型中含杂质硼，这在第五章中将详细讨论。钻石晶体结构中硼元素的存在产生了自由电子。这使得电流能通过钻石的结构，使它变成导电体。

钻石导电的另一种少见的例子是钻石中含大量的金属包裹体。这种情况可出现于在金属助熔剂中生长的合成钻石。在生长过程中钻石会捕获周围的一些金属助熔剂。这些包裹体使电流能通过该材料。合成钻石只有在含杂质硼或足够多的金属包裹体的情况下才导电。

大多数钻石仿制品是绝缘体。然而有一种材料，即合成莫依桑石（莫桑石），有可检测到的导电性。利用这一性质设计制作的仪器可用于钻石和莫依桑石的辅助鉴别（见第十四章）。

◆ 热学性质

热膨胀性

当材料受热时，它将朝每个方向扩张。钻石的热膨胀性非常低，其结果之一是当温度突然变化时所受影响最小。钻石在快速加热和冷却时能够抗损伤，其部分原因正是它的低的热膨胀性以及下文中将提到的高的导热性。

氧化

不含包裹体的钻石可在无氧氛围中加热到1 800℃仍保持为钻石。超过这个温度，钻石将转化为石墨。

如钻石在氧中加热，则在较低的650℃温度时，将开始缓慢燃烧并转变成二氧化碳气体。

$$碳（C）+氧（O_2）\longrightarrow 二氧化碳（CO_2）$$

第四章　钻石的性质

这个过程叫氧化。当修理首饰时,如果对钻石无适当保护措施,这一过程就可能发生(修理时首饰的温度可达到 500 ～ 800 ℃)。放大观察可找到这一过程的证据，氧化作用会在钻石表面留下微细的白色残余物，看上去像钻石表面的白色斑点或污迹，有时被说成是具烟幕状外观。钻石必须重新抛光以去除这些残余物。如钻石在抛光过程中因摩擦受热，也会发生氧化并被视为钻石修饰中的一种缺陷。

激光在钻石切磨和净度处理中的应用正是利用了钻石能燃烧但不膨胀的优点。这将在第七章和第十章中讨论。

导热性

导热性是物质所具有的使热能从物质传过的性质。钻石的高导热性使接触它时有凉感。

钻石是特别好的热导体。

因为具有序和对称的结构,故热能够在钻石的所有方向上传播。大多数钻石仿制品的导热性低于钻石，故有一种称为 “热导仪” 的仪器可用来比较各种宝石的导热性。然而，合成莫依桑石的导热性好， 需要用其他方法来区分它和钻石。在第十四章中描述了区分钻石和其仿制品的方法以及热导仪的用法。

♦ 可湿性

钻石有斥水性,因而它不是“可湿的”,像在蜡烛上一样,水在钻石表面形成水珠而不散开。

这个性质被用于钻石的回收。钻石排斥水，但对油脂有亲合力。油脂平台和传送带可用来把钻石和其他材料分开。见第九章 “开采和回收”。

◆ 光的本质

宝石的瑰丽几乎完全取决于宝石作用于光的方式。钻石的“火彩”就是个例子。

当光进入任何材料或从其中反射时，我们可以检测光和材料的相互作用。我们的眼睛和大脑收集并解释相互作用的结果。这正是我们“观看”材料的途径。

我们需要知道当光和宝石相互作用时发生了什么。这是因为：

(1) 我们利用光来显示宝石的美以供欣赏；
根据光与宝石的相互作用来确定宝石加工方式和形状以最大限度地显示其瑰丽。

(2) 我们以多种方法使用光来检测宝石；
当我们鉴别和研究宝石材料时，我们观察和度量光与宝石的相互作用。

光自由地穿过许多宝石，这些宝石被说成是透明的，另一些宝石和装饰材料是不同程度地透光。

透明材料 指透过它们可清晰看到一个物品的那些材料。	半透明材料 能容许漫射光或多或少地通过，至多也就是能看出物品的形状。	不透明材料 指一点光也不让通过的那些材料。

钻石是所有晶质材料中最透明的。但即便是钻石，也会因为含很多包裹体而成为不透明的。

光是能量的一种形式。

光是辐射能，光从辐射源向外传播。

光辐射既可想象成是一组从辐射源呈直线传播的波，也可想象成是小量的能量（量子）流。

光源包括太阳、星星、白炽灯（通常是钨丝灯）、日光灯和发光二极管(LED)。

光波在真空或太空中以大约每秒30万公里的速度传播。以这个速度，光从太阳到地球只需8分钟，大致距离为1亿4千万公里。光在空气中的传播速度只比在太空中稍慢。

当光从空气或太空进入固体或液体物质时，其传播速度显著变缓。这种现象构成了叫折射率的一种性质的基础。折射率对于宝石学家非常有用。

第四章　钻石的性质

◆　光学性质

♦　反射

反射 **是落在物体表面的光从该表面返回的现象（图 4-7）。**

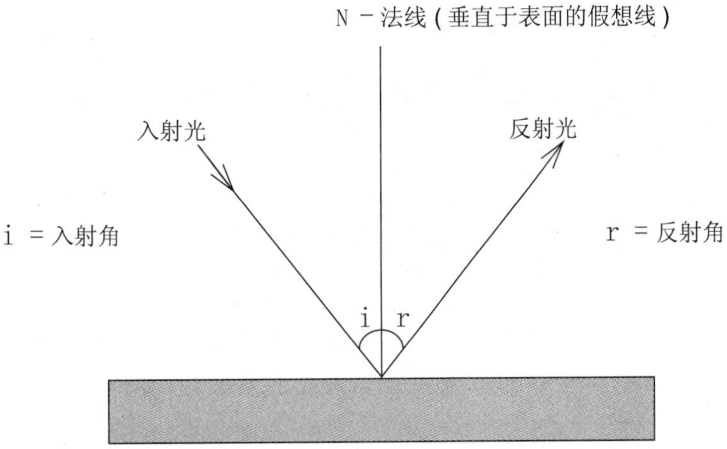

图 4-7　光在平坦表面的反射

外反射

光泽

光泽是表面反射效应。具高折射率（见下文中的折射）且抛光极好的宝石显示强光泽。这通常是（但不总是）那些硬度最大的宝石。

未知材料的光泽会给有经验的观察者提供某些鉴定线索。抛光宝石能否最大程度地显示其光泽，取决于该宝石的抛光程度和受磨损的程度。

光泽 **是表面反射，其明亮程度和质量取决于材料的** **折射率和抛光或表面条件。**

下列术语被用来描述各种宝石材料的光泽：

(1) **金属光泽**：由金等金属所显示的非常强的光泽；

(2) **金刚光泽**：如钻石所显示的非常明亮的强反射的光泽；这种光泽对区分钻石和它的仿制品非常有用；

(3) **亚金刚光泽**：明亮的光泽，通常来自具高折射率的宝石，如锆石；

(4) **璃光泽**：在抛光的玻璃以及在大多数具中等折射率的宝石如石英中所见的光泽。

内反射

内反射效应
是光从宝石表面以下的特征反射所致。

这些特征可由宝石中的包裹体组成，也可以是结构性的，如裂缝和微细分层。**晕彩**就是结构性特征在一些钻石中所导致的一种重要的内反射效应。

晕彩

晕彩（变彩）是由一种称为**干涉**的光学效应所产生的单色或一系列颜色。当发生干涉时，光的某些波长被去除而另一些则被加强，留下了残余干涉色，它常被描述为晕彩。这一现象可发生在钻石内被空气充填的裂缝中。

♦ 折射和折射率

如前所述，当光从空气进入液体或固体物质时，其速度减慢。当光进入宝石时就会出现这种情况。

当光以斜角到达表面并进入材料时，光速的突然变化导致了传播方向的变化：光线如图 4-8 中所示的那样折弯。

硬度笔
（版权所有）Gem-A Instruments Ltd.

钻石的断口和解理
（版权所有）M Vainer

克拉秤
（版权所有）Gem-A Instruments Ltd.

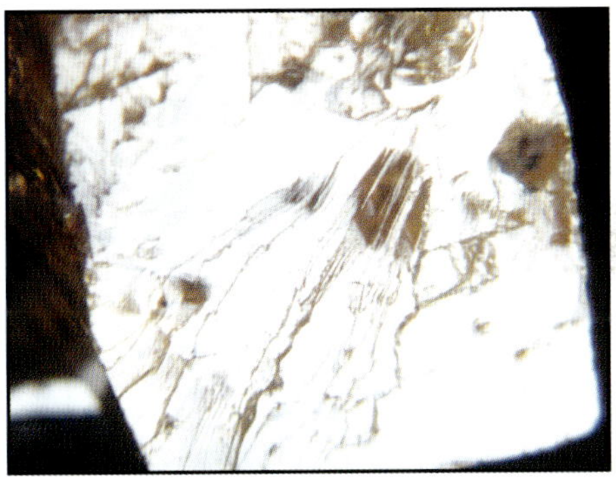
解理面
（版权所有）P Daly

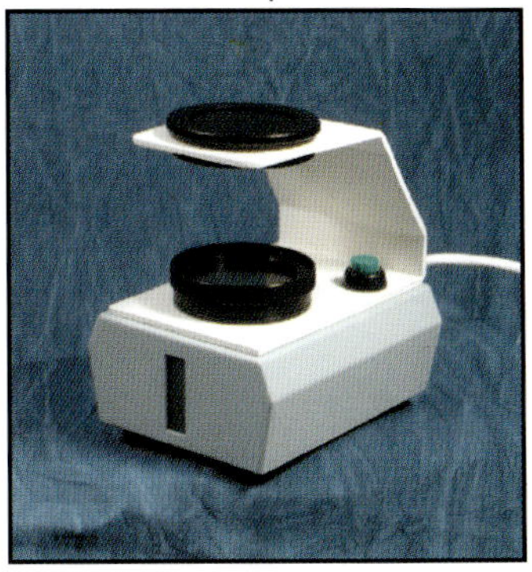
偏光镜
（版权所有）Gem-A Instruments Ltd.

宝石折射仪
（版权所有）Gem-A Instruments Ltd.

布鲁斯特角测量仪
（版权所有）Gem-A Instruments Ltd.

锆石中的双折射
（版权所有）
P Daly

钻石中的色散
（版权所有）
D Garrod

第四章　钻石的性质

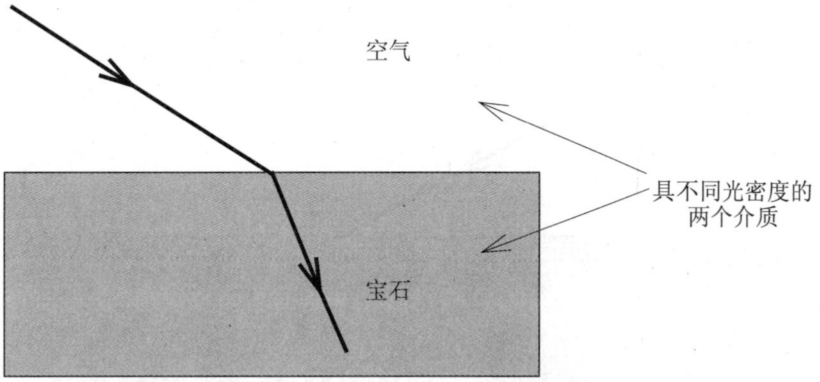

图 4-8　光线的折弯：折射

这种折弯效应被称为**折射**。

不同材料使光减慢到不同速度。

光进入材料时减速越多，材料对光的“折弯”也越大。换句话说，折射程度也越大。不同材料能造成不同的折射效果。

我们可以把这种效应想象成“光密度”。减速越多，材料的光密度越大。光密度越大，折射能力越强。

因为不同材料将光速降低到不同程度，故了解减速效应将有助于我们鉴别材料。然而，要测量光穿过空气的速度对我们来说太困难了，更不用说在小宝石中的速度了。作为替代办法，我们可以测量折弯效应：光折弯的角度。

折射

每种不同材料都有特定的光密度。所以，当光进入或离开某一物质时将以特定角度折弯（图 4-9、图 4-10）。

当光线从光疏介质进入光密介质时，光线总是折向法线。

这时折射角（r）小于入射角（i）。

当光线从光密介质进入光疏介质时，光线总是偏离法线。这时折射角大于入射角。

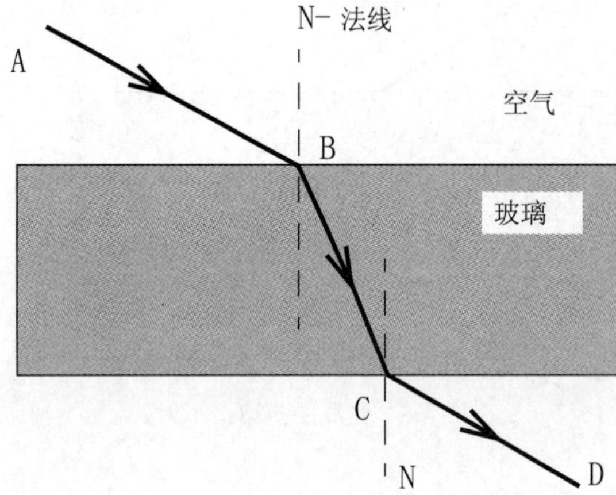

图 4-9　光进入和离开光密介质时发生的折射

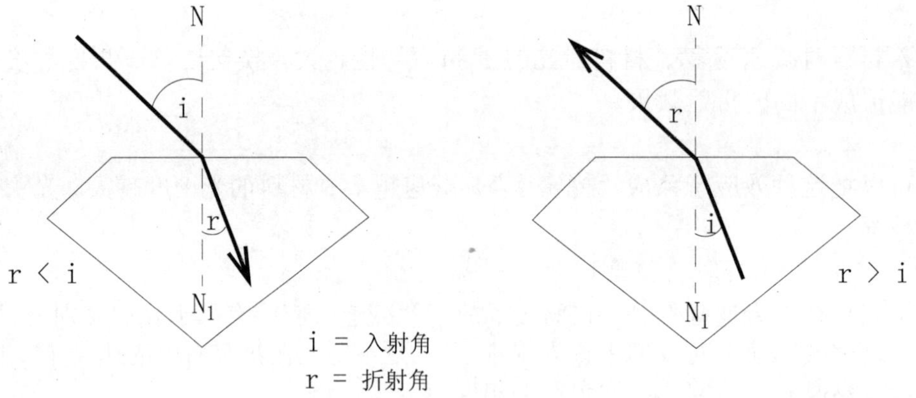

图 4-10　光从空气进入宝石和从宝石进入空气时发生的折射

> **折射**
> **是光从一种光密度介质进入具不同光密度的另一种介质时其传播方向的变化（不包括入射光与界面呈 90° 的情况）。**

第四章　钻石的性质

折射率 (RI)

当光从空气进入一种宝石材料时，其折射的程度取决于光速降低的程度。光在空气中的速度与在材料中的速度之比决定了折射率 (RI)。譬如，钻石的 RI 是 2.42, 而石英的是 1.54 到 1.56。每种材料的折射率也反映了入射角和折射角的相互关系（见本教程末尾的附录）。

在实践宝石学中，折射是一种重要的光学效应。这是因为，许多宝石材料的折射率可具有鉴定意义。每种宝石都有一个特征的折射率或折射率范围。

折射还与某些别的光学性质譬如反射力和亮度有直接关系。

单折射材料

如果你再读一遍有关晶质材料那一章，你将注意到由晶体内部有序和规则的原子结构所导致的特有的效应。不同类型的原子结构对光有不同的影响。

像钻石这样的结晶成立方晶系的宝石以及像玻璃这样的具非晶质原子结构的宝石材料,允许光在所有方向上以相同的速度通过。这些材料被说成是**光学各向同性的**，各向同性的意思是光的传播在所有方向上都一样。这些材料只有一个折射率，故它们被称为**单折射的**。

光学各向同性材料
在穿过它的所有方向上均表现出相同的光学性质。

各向同性材料的例子包括所有结晶成立方晶系的材料，如钻石、石榴石、尖晶石、萤石，还有非晶质材料，如天然和人造玻璃以及某些塑料。非晶质材料只拥有很弱的晶质结构或完全不具晶质结构。

从上所述可知，钻石是立方晶体系的，光学各向同性的，单折射的，折射率为 2.42。

双折射材料：DR

结晶成除立方晶系外其他 6 个晶系的材料对光的作用在不同方向上不同。这样的材料被说成是**光学各向异性的**。

由光学各向异性材料产生的光学效应之一是双折射。

当光进入双折射材料时，它分解成两个部分（图 4-11）。

光学各向异性材料
在穿过它的不同方向上表现出不同的光学性质。

这种材料被说成是具方向性光学性质。

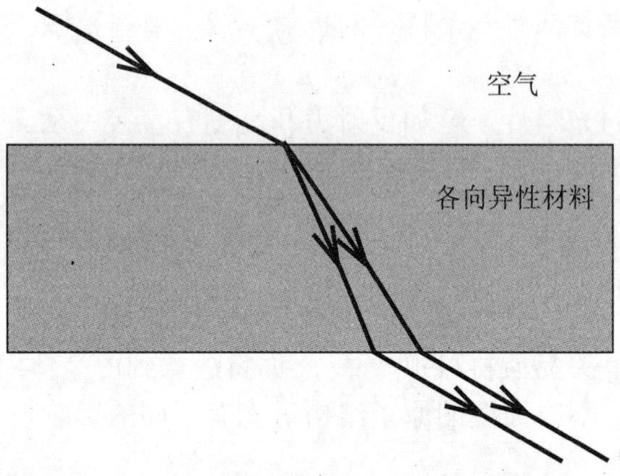

图 4-11　各向异性材料中光分解成两个部分

当双折射发生时，折射少的是传播较快的光线。这是具较低折射率的光线。以石英为例，它具 1.544 和 1.553 两个折射率，两者的数值差为 1.553 － 1.544 ＝ *0.009*。

此数值差被称为双折射率，它表明了双折射（DR）的量。双折射率值有时也标为 DR，但这时的 DR 实际上是指双折射的量。

双折射 **是光学各向异性材料将光分解成两个独立组分所产生的光学重折效应。**	**双折射率** **是光学各向异性材料两个折射率之间的最大数值差。**

对于许多宝石，我们可以用折射仪来测量**双折射率**。我们用放大镜、显微镜或有时用肉眼来观察**双折射**。宝石中的双折射效应表现为刻面棱、尘埃或划痕的重影（图 4-12）。

两组光线在材料内以稍有不同的速度传播，因而也以稍有不同的角度折射。可看出光线发生了双折射。

第四章 钻石的性质

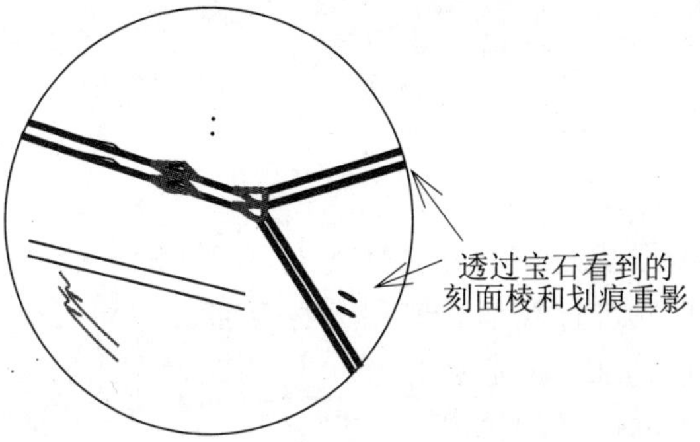

图 4-12 10×放大镜下在锆石中看到的双折射

双折射、双折射率以及其他的各向异性效应（见下文）都是钻石中见不到的特征，因而有助于区分钻石和它的仿制品。

使用偏光镜这种简单仪器能快速将各向同性和各向异性宝石区分开。

背景资料：

偏光镜

标准偏光镜如图 4-13 所示，由光源和偏振方向相互垂直的两个偏振滤光片组成。

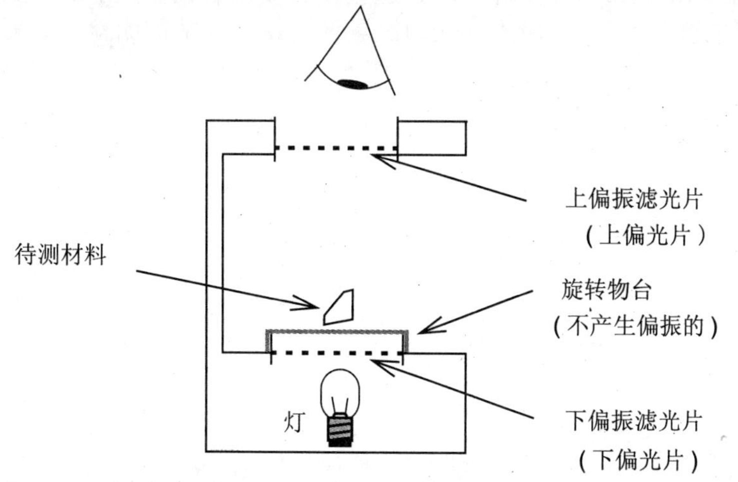

图 4-13 台式偏光镜

当检测宝石时必须让两个滤光片处在正交位置，使检测前只看到很少的光或看不到光。

待测材料必须是干净的并有足够透明度使光能通过，或至少能透过材料的一部分。也就是说材料是透明或半透明的而不是不透明的。

最好是在遮住周围光照的地方使用偏光镜，以保证能很好地观察到所测宝石内的任何光学效应。

待测材料放置在下偏振滤光片上方的台子上，或用手指或镊子夹持住。在两个正交的偏振滤光片之间转动宝石并进行观察。要在所有方向上转动宝石。也就是说，台面朝下放到台子上的刻面宝石（这是通常的起始位置）先要在台面上转动，而后还要在其他各个不同取向下转动，以保证不漏掉光学信息。

异常消光效应

某些宝石材料，其中主要是各向同性的材料，可显示应变效应，表现为模糊的、界限不分明的和形状多样的不完全消光区。特殊的应变效应可有助于鉴别。有些书中把这些效应称为“异常双折射”或“ADR”。

许多人造玻璃宝石、维尔纳叶合成尖晶石和一些钻石可显示这类应变效应。

该效应可在宝石的任何取向中观察到。取决于宝石中的应变量，该效应可以是鲜明的或轻微的。对于明亮琢型的宝石要小心，因为这些宝石被切磨成使光能返回到观察者眼中。如果这些宝石放到偏光镜上，它们将不让光通过。偏光镜下须从侧面检查明亮琢型的宝石。

偏光镜下观察结果和结论表

观察	结论	例子
所有取向下转动 360° 宝石始终是暗的	各向同性的——非晶质的或立方晶系的	钻石、尖晶石、人造玻璃
在大多数取向下每转动 360° 宝石将 4 次显示亮和暗	各向异性的	刚玉、石英、托帕石、锆石
所有取向下转动 360° 宝石始终是亮的	多晶质的；某些双晶； 某些二层石和三层石； 异常内反射效应	蓝宝石双晶； 钻石中解理的反射
宝石显示异常消光效应	应变各向异性，常出现在其他方面为各向同性的材料中。某些效应对特定材料是特征的，这会对鉴定有帮助	钻石、人造玻璃、维尔纳叶合成尖晶石

第四章　钻石的性质

全内反射

我们已经知道了反射和折射这两种效应。在某些情况下，随入射角的增大，在材料中会产生内反射而不是折射。这个效应被称为**全内反射。**它被用于确定成品钻石的角度和比例以获得光的最大程度回返，即达到最大的亮度。

当光线 I_1 从光密介质进入光疏介质时（图 4-14），折射线（R_1）偏离法线 $N-N_1$。折射角 r 大于入射角 i。法线（$N-N_1$）是垂直于分界面所画的一条假想线。

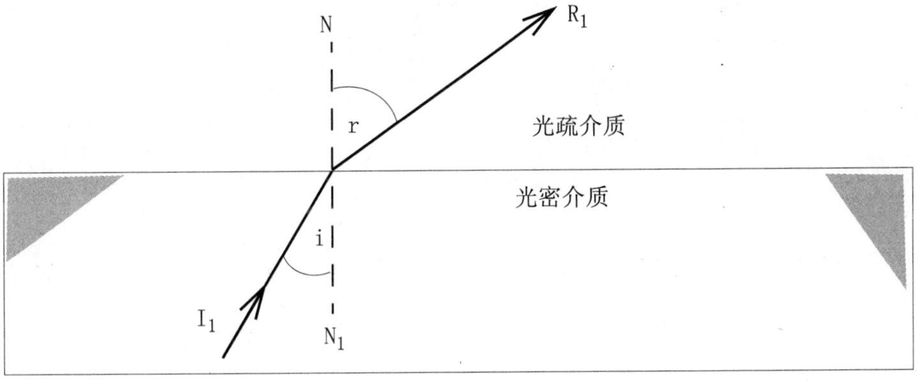

图 4-14　光的折射

入射线（图 4-15 中以 I_2 表示）的入射角可增大直至折射线（以 R_2 表示）沿两个介质的界面传播。

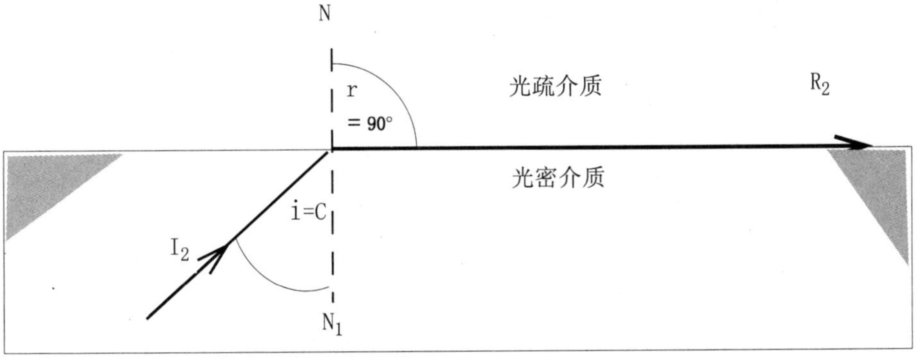

图 4-15　临界角

如果折射线是沿两个介质的界面传播，那么折射角 r 必定是 90°。当这种情况发生时，入射角 i 被称为临界角，以 C 表示。

入射角增大到超过临界角就引起**全内反射**（图 4-16）。

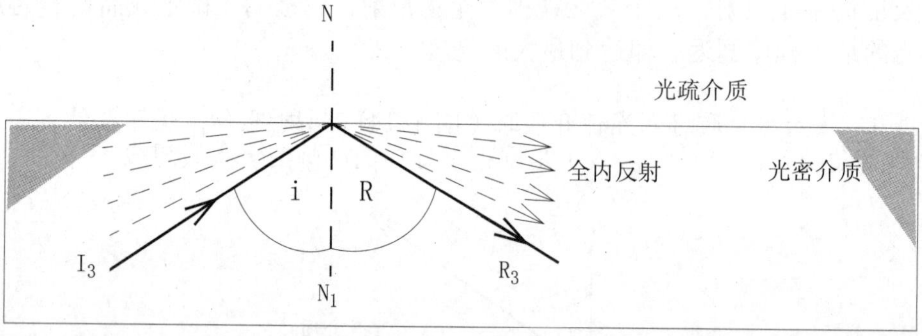

图 4-16　全内反射

譬如，光线 I_3 的入射角刚好超过临界角，所以不会有光线折射后进入光疏介质。全部的入射光线按照正常的反射定律沿 R_3 发生全内反射。角 i（入射角）和角 R（反射角）相等。以大于临界角的角度入射的全部光线（I_3 之上用虚线表示）全都内反射了。

材料的不同折射率 (RI) 影响材料的临界角。RI 越低，临界角就越大。当比较相同琢型的石英和钻石的临界角时，该影响的结果就可看出（图 4-17、图 4-18）。

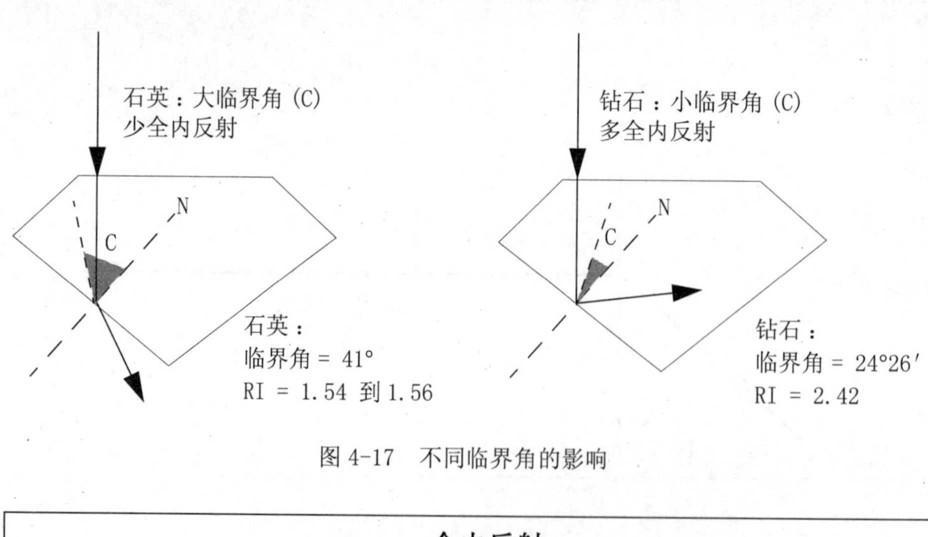

图 4-17　不同临界角的影响

全内反射
发生在入射光以大于临界角的角度与光密度不同的两个介质的界面相遇的情况下光留在光密介质内并遵从反射定律。

第四章　钻石的性质

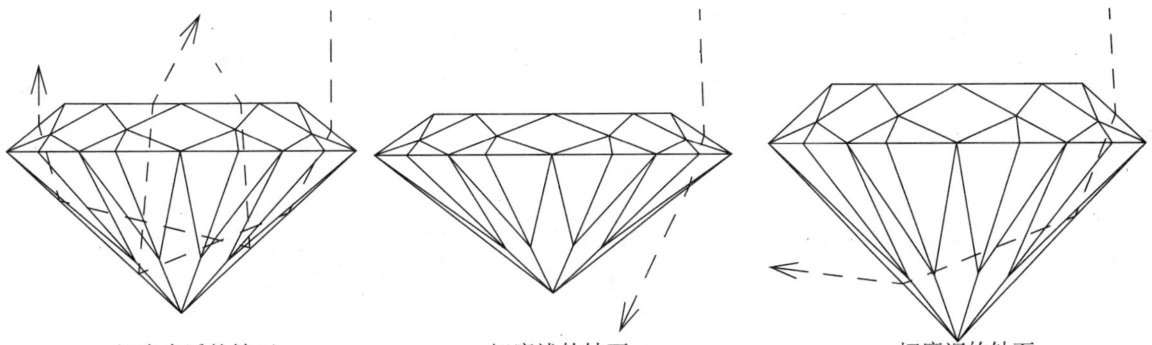

图 4-18　不同角度和比例对光通过明亮琢型钻石的路径的影响

♦ 折射率测定

背景资料：

用全内反射（TIR）型折射仪测折射率

在全内反射（TIR）型折射仪中是利用临界角来测定材料的折射率。对宝石检测来说，观察全内反射要比测量折射角方便得多。每个宝石特征的全内反射角可容易地观察到。由这个角度换算出的折射率可直接在折射仪的标尺上读出。大多数标准折射仪的折射率读数范围是 1.4 至 1.8。

测定刻面宝石的折射率是一种非常有用的对宝石无损的检测方法。遗憾的是标准折射仪无法测得钻石及其高折射率仿制品的折射率。这种折射仪还在其结构中使用极易被钻石刻划的玻璃台，使折射仪受损。

布列斯特角测量仪

这种仪器可通过测定材料的布列斯特角来确定高折射率和低折射率的抛光宝石而无需使用接触液。

布列斯特定律

布列斯特定律指出，当单色光触及光密介质表面而且从该表面反射的光线与该介质中折射的光线呈 90° 时，只有在平行于界面的平面内偏振的光才会反射。在这个位置上的入射角称为布列斯特角，图 4-19 中以 A 表示。反射角当然也就等于 A。

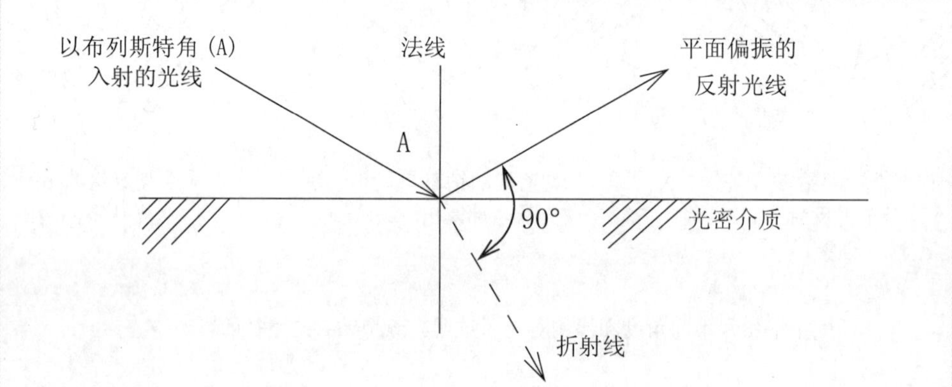

图 4-19　反射折射和布列斯特角

根据上述关系，有可能得出各种各样宝石材料布列斯特角的测定结果表。可根据这个表来鉴别宝石，也可计算出折射率。譬如，表的最下方为萤石 (RI1.4)，最上方为赤铁矿 (RI2.94 至 3.22)。

以光反射度为基础的测定仪

光泽是一种表面反射，其明亮程度和质量取决于材料的折射率和抛光或表面条件。

反射力是照射表面的光的强度与从该表面反射的光的强度的可度量的比例。

$$\text{反射力} = \frac{\text{反射的光的强度}}{\text{入射的光的强度}}$$

一个假设有良好抛光的宝石，其反射力部分取决于宝石的分子结构，部分取决于它的折射率。

因为钻石是非常硬的材料，所以能有很好的抛光。

第四章　钻石的性质

反射率

反射率是当入射光线垂直于材料表面，即入射角等于 0° 时，从材料表面所能获得的最大反射力值（图 4-20）。

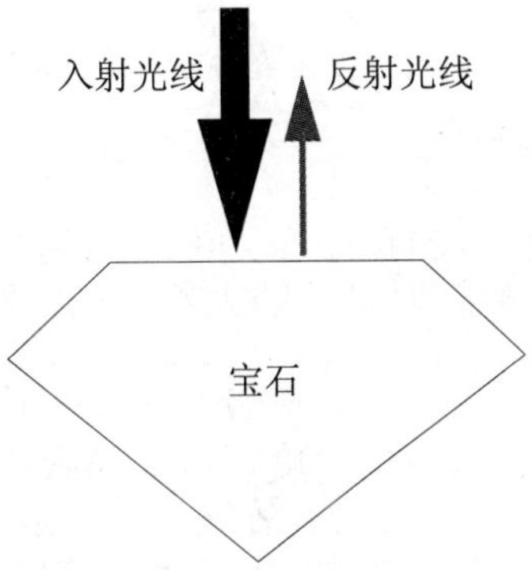

图 4-20　光从表面反射：反射率

反射率在空气中测定并以百分率表示。让我们来比较一下钻石和其他一些宝石材料的反射率：

材料	RI	反射率
钻石	2.42	17%
合成尖晶石	1.72	7%
石英	1.54	4.5%

可以看出，随折射率增大，反射率也增大。其数学公式不是理论课程大纲的一部分，但如需要，可在教程附录部分找到。

根据反射力和折射率的相互关系，可通过测量材料的反射率并从换算为折射率的标尺上得出材料的折射率。利用反射率来测定折射率的仪器叫**反射仪**。

因为宝石的光泽或反射力受污物或油脂以及表面瑕疵的影响，所以重要的是当使用反射仪时要保证所测宝石的表面是平坦和干净的并没有划痕。

使用反射仪的优点是经过精确校准后该仪器能测高折射率的宝石。

◆ 色散和亮度

色散：折射率随波长而发生的变化

在大多数物质中，光的折射随波长而稍有变化。也就是说，对于同一物质，不同颜色的光给出稍有不同的折射率值。所以，当白光穿过宝石时，宝石能有效地将白光分解成它的组成波长并产生彩虹色（图 4-21）。

当白光穿过倾斜的刻面时，折射的顺序变化可造成刻面宝石表面的光谱色闪烁或火彩。钻石、合成莫依桑石、钛酸锶和锆石以显著的火彩而引人瞩目。

色散
是由于每种波长都以不同角度折射而导致白光分解为可见光谱组成色的现象；宝石的色散值是用选定的两种不同波长的光所测得的折射率的差值。

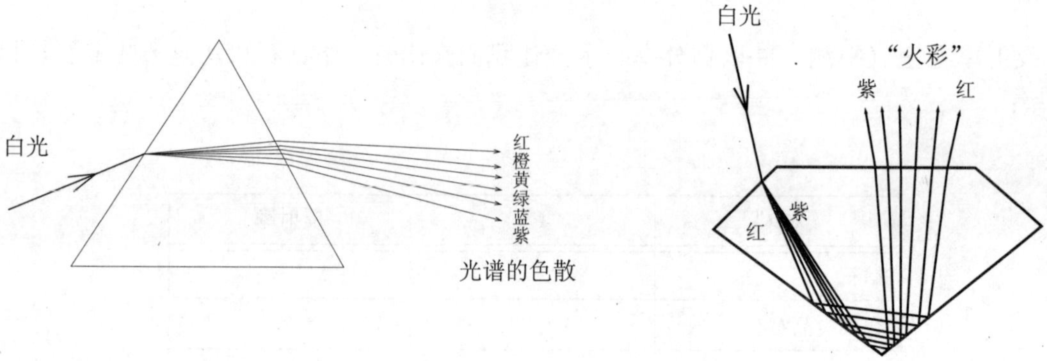

图 4-21　白光穿过棱镜和在明亮琢型宝石中产生的色散

如果在明亮光源下转动宝石时能看到“火彩”，这对鉴定宝石会很有帮助。只有为数不多的宝石能充分散射光线，产生显著的色散效应。

亮度

宝石的亮度与内反射和外反射两者都有关。

若一颗透明宝石被切磨成刻面型并使其亭部刻面的角度能造成光的全内反射，这时的宝石比切磨成任何其他角度看上去都显得更有灵气。当切磨成某些角度时，光将直接穿过

第四章　钻石的性质

宝石或被折射到侧面。如将钻石精确切磨到最佳角度，光线将会反射回对着台面观看的观察者。切磨比例好的明亮琢型钻石显示高亮度。

> **亮度**
> **是透过冠部刻面观察时所见到的因光被宝石反射而导致的明亮程度。**
> **它是由亭部刻面和从冠部表面反射的光造成的。**

对折射率低的宝石，譬如石英，通常并不谋求通过切磨来显示最大亮度。这是因为当切磨成圆形明亮琢型或其他传统琢型时，必需有极深的亭部才能产生全内反射。

宝石的亮度既依赖它能让光充分反射的能力，也同样依赖它能让光充分透过的能力。所以，最大亮度也取决于总的透明度和净度（少含包裹体）以及好的抛光、强光泽和未被磨损。内反射光的一部分显示火彩，即前文中已讨论过的一种光谱色。

通过改变冠角或冠高可调整台面的大小，从而改变宝石中所看到的亮度和火彩的平衡关系（图 4-22）。

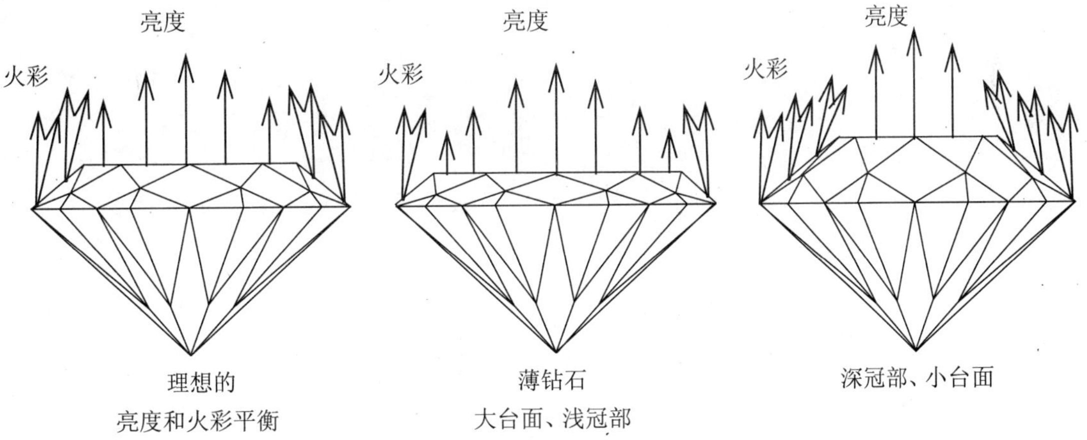

图 4-22　亮度和火彩

◆ 钻石性质归纳

光泽	金刚光泽
折射率	2.42 单折射，可显异常消光效应
色散	高 0.044
硬度	10
解理	完全八面体解理
比重	3.52
电学性质	大多数为电绝缘体
热学性质	钻石是极好的热导体
可湿性	钻石斥水

颜色将在第五章中讨论。

第四章　钻石的性质

第四章课程强化题

1. 钻石的耐久性是哪些性质的组合 ？
2. 钻石的摩氏硬度值是多少 ？
3. 图中哪个是钻石最软和最硬的方向 ？

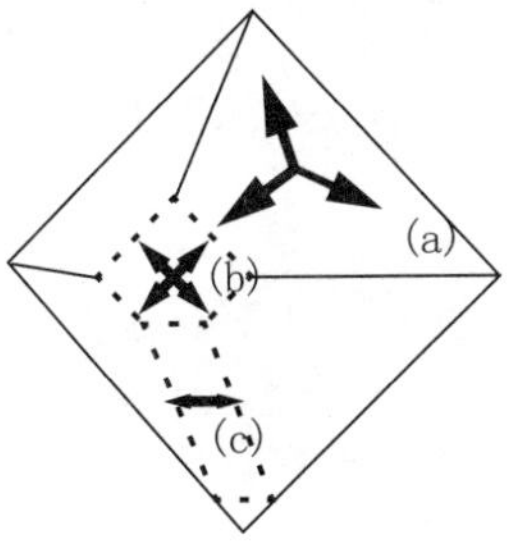

4. 晶体中的方向性破裂叫什么 ？
5. 晶体中的非方向性破裂叫什么？
6. 1 cc 任何材料的相对密度（比重）是通过比较它的重量与 1 cc 什么材料的标准的 1 g 重量获得的？
7. 纯钻石是绝缘体。 对 / 错
8. 哪种钻石仿制品是电导体？
9. 光在钻石中的传播速度比在真空中快还是慢？
10. 怎样才能产生偏振光？
11. 什么是用来描述钻石光泽的术语？
12. 单个钻石可沿多少个方向劈开？
13. 钻石的折射率是多少？
14. 钻石是单折射的（光学各向同性的）还是双折射的（光学各向异性的）?
15. 说出利用反射率的仪器的名称。这种仪器有何优点？

第四章家庭作业题

1. 什么是耐久性？讨论钻石的耐久性。(20 分)

2. 解释下列术语的含义：
   (a) 导热性；(5 分)
   (b) 可湿性；(5 分)
   (c) 电绝缘体；(5 分)
   (d) 比重。(5 分)

3. 解释下列术语的含义：
   (a) 光泽；(5 分)
   (b) 折射率；(5 分)
   (c) 色散。(5 分)

第五章　钻石的颜色

目　　录

第五章　钻石的颜色

◆　光的本质和光谱

第四章中已对光的某些方面做了讨论。这里我们将考察光在电磁波谱和颜色研究中的重要性。

可见光能在性质上是电和磁并有，故称为**电磁能**。

电磁辐射能的波长范围很宽，光能只占其中很小一部分。

手电筒、无线电、电视发射机、医用 X 光机、微波炉和热辐射灯等全都发射和辐射电磁能。

电磁波谱

谱是用来表示一系列频率或波长的名称。所以，谱是由能量的分布组成。谱中的每个能量段都有不同的名称。根据我们对能量进行研究和利用的方式，各个能量段被分别称为波、线（射线）或能量单位。

电磁波谱的组成从波长最长的低频无线电波段（最低能量的波）经由波长不断变小的微波、红外、可见光、紫外、X 射线和伽玛射线，直到波长最短的甚高频宇宙射线（最高能量的波）（图 5-1）。这些能量段中的任一段都没有截然的上、下限。我们所关心的是除无线电波和宇宙射线外的所有能量段。

光只构成该谱中范围极窄的一段波长。

背景资料：

（1）**红外（IR）**辐射用于反射仪，作为宝石鉴定的辅助手段。实验室中用分光光度计测定某些宝石材料和经处理的宝石材料的红外吸收谱。

（2）**可见光**辐射展示了宝石的颜色和瑰丽。由于我们通常是靠我们的眼睛来检测光辐射，因而可见光为测试和鉴定大多数宝石材料的各种方法提供了最方便的手段。

（3）**紫外（UV）**辐射在某些材料中产生发光效应，可作为鉴定或检测的辅助手段。实验室中用分光光度计测定某些宝石材料的紫外吸收谱。

（4）**X 射线**能引起材料中的发光，还能用于某些宝石材料的人工改色和拍摄 X 光照片。

（5）**伽玛射线**可用于改变某些宝石材料的颜色。

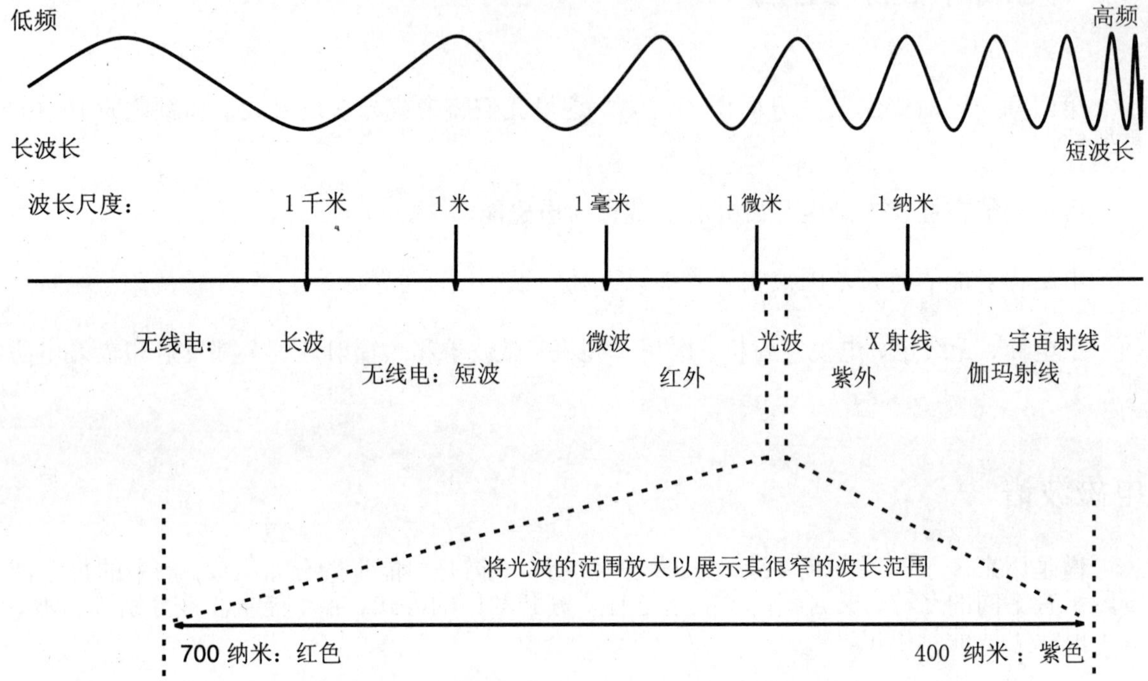

图 5-1　电磁波谱

不同的电磁波具有不同的穿透能力，而这通常取决于其波长以及被穿透材料的原子密度。譬如，波长与原子大小相当的X射线，其穿透材料的能力部分地取决于材料的原子质量。

可见光的色谱

图 5-1 展示了电磁波谱中作为“光”能被我们“看见”的波段只占如此小的部分。图 5-2 展示了可见光波长范围的细节。

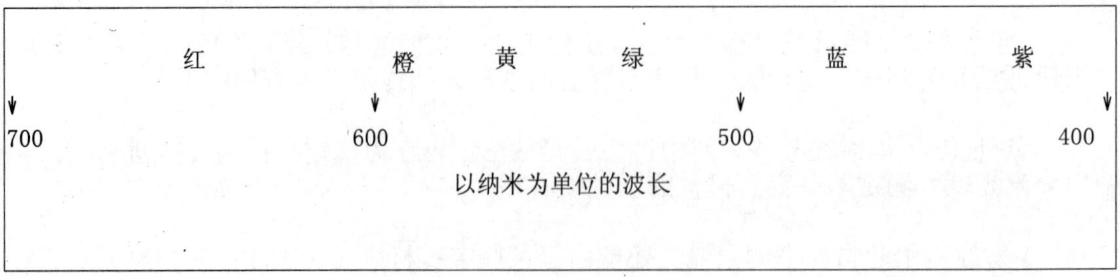

图 5-2　可见光谱

第五章 钻石的颜色

白光由连续的波长段组成。

然而，记住光谱的简便办法是把它分割成与我们所熟悉的彩虹色相似的光谱色：

红 — 橙 — 黄 — 绿 — 蓝 — 紫

人眼可检测大致在 700 ～ 400nm 之间的波长。

这些界限与我们眼睛的灵敏度有少许关系。

注意，红光的波长大于紫光。

红光的频率和能量低于紫光。

◆ 吸收光谱和分光镜

许多宝石从白光中吸收特定的波长。它们能让其他波长透过，我们所看到的是这些可透过波长混在一起组成的单一体色。一些宝石如此确定地吸收光谱的特定区域，以至用分光镜能观察到可识别的光谱样式。

吸收样式对特定的致色元素通常是特征的。某些宝石虽然颜色不同但致色元素相同，因而其吸收特征是相似的。

反之，颜色非常相似的材料可有不同的吸收特征。

这使宝石吸收光谱的观察成为一种非常有用的测试。你可用分光镜来查明是哪些波长造成了体色。进入分光镜的光以光谱形式散开，在波长被特定宝石吸收处出现暗带或暗线。这有助于鉴别宝石种或品种。

透过分光镜，纯白光呈现为从红到紫的连续色谱。然而，若白光在进入分光镜前先透过一个有色宝石，某些波长或颜色会被宝石吸收。

这导致白光光谱中出现一个或若干个表现为暗线或暗带的间断。许多宝石展现了可见光谱内特征样式的吸收线或吸收带。这个完整的样式被称为**吸收光谱**。

请注意，本教程中所展示的所有光谱图，红区在光谱的左端。

背景资料：

♦ 分光镜的结构和使用

分光镜的主体是一端带狭缝的管子，内装一个透镜和一个用于产生光谱的装置。透镜用于使眼睛能聚焦于狭缝的图像。该图像呈现为发散的不同光谱色。

有两种类型的宝石分光镜（图 5-3），它们有本质上不同的产生光谱的方法：

(1) 棱镜式，其内装的一系列棱镜靠折射和色散产生光谱。

(2) 衍射光栅式，其内装的细密的划成直线的光栅靠衍射产生光谱。

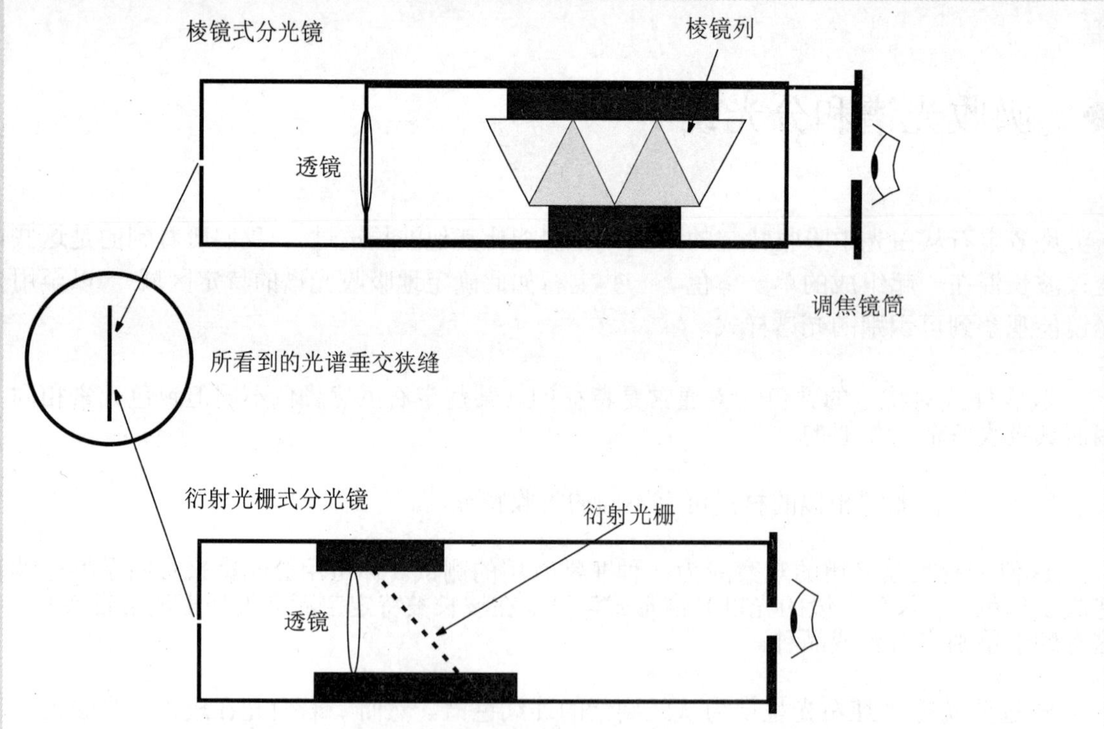

图 5-3 棱镜式和衍射光栅式分光镜的基本结构

透过棱镜式分光镜观看白光光谱，其颜色的分布朝光谱的红端越来越密集；而透过衍射光栅式分光镜，光谱具有均匀的线性分布的波长。

第五章　钻石的颜色

总的说来，分光镜观察要求有来自有色宝石的一丝非常明亮的光。对于深色的宝石，要求有很强的光源。

光纤灯除不能发射深紫区的光外，其他方面对一般测试目的是适用的。手电筒可提供良好的集中的白光束。

并不总是需要把宝石放到非常靠近分光镜的狭缝。根据宝石和光源情况，从半米或更远的距离也常可观察到一丝光线。

观察时应注意的细节

如若你是透过分光镜观察明亮的日光，你会发现光谱含有许多非常细的吸收线。这是太阳和地球大气层中的颗粒和气体所导致。这些线有可能与宝石检测时看到的吸收线相混淆。当使用分光镜时要避开日光或将日光遮挡住。

另一可能导致混淆的是来自日光灯的光，特别是来自天花板的管灯的光。要遮挡所有这些光而只使用直对分光镜的光源。

大部分来自日光灯的光都含有极少量的特定波长的荧光。当你透过分光镜观察这种类型的光照时，你将看到少量的窄而明亮的线。光谱的其余部分则比较暗，这是发射光谱的一个例子。

当使用手持式分光镜时，不是所有宝石都显示这样明显的吸收谱。某些情况下一条细线就是能够看到的全部，而在观察钻石时即便要看到一条细线也并不容易。在这种情况下可如第八章所述，用分光光度计来研究吸收光谱。

◆　钻石的分类和颜色

纯净的钻石完全由碳组成。然而，钻石晶体常含很少量的占据了某些碳原子位置的痕量元素，其中最常见的是氮。这样的痕量元素可在钻石中产生体色。

根据在碳晶体结构中是否明显存在氮，可把钻石划分为两种类型：

(1) I 型钻石含作为主要杂质的氮原子（含量可达 0.2%）；

(2) II 型钻石中不含明显数量的杂质氮。

II 型钻石虽也可含很少量的氮，然而，其数量不足以对钻石的物理性质有明显影响。

这两种类型可如以下所示进一步细分：

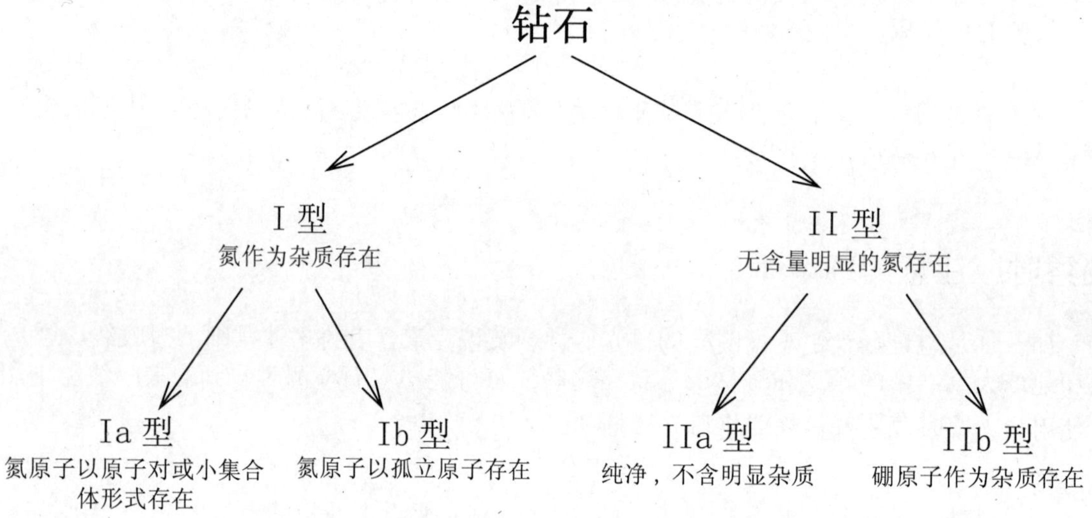

含氮量较高的钻石据认为最初是属于Ib型，即氮是以孤氮原子形式分散在钻石结构中。然而，由于地质作用过程中长时间温度和压力的影响，这些原子在结构中迁移。先形成原子对（2 氮原子集合体），而后又形成 3 氮原子和 4 氮原子集合体，即 Ia 型。

♦ 钻石类型

Ia 型钻石

天然钻石绝大部分为Ia型。在这些钻石中氮以2氮、3氮和4氮原子集合体存在。在IaA型钻石中氮以2氮原子集合体即A集合体存在。在 IaB型钻石中，氮以环绕一个空穴的4氮原子集合体即B集合体存在（图 5-4）。A 和 B 集合体都会导致光谱红外区的吸收，但不影响颜色。

常发现许多钻石同时含A集合体和B集合体。这些钻石被说成是IaA/B（或IaAB)型。大多数含一些 B 集合体的钻石也含 3 氮原子集合体（图 5-5）。3 氮原子集合体被称为 N3 色心。N 在这里是指天然的 (Natural)，而不是指氮 (Nitrogen)。N3 这个符号被用来指天然钻石光谱中发现的吸收心。

第五章　钻石的颜色

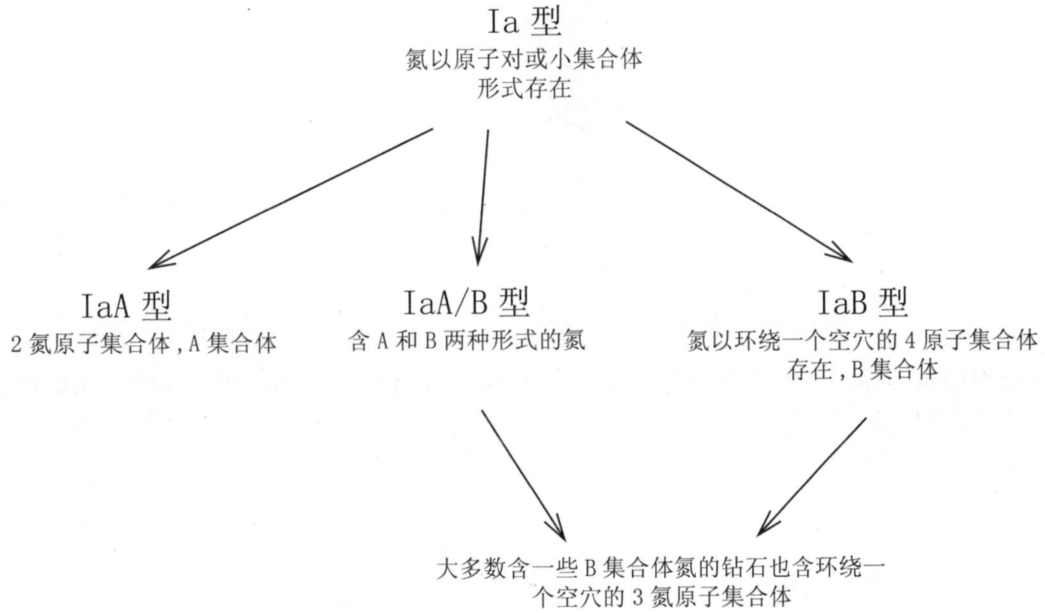

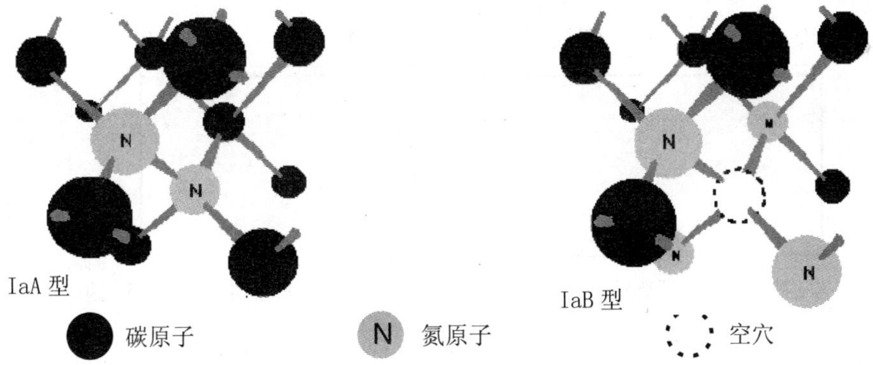

图 5-4　钻石结构中的 A 集合体（左）和 B 集合体（右）

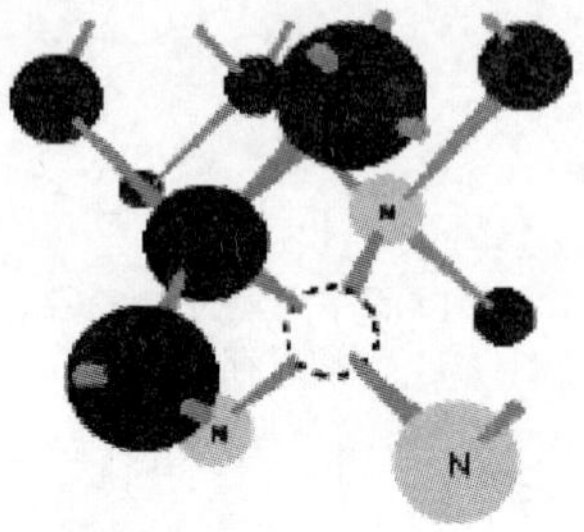

3 氮原子和空穴

图 5-5 Ia 型钻石结构中的 3 氮原子集合体

N3 色心能产生影响到可见光谱蓝到紫区的 N2 和 N3 吸收。这些吸收是造成众所周知的开普系列钻石的原因。开普系列钻石是无色到黄色的钻石，其颜色和黄色饱和度取决于 N2 和 N3 吸收的强度。N3 色心的特点是在 415nm 处产生明显的吸收线 (N3 吸收)，在 415nm 和 478nm 之间产生较宽的峰 (N2 吸收)，还有一延伸到紫外区的宽带。

利用手持式分光镜可看到称为 N3 吸收的 415nm 强吸收 (图 5-6)。然而，要想看到任何吸收特征，也许需要把钻石显著冷却。

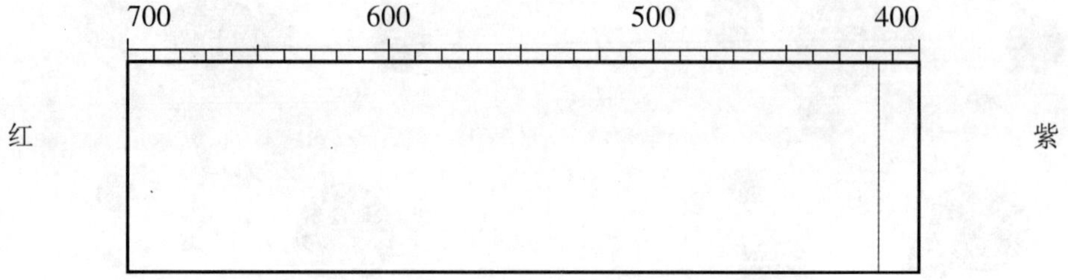

常难以检测，在见于开普钻石的几条线 (415、423、435、452、465、478nm) 中 415nm 处的细线是最明显的

图 5-6 （透过衍射光栅式分光镜所见）黄色开普钻石的光谱

3 氮原子集合体也是造成钻石中出现蓝色荧光的原因（ 见第 158 页）。当把这些钻石放置在紫外光下时，紫外能量会被吸收，但立即又以较低能量即较长的波长重新发射。这种较低能级的荧光呈蓝色，肉眼可见。阳光中的紫外线会激发这种蓝色荧光，从而掩盖钻石的黄色体色，使钻石看上去比在无紫外成分的光下看时要好一些。

第五章　钻石的颜色

Ib 型钻石

Ib 型钻石中的氮以孤立原子方式存在并随即取代碳晶体结构中的碳原子（图 5-7）。键合中产生的多余电子导致对蓝光的吸收，从而产生黄色。氮的浓度越高，黄色就越深，甚至会出现与开普系列较明亮的黄到黄绿色不同的强金黄色。传统上，这种金黄色被描述为鲜黄色（金丝雀黄色，canary yellow）。然而，现今任何强黄色钻石都会被说成是鲜黄色（金丝雀黄色），因而，这个术语已不专指 Ib 型钻石。

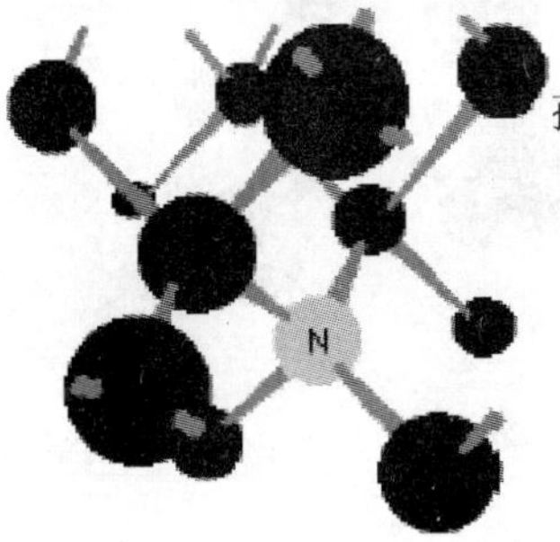

图 5-7　Ib 型钻石

富含孤氮原子的天然钻石很少见，它们只占所有天然钻石的极小一部分。然而，这种类型在合成钻石中很常见。大多数天然钻石曾漫长时间深埋于地壳下。漫长时间内高压和高温的作用使氮原子在碳结构中迁移并与其他氮原子键合，形成集合体，这样一来就产生了 Ia 型钻石。

在合成钻石中，氮原子在较短的生长时间里未能聚集成集合体。它们依然是 Ib 型钻石。然而，利用人工方法，即把合成的 Ib 型钻石置于更高的温度和压力下，也能使氮原子发生迁移。但这种方法非常耗能，还需要昂贵的设备。

显著含氮的天然和合成 Ib 型钻石呈深黄到褐黄色。这些钻石有在可见光谱蓝区末端的吸收以及在 503nm 和 637nm 处小的吸收峰。Ib 型钻石的主要鉴别特征是红外区 1 130 cm^{-1} 处的特征吸收带和 1 344 cm^{-1} 处的强线。

这些黄色钻石当被紫外光照射时也会发明显的黄色荧光。

IIa 型钻石

自然界中IIa型钻石极少见，呈不规则晶形，无明显晶面。IIa型钻石几乎是纯净的，含可忽略不计的氮（图 5-8）。它们是极佳的热导体。

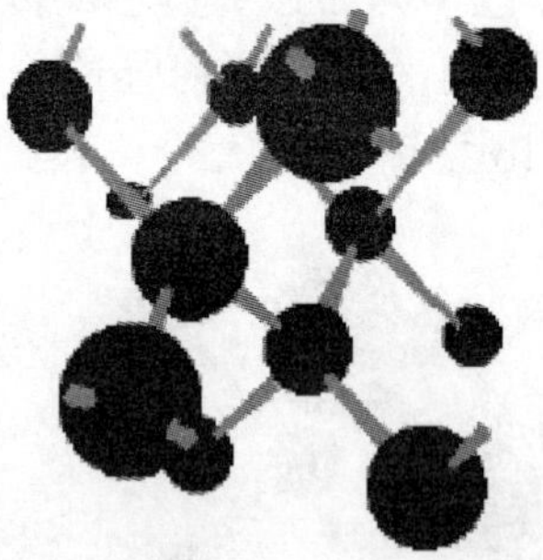

图 5-8　纯净钻石“完美的”碳结构

不含任何空穴和晶格变形的 IIa 型钻石是无色的。库里南钻和塞拉里昂之星钻是 **IIa** 型钻石的实例。

IIb 型钻石

IIb 型钻石含作为主要杂质的硼元素。在天然 IIb 型钻石中，硼的含量只有 0.5/100 万 (0.5ppm)(1ppm=10^{-6}) 左右。硼以孤立原子形式随机取代钻石晶体结构中的碳原子（图 5-9）。每个硼原子比每个碳原子少一个电子。这一缺陷导致对可见光较长波长即光谱红区末端部分的能量吸收。这一吸收使 IIb 型钻石呈蓝色。霍普钻是最著名的 IIb 型钻石之一。

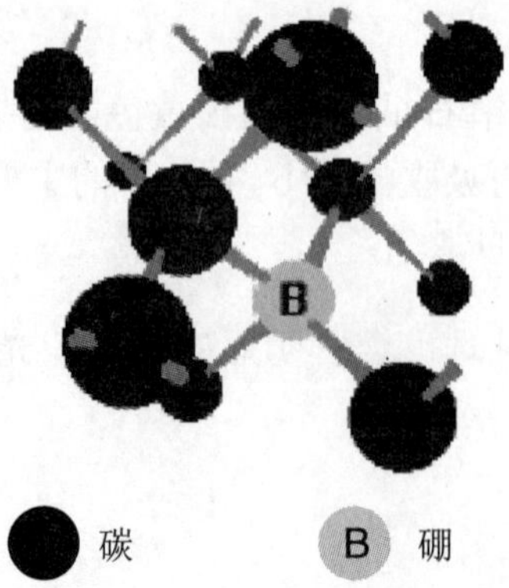

图 5-9　IIb 型钻石结构中的硼原子

第五章　钻石的颜色

IIb型钻石还显示不寻常的电学性质并可根据其半导电性来鉴别。其他类型的钻石都是电绝缘体。

IIb 型钻石在长波紫外线光下呈惰性，但在短波紫外线光下会发弱红色荧光和红色磷光。

钻石类型小结

	Ia 型	Ib 型	IIa 型	IIb 型
自然界中丰度	绝大部分天然钻石	极少见（大多数合成钻石）	很少见	极少见
所含杂质	氮可达 0.2%	氮	无明显含量的氮	硼 0.5 ppm
颜色	IaA 型 ——无色 IaA/B 和 IaB 型 ——因 N3 色心而呈无色到黄色	黄到褐黄色	无色（当不存在空穴或缺陷时）	蓝到灰色

这些分类当然是简化了的。一颗钻石可有组合的杂质。譬如，若一颗钻石兼有 2 氮原子集合体和4氮原子集合体，而4氮原子集合体是最主要的，这颗钻石可以说是“IaB型”的。

♦ 其他缺陷和杂质

氢

最近的研究发现了不含杂质硼和不导电的蓝色钻石。这些钻石被发现有氢作为杂质存在。它们在红外吸收谱中显示一系列尖峰。

空穴

在钻石失去一个碳原子而未被其他原子替代处，碳结构中将出现空穴。

这些空穴可因高速粒子将碳原子轰击出其在晶体结构中的位置而产生（图 5-10）。

放射性物质的天然辐射能有这种效应，并使钻石呈绿色。当高速粒子撞击碳原子时，这些粒子很少能穿到晶体结构的深处，通常只达表面以下 2μm(2 微米）左右。这种晶体损

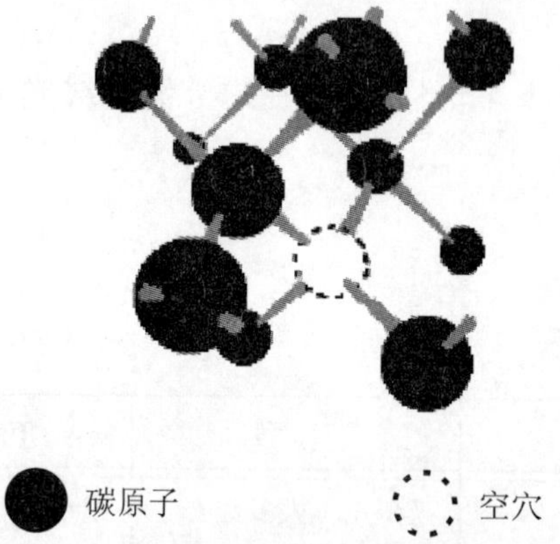

图 5-10　钻石的碳结构中的空穴

伤导致光谱红区的吸收带，其中在741nm处有明显的线，即所谓的GR1吸收（GR——General Radiation，连续辐射）。

整体呈均一绿色的钻石是少见的，最著名的是德累斯顿绿钻。具绿色表皮的钻石则常见。一旦切磨和抛光，该绿色薄层就没有了。然而，用人工方法可产生绿色（见第七章“钻石的处理”）。

塑性变形

有很好的证据表明，塑性变形可导致许多钻石中见到的褐色。这种变形是晶体结构中的位错所致，发生在钻石还处在地球深部时。

虽然钻石在室温下是脆性的，但在高温下原子具更大的活动性。位错变得活跃，沿可能的滑移面发生迁移（图 5-11，图 5-12）。当变形是持久的时，这种活动被说成是塑性的。

塑性变形形成自由键。自由键与光相互作用，产生吸收。朝可见光谱的蓝端有较多的光被吸收，使钻石呈褐色。这种颜色不是由含氮或含任何其他的杂质引起的。故不含痕量元素的钻石，如 IIa 型钻石，也可成为褐色的。

一些褐色钻石可能在吸收光谱中并无明显的吸收线。然而，在另一些褐色钻石中可看到 503nm 处的吸收线和一些较宽的峰，包括在 494nm 处的一个峰。不要把这个峰与下文中将提到的辐照处理钻石中所见的 496nm 吸收线相混淆。

据认为，塑性变形还可能与杂质或其他的结构缺陷共同作用，使钻石呈粉红色和红色。然而，目前对该成色机制的本质还不大清楚。最大值大致在 560nm 处的宽吸收带以及朝更短波长不断增大的吸收是造成颜色的原因。在产自阿盖尔矿的颜色较深的紫红 / 粉红色钻石中，吸收峰出现在 593nm、494nm 和 415nm 处。

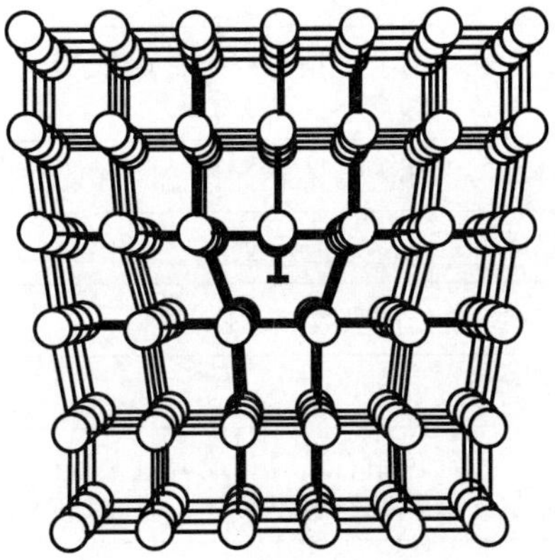

图 5-11　钻石结构中的位错

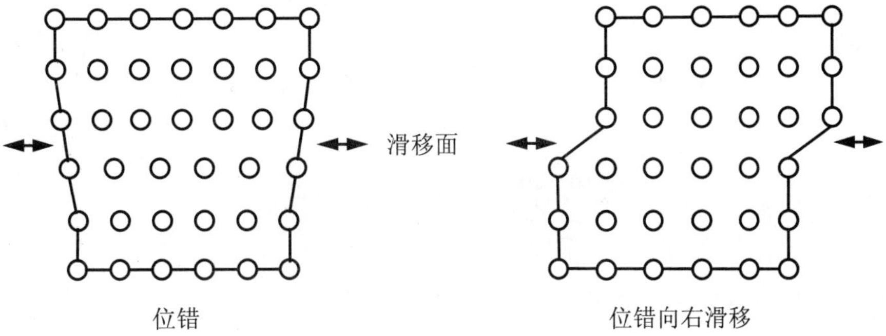

图 5-12　棱位错向右移动

一些褐色和粉红色钻石中见到的纹理效应可能与塑性变形有关。

包裹体

大量的深色不透明包裹体可使钻石整体呈黑色。在透射光下观察，钻石中的任一透明部位均呈深灰色。

天然色小结

无色	纯 IIa 型钻石，可见光区无明显吸收
无色到黄色	氮杂质以集合体形式存在： Ia 型钻石在 415 nm 处有明显吸收线 (N3)，从 415 ～ 478 nm 有吸收带
黄到褐黄色	氮杂质以孤氮形式存在 ； Ib 型钻石在光谱蓝区有吸收，有时在 503hm 和 637 nm 处有小的峰
褐色	塑性变形 ； Ia 型钻石 503 nm 处有吸收
绿色	辐照导致的空穴； 741 nm 处的吸收 (GR1)
蓝色	硼杂质 (IIb 型）或高浓度的氢
粉红和红色	可能由塑性变形引起；粉红色钻石发现有最大值大致在 560 nm 的宽吸收带以及朝更短波长不断增大的吸收。阿盖尔粉红色钻石有出现在 503hm、494hm 和 415 nm 处的吸收线
黑色	大量暗色不透明包裹体

♦ 颜色成因

我们已讨论了各种钻石类型，描述了每种类型中导致颜色的缺陷和杂质以及导致颜色的其他原因。然而，我们还未说明颜色的形成机制。有两种主要的机制，它们是色心和带隙。

色心

色心是晶体结构中的缺陷，它吸收光。这些缺陷可在晶体生长过程中生成，也可由辐照产生。辐照可以是天然的，也可以是人工的。

色心的实例包括：

(1) 出现在 IaA/B 型钻石中的振动色心。由这种色心与分子振动一道导致的吸收产生了一个宽吸收带和若干个强吸收峰。颜色是由宽吸收带而不是由强吸收峰造成的。

(2) 空穴色心。这发生在晶体结构中出现空穴时。譬如钻石中的绿色就是由这种类型的缺陷所导致。

(3) 钻石中由塑性变形即钻石内部结构的位错所导致的能产生颜色的缺陷。据认为这种缺陷产生了粉红色、紫红色和褐色。目前对这种成色机制的本质还不大清楚。

各种天然彩色钻石原石
（版权所有）M Vainer

从无色到黄色和褐色的钻石原石
（版权所有）DTC

各种天然彩色钻石
（版权所有）DTC

粉红色、蓝色、橙色、紫红色、黄色和黑色的天然彩色钻石
（版权所有）M Vainer

包括无色、黄色、粉红色、蓝色、橙色和绿色钻石在内的各种无色和彩色钻石的首饰
（版权所有）Hirsh London

从无色到黄色和褐色的钻石原石
（版权所有）DTC

各种天然彩色钻石原石
（版权所有）M Vainer

各种天然彩色钻石
（版权所有）DTC

粉红色、蓝色、橙色、紫红色、黄色和
黑色的天然彩色钻石
（版权所有）M Vainer

包括无色、黄色、粉红色、蓝色、橙色和绿色钻石在内的各种无色和彩色钻石的首饰
（版权所有）Hirsh London

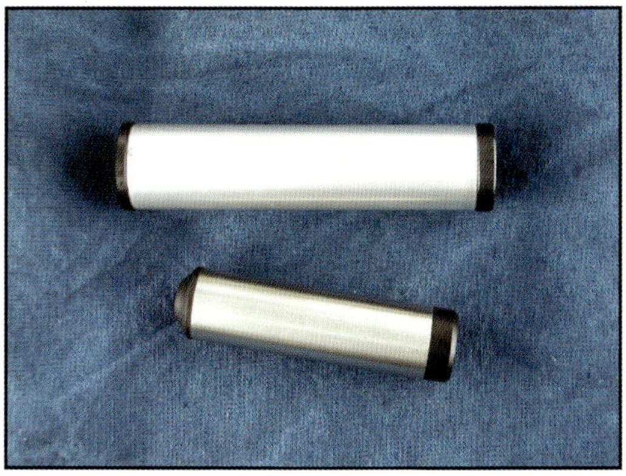

手持式分光镜和显示415nm吸收线的开普吸收谱
（版权所有）Gem-A Instruments Ltd.

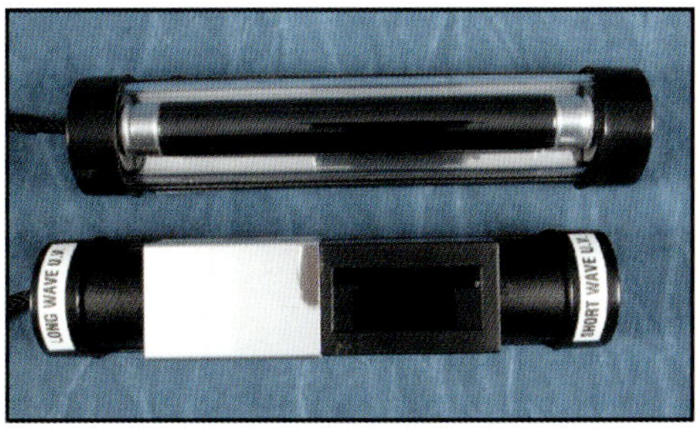

紫外灯
（版权所有）
Gem-A Instruments Ltd.

默奇逊鼻烟盒——黄金镶钻鼻烟盒，钻石从0.75～2.50克拉。
左图在自然光下，右图在紫外光下
（版权所有）自然历史博物馆，伦敦

第五章　钻石的颜色

带隙

所有宝石材料都是由电子键合的。在某些材料中，电子可沿整个晶体结构运动。这些电子与那些依然束缚在环绕原子或离子的特定轨道内的电子相比，有较高的能级。在由原子束缚的价带电子和徘徊的导带电子之间有一个能量间隙，它被称为电子能量的带隙，这是一个禁带。能量的分隔，即带隙的宽度，在不同材料中和不同物理条件下是不同的。这显著地影响到光学的和其他的性质。这个理论能解释某些颜色现象，也能解释许多纯净宝石无色的原因。具有带隙的材料，根据其化学组成和晶体结构可归纳为 3 类（图 5-13)：

(1) 具有比可见光整个能量范围更宽的带隙，譬如无色的 IIa 型钻石；

(2) 具有比可见光最低能量还低的带隙；

(3) 具有与可见光能量范围叠覆的带隙，譬如黄色 Ib 型钻石和蓝色 IIb 型钻石。

背景资料：

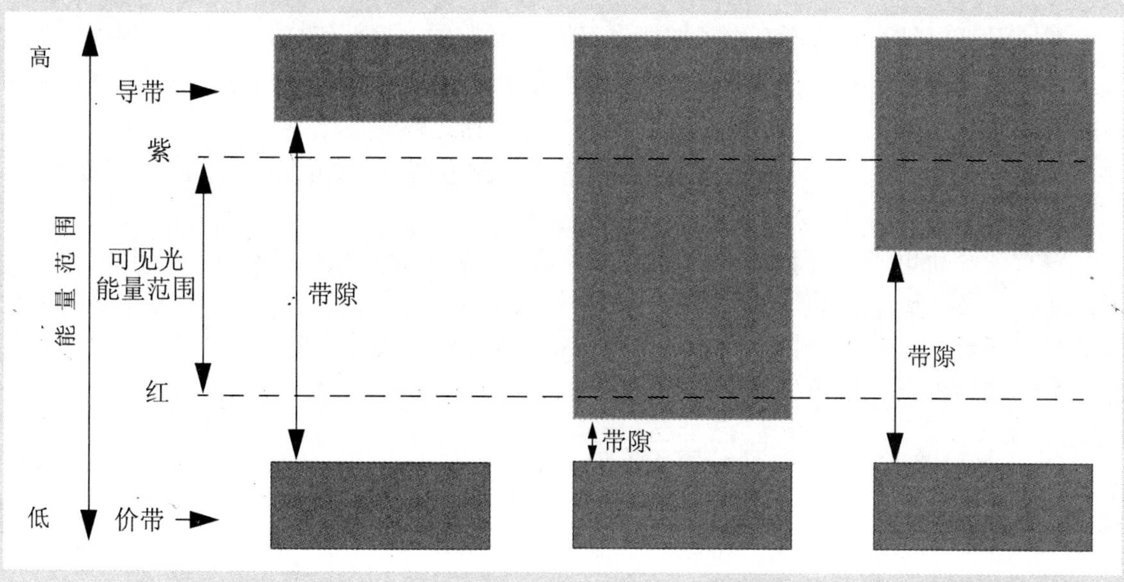

图 5-13　电子能量带隙与可见光能量范围的比较

具大带隙的材料

在许多材料中，带隙大于可见光的整个范围。在这些材料中，即便是可见光中能量最高的紫光也无力抬升电子的能级使其能跃迁过带隙而成为一个导带电子。由于这个原因，无可见光与任何电子相互作用，所以没有光被吸收，只要材料是纯净的，它将是透明和无色的。IIa 钻石就是个例子，当纯净时它是无色的。

具小带隙的材料

如若材料所具有的能量带隙的能量范围低于整个可见光谱的能量范围，甚至低于红光的范围，那么，所有进入材料的可见光将与电子发生作用并被吸收。这就意味着材料在可见光区是不透明的。

带隙中的能级（图 5-14）

具大带隙且纯净时为无色材料的重要例子，是钻石中某些化学杂质能产生一种机制，使大带隙被一个或多个附加的电子能级占据着，导致光的部分吸收，并产生颜色。颜色取决于产生多余能级的化学成分。

在室温下，钻石中的所有电子的能量都位于价带内，即所有的电子都卷入到碳原子的键合中。任何可见光中的最高能级也不足以使电子跃过带隙进入导带。然而，当有氮或硼以孤立原子形式存在于钻石结构中时，在价带和导带之间的带隙中出现了能级。跃迁到这些能级的电子或来自这些能级本身的电子会吸收一部分可见光谱的光，因而能看到残余色。

碳有 4 个价电子，而氮有 5 个。当 1 个碳原子被 1 个氮原子置换时，多出了 1 个电子。这样一来．氮就形成施主能级，1 个多出的电子可被激发跃迁至导带。所导致的对可见光的吸收开始于可见光谱中部的能级，朝蓝和紫光能级吸收越来越强。这导致了明显的黄色，有时被描述为“鲜黄”（金丝雀黄）。吸收的强度与氮的浓度成比例关系。

这种黄色与我们在色心部分所描述的由环绕一个空穴的 3 氮原子集合体形成的“开普”黄色不是一回事。

硼只有 3 个价电子。所以，当 1 个碳原子被 1 个硼原子置换时，这里少了 1 个电子。这样一来，硼形成了受主能级，1 个电子可从价带激发到这里。这一过程吸收了能量，其最大值在光谱的近红外部分，也延伸到了可见光谱的较低能量部分。较高能量的蓝和紫光是可透的，这使钻石总体呈蓝色。

因为硼的能级离价带的顶部非常的近，电子可在室温条件下受热激发到硼能级。这样一来，就在价带中留下了许多“空洞”，使电流得以流过。这就是以硼为主要杂质的钻石能导电的原因。硼的浓度越高，导电性和蓝色的饱和度也越强。也有不导电的蓝色钻石，但其颜色是由色心所致。

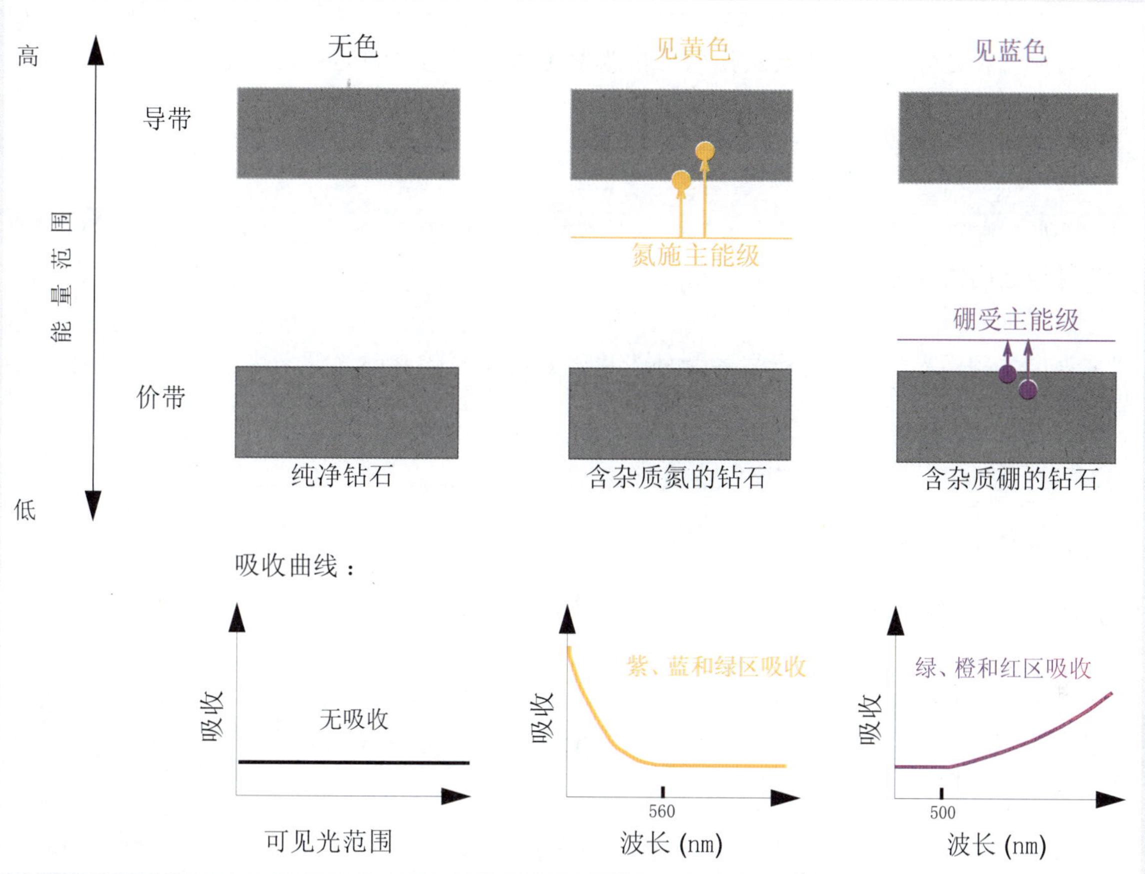

图 5-14　作为无色绝缘体的钻石和作为有色半导体的钻石

◆　发光

发光这个术语用来描述由物体发射“冷的”、非白炽的可见光的现象。**荧光**是用于检测和回收钻石的一种重要的发光类型。

荧光

荧光这个术语用来描述物体被较短波长和较高能量的辐射照射时发射可见光的现象。照射通常是由可见光、紫外（UV）光和 X 射线提供。照射的辐射能被物体吸收，随后有一部分能量以可见荧光形式释放。

由物体发射的荧光的颜色可与物体在白光下的正常色十分不同。同一物体在不同辐射源下的荧光色也会不同。不同荧光效应可为鉴定和处理的检测提供某些指南。

紫外光产生的荧光

紫外光被广泛用于揭示发光效应。紫外光构成电磁波谱 400nm 至 10nm 之间，即可见光和 X 射线之间的部分。400nm 至 200nm 之间的这一段是最有用的。

为产生紫外光，使用了既发射紫外光也发射可见光的专门光源。大部分不希望要的可见波段用滤光片去除。在宝石学中使用滤光片产生两个波长的紫外光：

长波紫外光 (LW UV) 具 365nm 主波长；

短波紫外光 (SW UV) 具 254nm 主波长。

波长短于 200nm 的紫外光被空气如此强烈的吸收，以至对钻石无实际用途。

当在紫外光下检测宝石材料时，应先彻底地洁净宝石，因为尘埃和手印都会发光。材料应放置在黑色不反光的衬垫上。不要用手指或镊子夹持宝石。紫外灯，特别是短波紫外灯发射的不可见辐射会伤害皮肤，也危害眼睛。一定不要直视紫外灯，当使用紫外线灯时最好戴上防护眼镜。

钻石对紫外光的反应是很不相同的，有些是惰性的，有些则发荧光。发荧光的通常在 LW UV 下呈蓝或紫色，有时是绿或黄色。在 SW UV 下颜色较弱。

当首饰上镶了许多无色宝石时，紫外荧光在区分钻石及其仿制品的过程中非常有用。如果一件“镶钻”首饰上所有的无色宝石在紫外光下均显示相同程度的荧光或均呈惰性，那么它们不大可能是钻石。现今使用最广的钻石仿制品——无色立方氧化锆在 SW UV 下大都呈暗杏黄—橙色，在 LW UV 下较弱或呈惰性。大多数无色合成尖晶石在 SW UV 下发垩状淡蓝色荧光，而在 LW UV 下呈惰性。无色玻璃宝石通常在 SW UV 下显垩白色表面光辉。

磷光

这种类型的发光和荧光一样是当材料被较高能量源照射时发射的。当辐射源去除后，如果发光继续并逐渐减弱，这种现象称为磷光而不是荧光。荧光只出现在辐照期间。

在本教程第八章中给出了电磁波谱在钻石检测中的进一步应用。

第五章　钻石的颜色

第五章课程强化题

1. 可见光和红外辐射是电磁波谱的两个部分。给出电磁波谱中另外两种类型辐射的名称。
2. 我们说白光是由按一定顺序排列的 6 种颜色组成。是哪些颜色？
3. 说出两种不同类型分光镜的名称。
4. 钻石有哪两种主要类型？什么是它们之间的主要差别？
5. 开普系列钻石属于什么类型 ？
6. 哪种类型的钻石有 4 氮原子集合体？
7. 415nm 吸收线的名称是什么？
8. 我们常把哪种颜色与 Ib 型钻石联系到一起？
9. 所有天然蓝色钻石都是由硼致色的。　对 / 错
10. 什么被认为是天然粉红色钻石的颜色成因？
11. 在天然粉红色钻石中预期会见到什么样的吸收？
12. 什么成色机制导致绿色钻石的颜色？
13. 如何解释纯 IIa 型钻石的颜色？
14. 钻石最常见的荧光色是什么？

第五章家庭作业题

1. 描述钻石的类型。解释钻石晶体结构中氮的存在如何能影响到钻石的外观和性质。

   (20 分)

2. 简要解释下列术语并结合实例说明这些术语如何应用于钻石：
   (a) 色心；　(7 分)
   (b) 带隙；　(7 分)
   (c) 塑性变形。　(6 分)

3. 解释下列术语：
   (a) 可见光；　(5 分)
   (b) GR1；　(5 分)
   (c) 荧光；　(5 分)
   (d) 磷光。　(5 分)

第六章　合成宝石级钻石

目　　录

第六章　合成宝石级钻石

◆　人造宝石材料

人造材料是人工生产的材料。常见的例子是玻璃、混凝土和金属合金。各种各样的人造宝石是以多种不同过程生产的。天然材料在这些过程中也起了作用，它们或是作为原料，或是作为晶体生长的内核。

人造宝石材料 **是人工生产的而不是天然形成的宝石材料。**

生产人造材料可比开采天然矿床较为便宜和较为方便。人造材料还能大量生产，常用来替代罕见和贵重的宝石。然而，就外观和内部化学成分和结构而言，人造产品与所替代的天然宝石的相似程度是很不一样的。

◆　合成宝石材料

合成的这个词一般是用来描述通过“合成”形成的任何材料。它是用其组成成分生产出来的。然而，在宝石学中，术语“合成的”有它特殊的用法。

人造宝石要被称为合成的，必须能满足特定的要求。

它必须要有**天然宝石对应物**。所以，要有**相同成分和结构**的矿物存在。矿物是地质作用形成的固体、无机和晶质的天然材料。

因而，合成宝石和其天然对应物的化学成分、结构和物理性质必须相同。虽然也有个别例外情况，但这个规定是整体适用的。一些人造材料，譬如生产出来用于仿钻石的钇铝榴石(YAG)，就没有天然对应物。术语**人造材料**就是用来把这些材料与**天然材料**区分开。在宝石学范畴内，它们不能称为**合成材料。**

所以，所有的合成宝石材料都是人造的。然而，有更多的人造宝石材料不能归类为合成的。

合成宝石材料
是拥有与矿物对应物相同成分和结构的那些人造材料。

合成宝石有两个明显不同的使用方向：

(1) 将合成宝石用于替代其天然对应物；

(2) 将合成材料用于仿通常属于天然的其他宝石种（见第十四章）。

许多合成材料既用作前者，也用作后者。然而，合成钻石看来不可能用作后者。

所以，使用合成的这个词必须十分小心。譬如，外观很像钻石的合成尖晶石可称为**合石尖晶石**和（或）**仿钻**，但一定不要称为“合成钻石”。

背景资料：

◆ 合成钻石的历史

想要生产钻石已有若干世纪了。然而，直到18世纪实验室发现钻石由碳组成之前，这是不可能的。这个发现推动了更多的生产钻石的实验。19世纪和20世纪初汉内 (James B. Hannay)、莫依桑 (Henri Moissan) 和帕森斯爵士 (Sir Charles Parsons) 等人的尝试对钻石合成所需的条件提供了信息和各自的见解。

当时已得出温度、压力和金属溶剂都是钻石合成中要考虑的重要条件这样的结论，但还缺乏碳的不同形式之间热力学关系的知识。合成钻石依然是个梦想。当1938年首张碳稳定性图解（图6-1）完成后，钻石的合成成为可能。

1953年一家瑞士工程公司 (Allmanna Svenska Elektriska Aktiebolaget, ASEA) 在称为“压力球”的装置中成功地生产了40颗小的钻石晶体。但直到1955年美国通用电气公司 (GE) 宣布利用称为“压带”的装置首次生产出合成钻石之前，ASEA的这一成果未曾公布。戴比尔斯公司也不甘落后，在1959年掌握了合成钻石的复杂技术。他们所使用的方法与美国政府下令严格保密的通用电气公司所使用的方法非常相似。

第六章　合成宝石级钻石

截至 20 世纪 60 年代初，戴比尔斯公司和通用电气公司生产的是用于工业目的的合成钻砂。1971 年，通用电气公司宣布已合成出平均直径达 6mm 的钻石晶体。这些晶体不仅有黄一褐色的，也有含氮低的近无色的和含硼的蓝色的。

1985 年日本的住友电气工业公司 (Sumitomo Electric Industries) 开始生产合成钻石，1993 年之前生产的是高净度的工业用钻石。

随后，在 1990 年，新西伯利亚的俄罗斯人公布了他们利用“分裂球”或称 BARS 系统生产合成钻石的工作成果。

现今大部分工业用钻砂都是合成的。工业上将合成钻石用于钻头、磨料、散热片和特殊切削工具，主要是利用了合成钻石能生产成特定尺寸和形状的优势。譬如，与天然钻石不同，合成钻石可根据订单要求生产，无需再破碎到适用的尺寸。这会使用作磨料的钻石受到较小的应变，从而延长产品的寿命。

现今有几个机构在继续开发宝石级钻石的合成工艺。与合成钻砂相比，当前合成宝石级钻石的成本依然较高。

◆　合成钻石

当前宝石级合成钻石是用“压带”、BARS 装置、四面顶、六面顶和八面顶等手段在高压高温 (HPHT) 下生长的。本教程中我们只讨论压带和 BARS 装置这两种方法。然而，高压高温下生长钻石的基本原理对所有各种装置是相同的。

钻石的合成需要碳源、大致 50 ～ 80 kb 的极高压力和大致为 1 350 ～ 1 600°C 的很高温度。即便在这样的压力和温度下还需要使用触媒。在使用高压设备的商业性合成钻石生产中最常用的金属溶剂触媒是铁、镍和钴以及这些金属的合金。

碳原料被周围的金属溶剂吸收直至达到饱和点，随后开始结晶成钻石。

钻石粉是生产宝石级钻石的较理想碳源。如果使用石墨作原料，当原子之间的键破裂并重组成钻石时，体积的减小会导致压力的损失。尽管如此，钻石粉和石墨都是常用的原料。

合成钻石的生长受所施加的温度和压力的影响，所形成的优势晶体形状是立方八面体。当温度较低时，以立方体生长为主；当温度较高时，以八面体生长为主。但其他因素也对结晶习性有影响。

生长重几克拉的单颗宝石级合成钻石晶体需要几天到几周时间。大多数合成钻石是 3 克拉以下的，戴比尔斯曾在 1993 年生产过 4 颗重量在 23 ～ 25 克拉之间的钻石晶体，但这只是为研究目的。

背景资料：

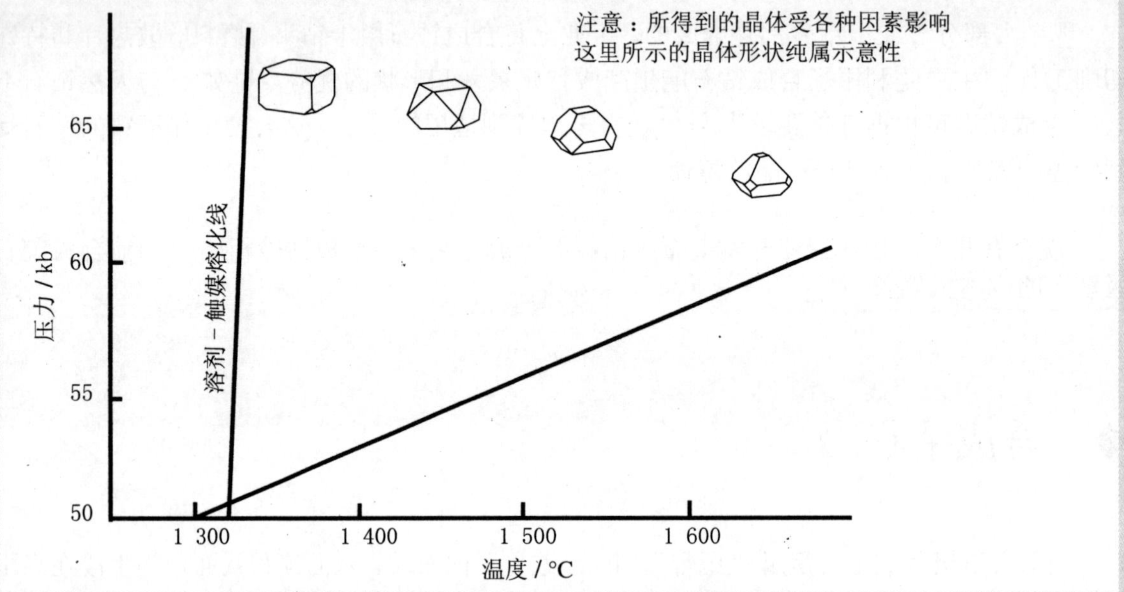

图 6-1　碳稳定性图的合成钻石区展示了合成钻石形状随温度的变化

第六章　合成宝石级钻石

♦ 压带法

将作为碳源的钻石粉放到生长舱内。把生长舱放到冲垫中，再放到两个碳化钨砧之间。这时使生长舱经受极高的温度和压力。生长舱底部的温度比顶部稍低。顶部的钻石粉溶解并穿过溶剂移动到生长舱底部。这里的温度较低，钻石开始结晶。钻石籽晶充当晶核，环绕它生长合成钻石晶体（图 6-2、图 6-3）。

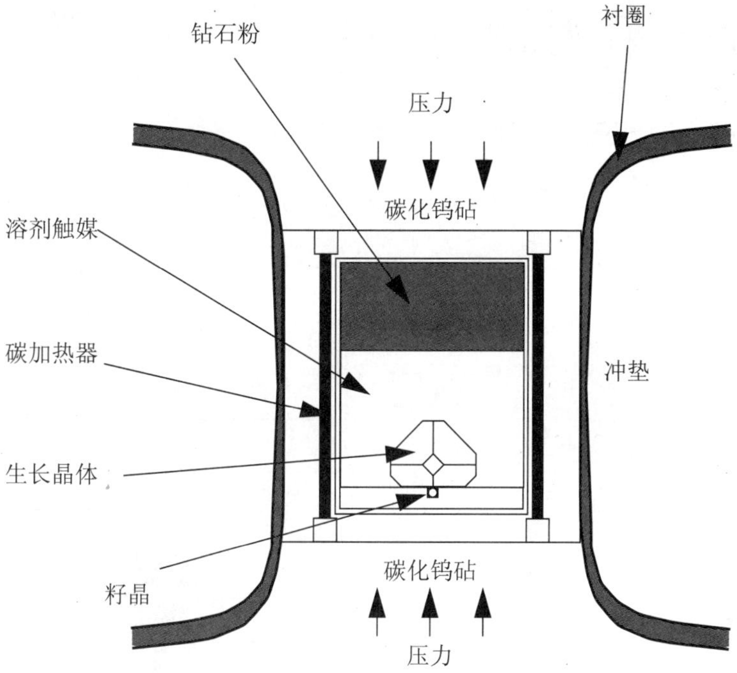

图 6-2　反应（生长）舱（在压带法和 BARS 装置中是相似的）

背景资料：

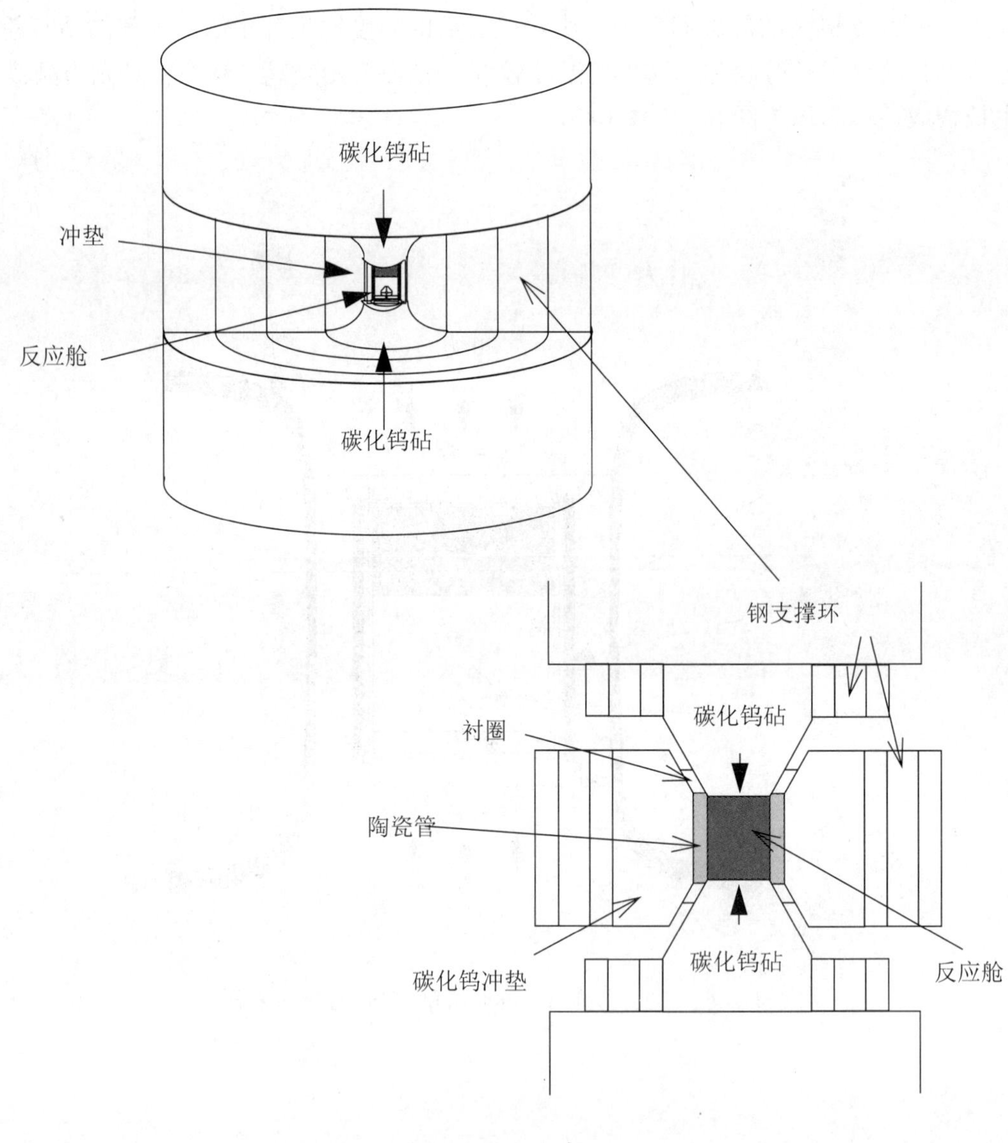

图 6-3　压带装置

第六章　合成宝石级钻石

♦　BARS 装置

BARS 是俄文的英文拼音 “Bespressovye Apparaty tipa Razreznaya Sfera”的首字母缩写，译成英文的意思是 “Split Sphere No Press Apparatus”，即分裂球无压装置。该装置中所需的压力不是靠巨大的水压机提供，而是通过将液体注入压力筒内得到。高压使 8 个球截体合拢，从而对构成八面体形状的 6 个活塞产生压力。内部是反应舱，它含有加热装置、籽晶、碳源和金属溶剂（图 6-4）。

背景资料：

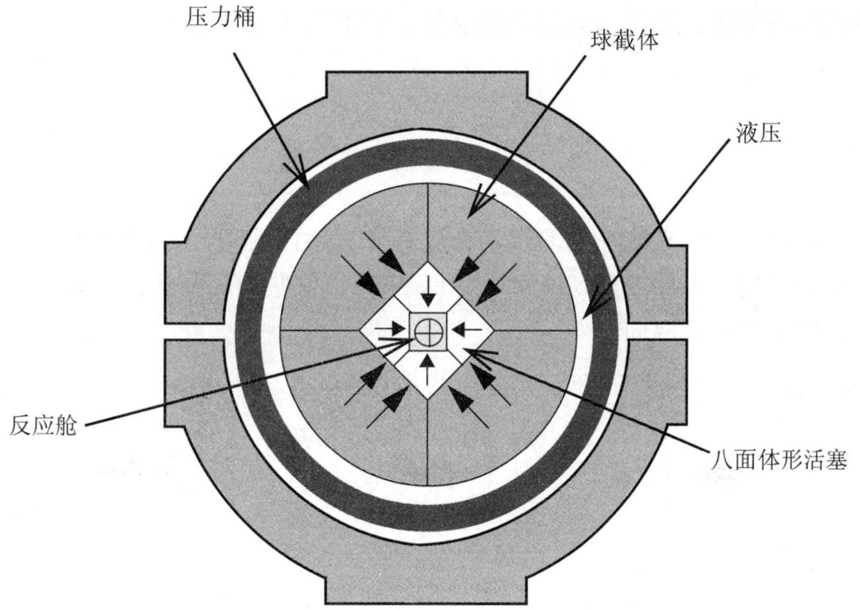

图 6-4　BARS 装置的断面图

♦ 高压高温 (HPHT) 合成钻石的性质

在第五章中讨论过 Ib 型钻石。在 Ib 型钻石中有以孤氮原子形式存在的杂质氮，这些氮原子随机取代了碳晶体结构中的碳原子。

由于很难排除反应舱中的氮，因而大部分合成钻石是 Ib 型的，呈黄到褐黄色。

为生长出无色的合成钻石，需要使用氮“吸收剂”，如锆或铝。氮与这些元素的键合比与碳更容易些，故可阻碍氮取代晶体结构中的碳原子，这样一来就产生了 IIa 型钻石。

硼也可和氮吸收剂一道放入反应舱，这将导致硼原子随机取代晶体结构中的碳原子，形成 IIb 型钻石。这些钻石是蓝色的，可导电（见第五章）。

也可生长出黄绿色、绿色和蓝绿色的晶体，它们是 IIb 型和 Ib 型的组合。

合成晶体

合成钻石晶体可有非常特征的习性。合成晶体大多以聚形，如八面体和立方体聚形的方式生长，形成截切立方体或截切八面体（图 6-5）。这些合成晶体的实际形状受控于合成过程的温度、压力和籽晶取向。

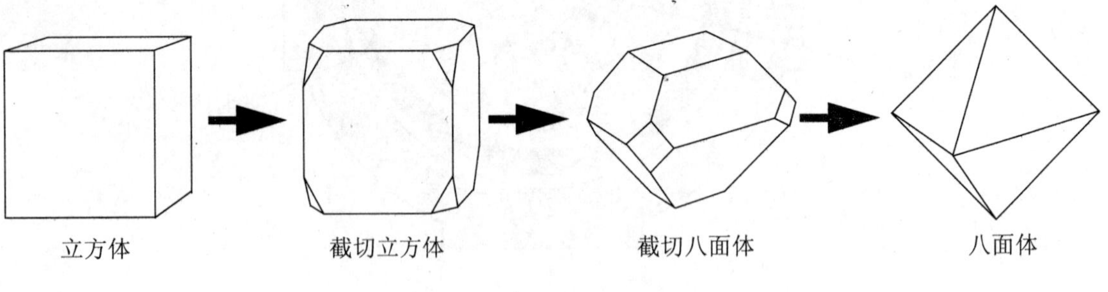

图 6-5　晶形从立方体经聚形到八面体的依次变化

磁性

少数宝石级合成钻石能被强磁铁吸引。这是由钻石生长过程中捕获的微小的金属溶剂包裹体所导致。天然钻石中未见此特性。

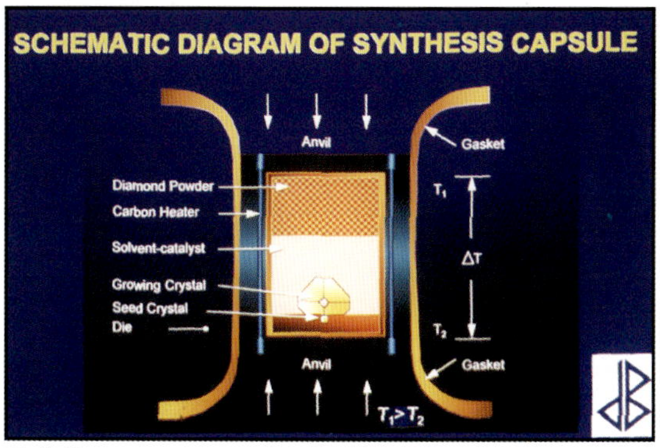

反应舱
（版权所有）DTC Research

合成钻石晶体的立方-八面体习性
（版权所有）DTC Research

近无色的合成钻石晶体，可看出籽晶
（版权所有）DTC Research

黄色Ⅰb型合成钻石晶体
（版权所有）DTC Research

蓝色Ⅱb型合成钻石晶体
（版权所有）DTC Research

合成钻石中见到的砂漏状色带
（版权所有）DTC Research

合成钻石中的金属包裹体
（版权所有）Gem-A

合成钻石中的金属包裹体
（版权所有）DTC Research

查塔姆公司生产的合成钻石
（版权所有）EGL USA, 取自《Laboratory Created Diamonds》一书

Gemesis公司合成的钻石
（版权所有）EGL USA

俄罗斯合成钻石
（版权所有）P Tuovinen

由Apollo公司用CVD方法合成的4颗钻石晶体，重量从0.21~2.54克拉。左图在日光下，左下图在短波紫外光下
（版权所有）EGL USA，取自《Laboratory Created Diamond》一书

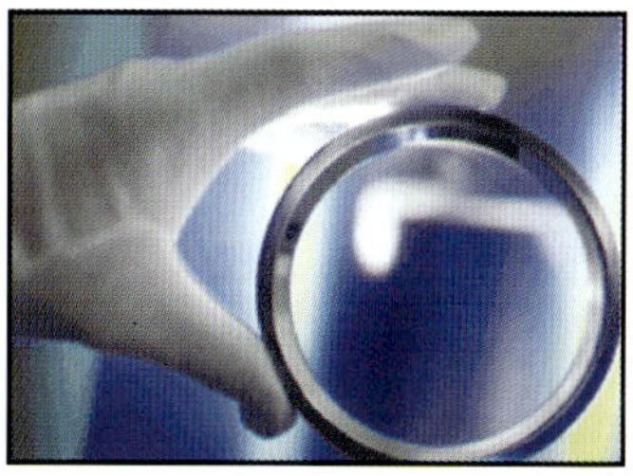

合成钻石在工业上的应用，包括光条透镜和医用解剖刀
（版权所有）DTC Research

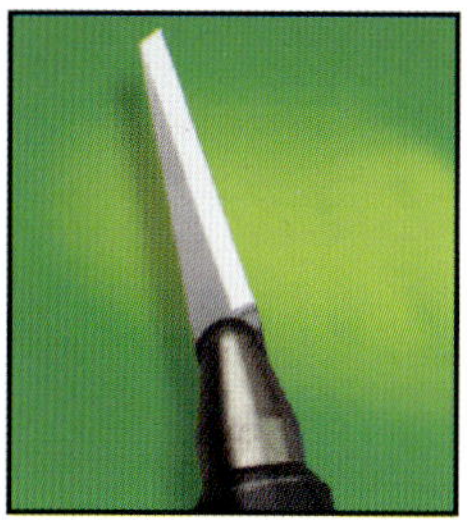

已切磨的供研究用的CVD合成钻石
（版权所有）DTC Research

第六章　合成宝石级钻石

阴极发光和高能紫外光

将合成钻石置于阴极射线或高能紫外光（如 DTC 的 DiamondView 中所用，见第八章）下时，它们会显示特征的立方 - 八面体样式（图 6-6）。这些样式是由不同生长区和生长带之间杂质浓度的不同造成。这与天然钻石中所见的样式十分不同，在天然钻石中是八面体样式。

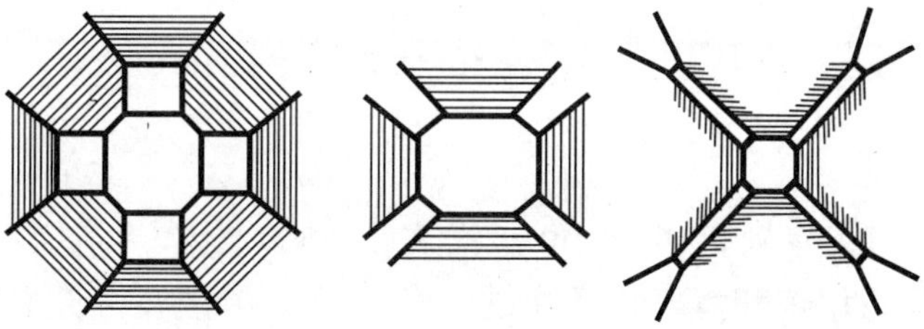

图 6-6　高压高温合成钻石的典型发光样式

不同类型合成钻石的性质

颜色	黄到褐黄色	蓝色	绿色	无色
类型	Ib 型	IIb 型	IIb 型 + Ib 型	IIa 型
包裹体	金属溶剂和尘粒或“面包渣状”包裹体。“砂漏状”或“马耳他十字”色带	“面包渣状” 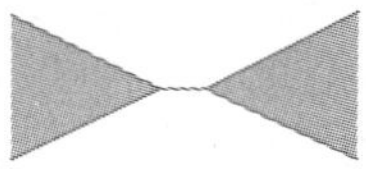	“马耳他十字” 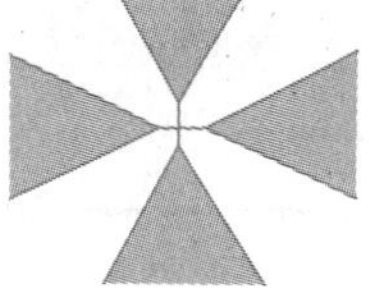	金属溶剂和尘粒或“面包渣状”包裹体
UV	SW - 惰性到强黄到绿色 LW - 惰性	SW - 惰性到中等黄、绿和橙色 LW - 惰性到弱橙色	SW - 惰性到中等黄、绿和橙色 LW - 惰性到弱橙色	SW - 惰性到中等黄、绿蓝和橙色 LW - 惰性
磷光	弱黄到浅绿色	中到强黄或蓝色	弱到中等黄色	弱到中等蓝、黄或浅绿色
光谱	蓝区强吸收，637nm 小峰，1 130 cm^{-1} 处的带，1 344 cm^{-1} 处的强线	朝红端吸收加大	蓝区有吸收，朝红端吸收加大	可见光区无明显吸收
说明	合成钻石中常见 *	在反应舱中添加硼和氮吸收剂可形成	绿色也可通过处理 Ib 型或 IIa 型钻石产生 **	在反应舱中添加氮吸收剂可形成

* Ib 型钻石可通过辐照和热处理产生粉红到红色，也可经高压高温处理产生 Ia 型钻石。
** 处理见第七章。

♦ 化学气相沉淀法（CVD）合成钻石

化学气相沉淀法（CVD）已能生产出可供切磨的钻石，但现今尚未出现在宝石商业市场上。当前，它多用在生产电子工业中作为散热片的钻石。

背景资料：

CVD 法生产钻石的实验从 20 世纪 50 年代就已开始。与高压高温法不同，CVD 钻石是在低压下生长的。用泵将甲烷和氢气输送通过一个管子，用微波将管中的材料加热，产生等离子体。管内的一个板也被加热，钻石沉淀在加热的板上（图 6-7）。

这个板通常是硅或金属的基片，所产生的钻石薄膜是多晶质的。这种多晶质材料要抛光成宝石级材料是很困难的。

然而，如若这个板是钻石单晶体，就能以它为基础进一步生产出厚度足以切磨出成品钻石的单晶体钻石。现今，切磨出的钻石的大小为 0.20 ～ 2.65 克拉。

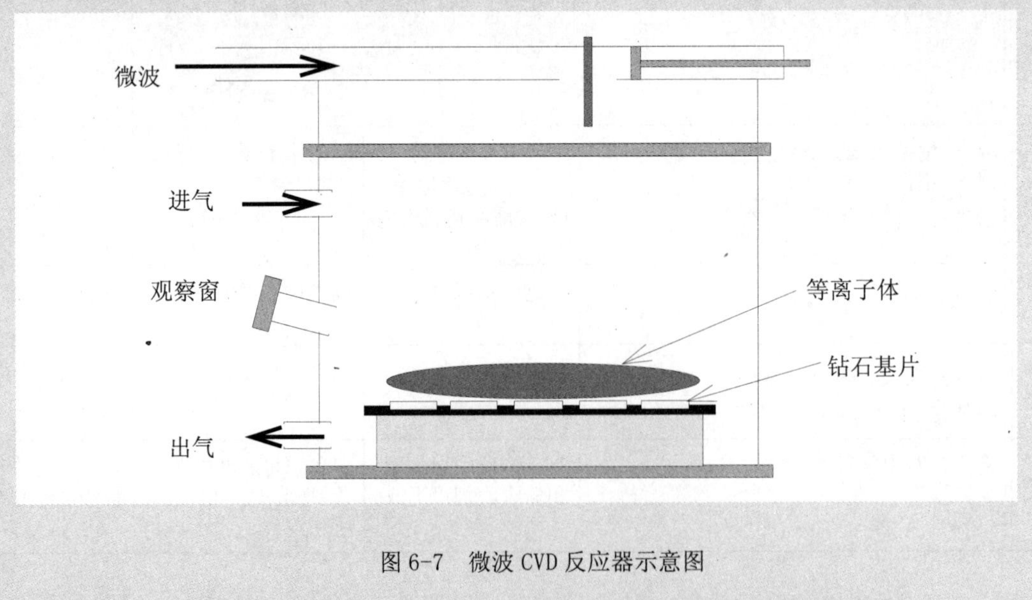

图 6-7　微波 CVD 反应器示意图

CVD 合成钻石的性质

通过去掉除氢之外的所有杂质，可生产出纯净的 IIa 型钻石。但这是一个困难的过程。

即便有杂质氮掺入，也可生产出 IIa 型钻石。这些钻石是轻微褐色到深褐色的。

如果添加含硼的气体，可生产出蓝色 IIb 型钻石。

由于宝石级 CVD 合成钻石还很少见，我们这里只介绍一下 IIa 型掺氮钻石的性质。

颜色	轻微褐色到深褐色
类型	掺氮 IIa 型钻石（极少 Ib 型）
UV 发光	在 SW 和 LW 下可显弱黄—橙色
阴极发光	橙色带条纹
光谱	575 nm 和 637 nm 吸收线
说明	可用高压高温法处理 **

** 处理见第七章。

◆ 测试仪器

大多数能最终确定钻石为合成成因的仪器只在实验室中才有。

第八章中将介绍这些仪器。

第六章课程强化题

1. 合成钻石的化学成分是什么？
2. 钻石是在何时首次合成的？是在哪里和由谁合成的？
3. 最常用的合成宝石级钻石的方法是什么？
4. 生长合成钻石所需要的温度和压力是多少？
5. 除第 4 题中给出的温度和压力条件外，为生长钻石还需要什么条件？
6. 如温度和压力改变，什么特征会受到影响？
7. 说出两种用于生长合成钻石的设备。
8. 可生长出 3 种不同类型的合成钻石。哪 3 种类型？描述你预期会在每种类型中看到的颜色。
9. 在无色合成钻石中你预期会看到什么包裹体？
10. 在有色合成钻石中你预期还会看到什么特征？
11. 在合成钻石中你预期会有什么样的发光样式？
12. 什么是 CVD?
13. 合成钻石在 LW 下的荧光通常强于在 SW 下。　对 / 错

第六章家庭作业题

1. 解释下列术语的含义：
   (a) 人造的；　　　(4 分)
   (b) 合成钻石；　　(4 分)
   (c) CVD；　　　　(4 分)
   (d) 钻石类型；　　(4 分)
   (e) 物理性质。　　(4 分)

2. 借助示意图描述合成宝石级钻石的一种方法。　　(10 分)

   描述下列钻石的常见习性：
   (a) 天然钻石；　　(5 分)
   (b) 合成钻石。　　(5 分)

3. 什么是宝石级成品合成钻石的鉴别特征？　　(20 分)

第七章　钻石的处理

目　　录

第七章　钻石的处理

◆　处理

人工处理包括通过改变颜色、包裹体、光学效应或耐久性来改变宝石材料外观的各种方法。

处理
是人工改变和改善宝石材料外观和性质的过程。

术语“优化”有时被用于描述那些能使宝石看上去质量变优或能使宝石更好销售的处理。这是个不确切的术语。

进行处理有两个目的：

(1) 改善天然宝石的外观；

(2) 以较便宜的材料来仿较贵重宝石种的外观。

有些处理是稳定和耐久的，或至少能保持很长的时间。然而，有些处理则只能产生暂时的变化。耐久性取决于材料、处理类型和强度、在首饰或装饰品中的用法以及镶嵌、佩戴、清洗和修理时受到的应力和损伤。

本课程的目的是帮助你理解和检测用于钻石的主要处理类型。这里要介绍的处理类型包括：

(1) 涂色贴箔染色和其他表面涂层；

(2) 辐照热处理；

(3) HPHT 处理；

(4) 激光处理；

(5) 充填。

◆ 颜色处理

♦ 表面处理

这些表面处理是最古老的优化方式。然而，它们可很有欺骗性。

涂色或涂层是简单地涂上有色层以改善或改变宝石的颜色。致色材料涂在亭部刻面或腰棱上。

许多钻石是微带黄色的。钻石表面薄的蓝色涂层通常能抵消这种黄色调，改善钻石的外观色。涂层方法多种多样，从环绕腰棱涂少量墨水到亭部刻面上釉。对一些较大的钻石，曾使用高技术处理方法涂上与照相机镜头上的涂层相似的超薄表面层。该表面层用硬的针尖和通常使用的有机溶剂都无法去除。

对所有颜色的钻石，最基本的是在认可其外观色是真的之前，先要在所有方向上检查有无此类处理的痕迹。

贴箔也用于改善钻石的外观。一小片有色箔被放置在底部密封镶宝石的下面。对于这类镶法的宝石，任何时候都要仔细检查。某些情况下，由于箔和亭部刻面贴得不紧，透过台面可看到起皱现象。有时会把深色宝石镶在一个抛光的底座或嵌入的镜面上以使颜色变浅。

这些处理通常用 10 ×放大镜可检测出：

(1) 表面磨损常可去除部分的涂层，从而使颜色呈斑杂状；

(2) 某些涂层经过一段时间后会从表面脱落；

(3) 涂层会使表面具稍显粗糙的外观，其光泽不如未涂层的钻石刻面高。

♦ 辐照和热处理

任何钻石，不论是天然的还是合成的，都可以用辐照和加热来处理。

放射性物质的原子粒子和射线被用于改变钻石的颜色。辐照靠改变或破坏晶体结构产生颜色。随后的热处理可改变这个颜色。这些处理只用于改变或加强钻石的颜色，还没有

涂层粉红色钻石（左图），从亭部可看到被磨蚀的涂层（右图）
（版权所有）EGL USA

回旋加速器处理的绿色钻石，亭部显示伞状样式，环绕腰棱有暗带
（版权所有）Gem-A

电子辐照的钻石
（版权所有）DTC Research

辐照处理的钻石，当浸入水中时，可看到颜色沿刻面棱浓集
（版权所有）EGL USA

HPHT处理前和处理后的Ⅱa型钻石
（版权所有）DTC Research

辐照和热处理的Ⅰb型合成钻石
（版权所有）EGL USA，取自《Laboratory Created Diamonds》一书

HPHT处理前和处理后的钻石
（版权所有）EGL USA

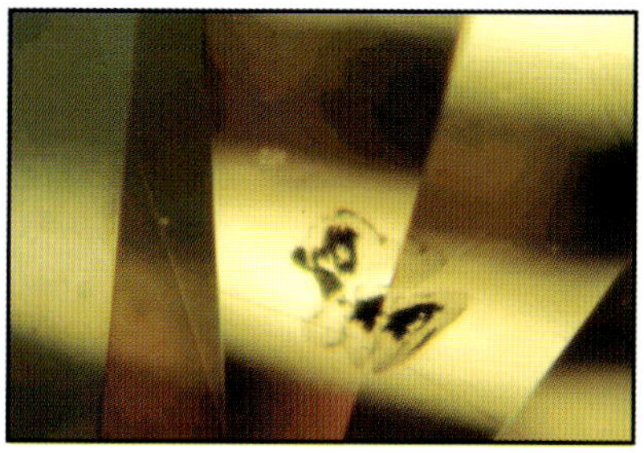

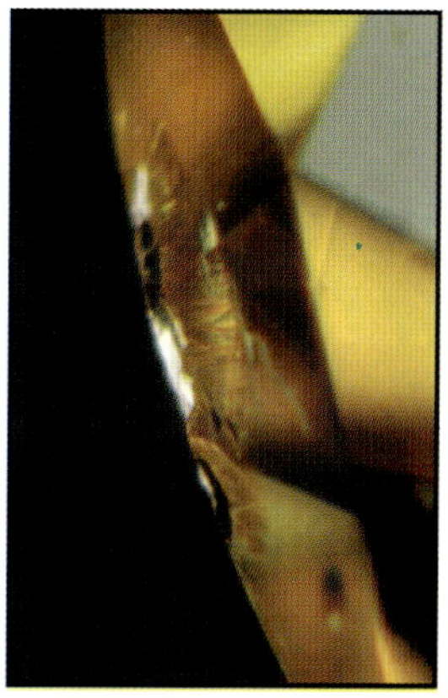

HPHT处理钻石中的石墨化包裹体（上图和右图）
（版权所有）EGL USA

反射光下在钻石中
见到的激光孔口
（版权所有）Gem-A

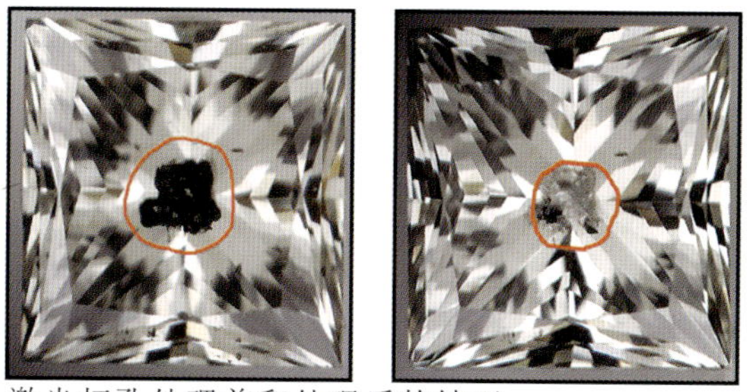

激光打孔处理前和处理后的钻石
（版权所有）EGL USA

从钻石亭部看到
的激光孔
（版权所有）
DTC Research

在特殊方法（KM）
激光打孔钻石中
见到的扇状样式
（版权所有）EGL USA

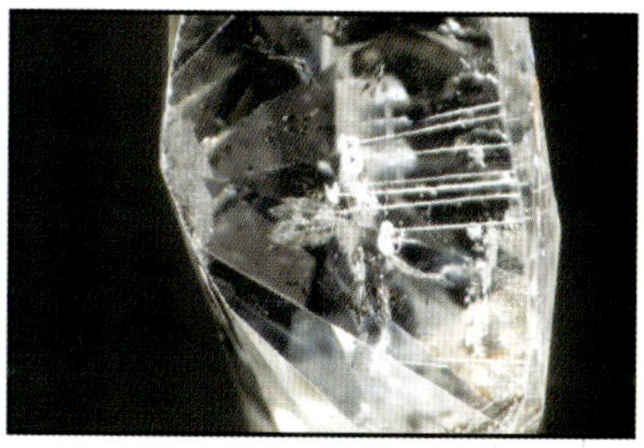

从钻石亭部看到
的激光孔
（版权所有）
DTC Research

在特殊方法（KM）
激光打孔钻石中见
到的螺旋状样式
（版权所有）
EGL USA

从亭部激光
打孔的钻石
（版权所有）
DTC Research

在特殊方法（KM）
激光打孔钻石中见
到的之字形样式
（版权所有）D Garrod

裂隙充填钻石
（版权所有）Gem-A

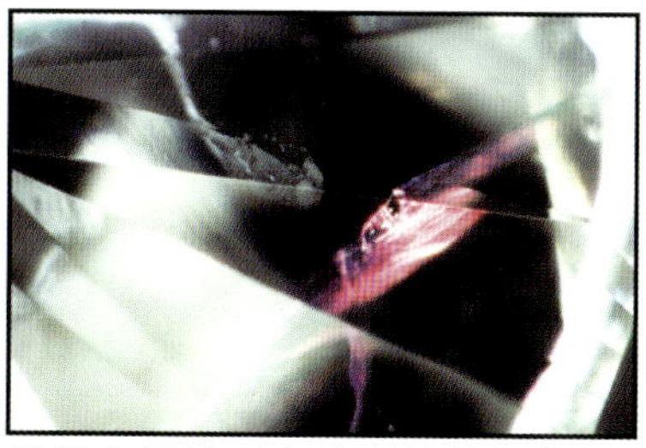

裂隙充填钻石中见到的粉红色闪光
（版权所有）DTC Research

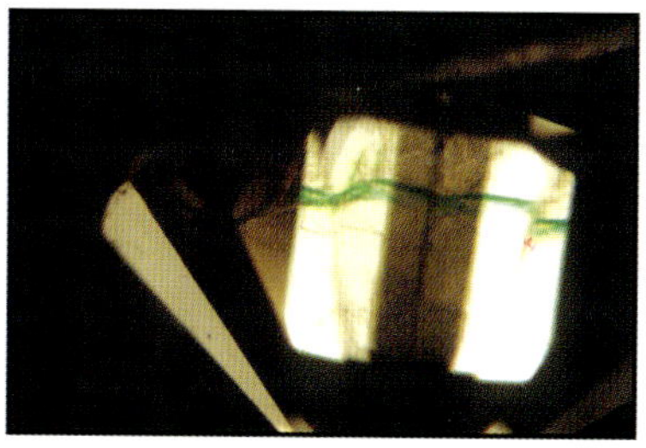

裂隙充填钻石中见到的绿色闪光
（版权所有）Gem-A

裂隙充填钻石中见到的粉红色
闪光
（版权所有）DTC Research

裂隙充填钻石，可看到充填物中
的气泡
（版权所有）DTC Research

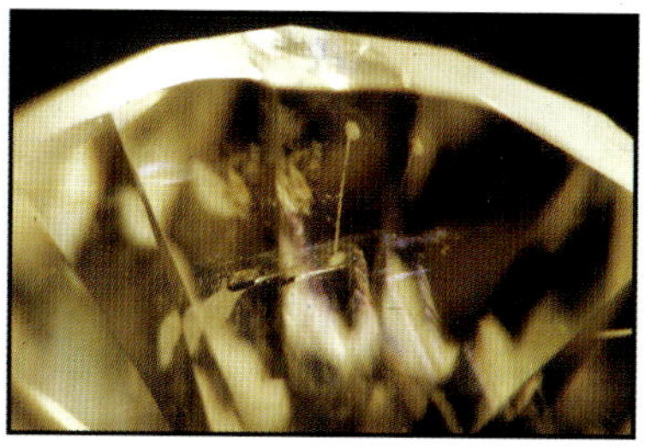

激光打孔和裂隙充填的钻石
（版权所有）Gem-A

第七章　钻石的处理

用于使原有颜色变浅的记录。

取决于所使用的处理方法，颜色或是局限于表面，或是遍布整颗钻石。因钻石类型、辐照经历和随后热处理的不同，可产生各种不同的颜色。

电子和中子轰击是最常使用的方法。所产生的颜色是均匀的，大多数也是稳定的。轰击使碳原子移位并形成空穴，产生蓝—绿色和绿色，在 741 nm 处有一吸收线，即 GR1 吸收，用红外光谱仪可检测到。

在 500°C 以上的温度条件下，空穴将迁移并与碳原子结合，形成新的色心，取决于钻石中氮集合体的类型和浓度，由这种途径形成的颜色可以是橙色、黄到褐色或粉红色。

背景资料：

镭盐

1904 年威廉·克鲁克斯（William Crookes）爵士最先用放射性镭盐对钻石进行处理。他发现，把钻石埋在镭盐中一年后，辐照使钻石呈褐色。但处理过的钻石具放射性，其强度在许多年内都会对人体有危害，这一结果使钻石不能用于首饰。

回旋加速器处理

带正电荷的粒子可通过称为回旋加速器的装置加速。经回旋加速器辐照的钻石可变成绿色，如过度辐照会成黑色。这些粒子不能穿入钻石深部，故着色仅限于表皮。除非小心，否则重新抛光时会将颜色去除。这种钻石最初有放射性，但几个小时后就消失了。

随后在 800°C 左右的温度下热处理，可使钻石呈金黄—褐色或黄色。所产生的颜色仅限于表皮。这些热处理的钻石可显示 503nm 吸收线。回旋加速器处理现今已很少使用。

经回旋加速器处理的钻石，表面会显示特征的暗色标志。如果是从亭部方向辐照的，当从台面观察时可见到环绕底尖的形如“张开的伞”的标志（图 7-1）。如果是从冠部方向辐照的，环绕腰棱可见暗带。这种处理极少从侧面进行。

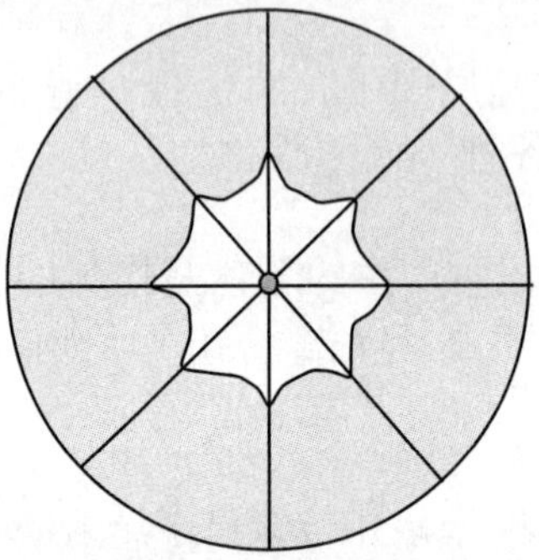

图 7-1 回旋加速器处理钻石的底尖

伽玛射线处理

利用钴 60 源产生的伽玛射线可使钻石整体呈蓝色或蓝绿色。因为处理过程要几个月时间，故很少使用。

中子处理

在原子反应堆（核反应器）中用中子轰击的钻石呈绿色、蓝绿色或黑色，为整体着色。随后在 500 ～ 900°C 的温度区间进行热处理，可产生褐色、黄色、橙色或粉红—紫红色。

电子处理

用范德格拉夫加速器或直线加速器的电子来轰击，可产生淡蓝或蓝绿色。着色仅限于表皮。其穿透深度一般为 1 mm 左右。经处理的钻石不具放射性。随后的热处理产生橙—黄色、粉红—紫红色和褐色。这是目前普遍使用的颜色处理方法。

第七章　钻石的处理

辐照和热处理小结

辐照类型	辐照后产生的颜色	热处理的温度和处理后的颜色	鉴定特征 / 说明
镭盐	绿色		颜色仅限于表皮 强放射性 现已不再使用
回旋加速器	绿到蓝—绿色	～ 800°C 黄色到金黄—褐色	颜色仅限于表皮 特征标志 现无广泛使用
钴 60 源产生的伽玛射线	蓝或蓝绿色		可整体着色，但要几个月时间 不常使用
原子反应堆中加速的中子	绿到黑色	500 ～ 900°C: 橙色到黄色 褐色到粉红色	整体着色 见下文“吸收光谱”部分
范德格拉夫加速器加速的电子	蓝、蓝—绿、绿色	～ 500 ～ 1 200°C 橙到黄色、粉红色	颜色限于表皮（约 1 mm 深） 见下文“吸收光谱”部分

不同类型钻石中的效应

尽管钻石的颜色成因并不总是会披露或已被人们所知，我们还是在下表中综述了不同类型钻石中的一些典型效应。

颜色	类型	辐照后的颜色	热处理后的颜色
黄色	Ia 型	蓝色、蓝—绿色、绿或黑色 辐照损伤导致的 741 nm（GR1），但在天然钻石中也出现，这给区分带来困难	橙色到黄色和黑色 见 496 nm 和 503 nm 吸收线，有时还有 595 nm 吸收线；若加热到 1 000°C 以上，595 nm 吸收线消失，在红外区 1 936 cm^{-1} 和 2 024 cm^{-1} 处出现两条新线
黄到褐黄色	Ib 型（通常是合成的）	蓝、蓝—绿、绿或黑色 见上栏	粉红和紫红色 637 nm 吸收线和较弱的 595 nm 吸收线

如辐照处理的钻石未充分加热，741 nm（GR1）线仍可存在。

IIa 型和 IIb 型钻石也可辐照和热处理。然而，无色 IIa 型钻石在未处理状态下更值钱些，而褐色 IIa 型钻石用 HPHT 处理时效果更好。对于褐色到灰色 IIb 型钻石，情况也是一样的。

人工改色的检测常需要使用目前只在实验室中才有的先进的分光光度计（见第八章）。

♦ 高压高温 (HPHT) 处理

高压高温处理所需的设备与第六章中所述用于 HPHT 合成钻石的设备相似。把钻石短暂地放置在 60 kb 和 2 000°C 左右高温条件下。每个压机可在 30 分钟内处理 10 颗钻石。这种处理可形成新的色心，从而改变钻石的颜色。处理结果是持久的。

尽管 HPHT 处理已存在 20 多年，但其重要性直到 20 世纪 90 年代后期才突显出来。1993 年 3 月 Lazare Kaplan 公司宣布，它的一个设在安特卫普，叫 Pegasus Overseas Ltd. (POL) 的子公司将向市场推出由通用电气公司用 HPHT 处理的钻石。

最初处理的是高净度的褐色到灰色的钻石，处理后显示改善的颜色。由通用电气公司处理的钻石主要是 IIa 型的。适合于这种处理的 IIa 型钻石的数量不到全球钻石的 1%。现今世界上已有更多的公司用这种方法处理类型更多的钻石。

颜色	类型	HPHT 处理后的颜色	说明
黄色或褐色	Ia 型	强黄—绿色或彩黄色	钻石常有黄—褐色纹理 在 SW 和 LW UV 下显示强的垩状绿黄色荧光
黄到褐黄色	Ib 型 合成的	黄色：有 N3 吸收，即 415nm 线（Ia 型）	这些钻石依然显示 HPHT 合成钻石特征的立方-八面体发光样式
褐色	IIa 型	无色或极少情况下粉红色	经处理的钻石的颜色为 D 到 G 色级，稍显雾状外观，有褐或灰色调而不是黄色调 575 nm 和 637 nm 阴极发光光谱线的比值有助于检测这些钻石
褐—灰色	IIb 型	蓝色	很少见

HPHT 处理钻石的一般特征是：

(1) 表面和裂缝上的凹坑和烧痕；

(2) 环绕包裹体的张性裂缝；

(3) 沿裂缝表面的石墨；

第七章　钻石的处理

(4) 一些经处理的无色钻石还在正交偏光下显示不寻常的强应变消光效应。

然而，要把处理的和天然的钻石区分开还是要进行实验室分光光度计测试（见第八章）。

◆ 净度处理

♦ 钻石激光打孔

激光打孔常用来降低钻石中暗色包裹体的可视度。用激光束在钻石中钻一个直达包裹体的非常细的孔，其直径小于 0.02 mm。随后用酸除掉包裹体（图 7-2）。

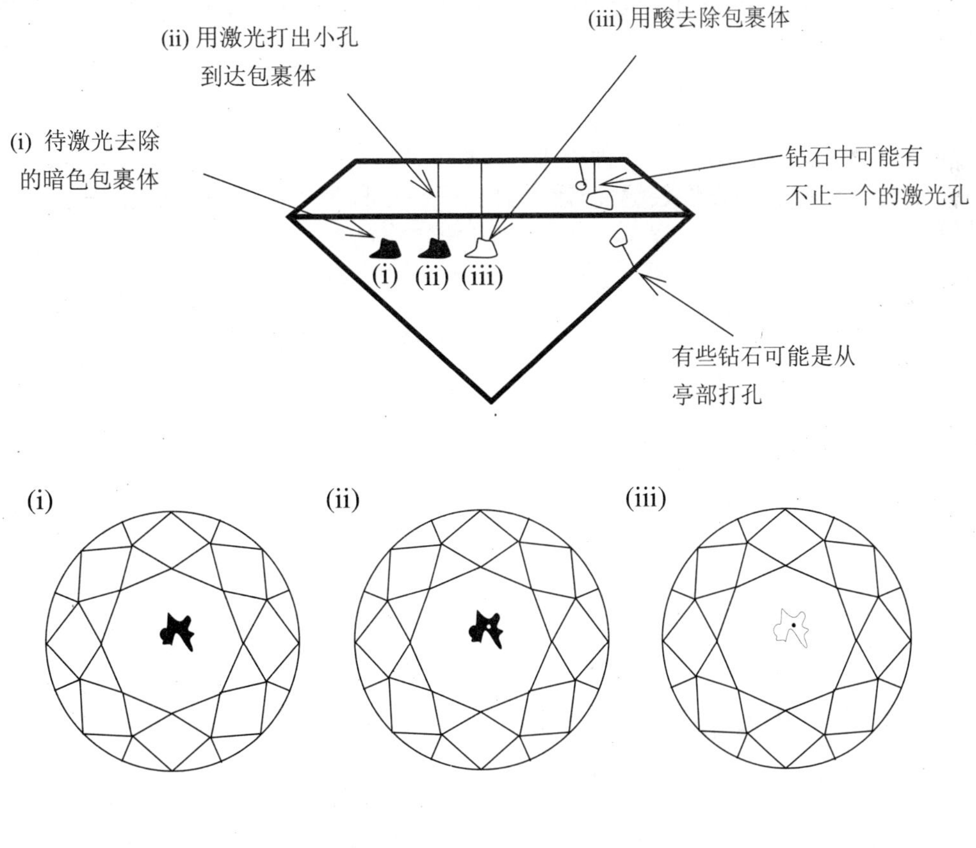

图 7-2　激光打孔去除钻石中的包裹体

大多数情况下，孔从冠部打入。用 10 ×放大镜从侧面仔细检查可以看出。孔口可被首饰的镶座盖住，使检测激光处理的难度增大。

当检查激光孔时，最好是观察从表面反射的光。激光孔将显示为造成刻面表面不连续的一个黑点。

这种处理是持久的，它不影响钻石的颜色。所以，经这种处理的钻石可进行净度和颜色分级。

当进行净度分级时，激光孔被视作钻石中的另一个包裹体。其结果，虽然钻石的外观有所改善，但净度等级将不会改善。

♦ KM 激光处理

现在也采用一种称为 KM 激光处理的较新的处理方法。KM 是“Kiduah Meyuhad”的缩写，意思是特殊方法打孔。

这个较新的方法用激光加热包裹体，产生通到表面的应力裂缝。这些裂缝随后用酸处理以去除暗色的包裹体。为进行这种处理，钻石中的暗色包裹体应是靠近表面的。如果包裹体原先就已有环绕它的张性裂缝，效果会更好。这种处理会留下具锯齿状通道的伸向表面的裂缝（图 7-3）。

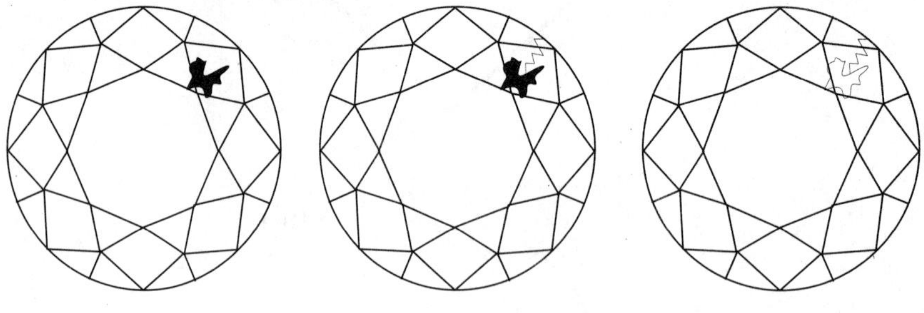

图 7-3　KM 激光处理

♦ 钻石裂隙充填

钻石中伸到表面的裂缝可用玻璃充填。现在甚至小钻石也这样处理。钻石被放置在真空舱内，使低熔点的热玻璃压入裂缝中。所使用的铅玻璃具有与钻石相近的折射率，这使裂缝变得不那么明显，钻石的外观得以改善。这种处理的效果不持久，受热时（当修理首

第七章　钻石的处理

饰或重新切磨时）和用酸或超声波清洗时均可使其受损伤。

充填物有时带黄色调，这会影响钻石的颜色。然而，通常很难看出充填物。在经调节的光照条件下，充填物可显示很特征的**彩色闪光**。通常在暗域照明下为**黄—橙色到紫色闪光**，在亮域照明下为**蓝到绿色闪光**。这些闪光效应与初始解理显示的晕彩效应十分不同。此外，处理过程中有空气被封入玻璃的地方，可看到扁平的气泡。充填物还会在充填区显示具碎裂结构的流动构造。被充填裂缝的表面线也应能看出（图 7-4）。

X 射线可有助于检测钻石中的玻璃充填物。这是因为充填物会在 X 射线照片上有显示，而周围的钻石则不会。

因为这种处理是不持久的，而且这种处理掩盖了钻石中许多伸到表面的裂缝，所以，裂隙充填钻石不能进行净度分级。又因为充填物可能会影响钻石的颜色，故这些钻石也不能进行颜色分级。

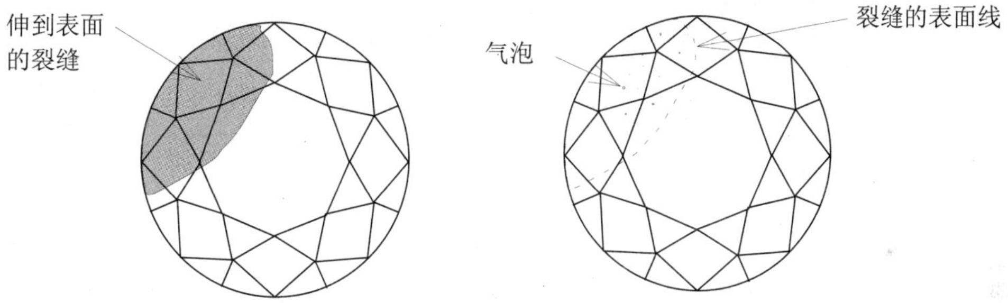

图 7-4　充填处理前和处理后

♦ 激光打孔和裂隙充填

如果钻石在激光打孔后又经过裂隙充填，激光孔也将被充填。在激光孔和伸到表面的裂缝中都可看到充填导致的闪光效应。因为激光孔的体积很小，只靠 10 ×放大镜难于检测孔内的充填。为观察任何裂缝和激光孔的处理，可能需要更高倍的放大。

激光打孔后又经过裂隙充填的钻石不应进行净度或颜色分级。

钻石的所有颜色和净度处理都必须申明。

第七章课程强化题

1. 为何要对宝石进行处理？
2. 说出钻石改色的一种不持久的方法。
3. 哪两种方法最常用于辐照钻石 ？
4. 辐照后常用什么方法来改变钻石的颜色？
5. 在经处理的绿色钻石中你预期会看到什么光谱？
6. 当检测经辐照和热处理的黄色钻石时，什么吸收线能证明经过处理？
7. 当检测经辐照和热处理的粉红色钻石时，什么吸收线能证明经过处理？
8. 通常处理什么类型的钻石以产生粉红色？
9. 如何处理褐色 IIa 型钻石能改善其颜色？
10. 当用 HPHT 处理 Ia 型钻石时，你预期会出现什么颜色？
11. 什么处理方法能用来使钻石中的氮从一种形式变成另一种形式？ 说出能有这种变化的钻石类型及变化的结果。
12. 说出两种类型的净度处理。

第七章家庭作业题

1. 简述可用于改变钻石颜色的各种处理。 (10 分)

   对你所描述的每种方法，说出你预期在处理后会出现的颜色。 (10 分)

2. 说明你将如何区分下列钻石：

   (a) (i) 西澳大利亚阿盖尔的粉红色钻石；
   (ii) 处理后呈粉红色的钻石。 (7 分)

   (b) (i) 天然绿色钻石；
   (ii) 处理后呈绿色的钻石。 (6 分)

   (c) (i) 开普黄色钻石；
   (ii) 处理后呈黄色的钻石。 (7 分)

3. 市场上的许多钻石经过激光打孔处理或裂隙充填处理，或激光打孔后又经裂隙充填处理，你将如何检测这些处理？ (12 分)

   讨论这两种处理的优点和缺点。 (8 分)

第八章　钻石的测试

目　录

第八章　钻石的测试

◆　钻石的测试

钻石测试的第一步是确认所测的宝石的确是钻石。这对于钻石商贸的各个方面都是重要的。任何时候都不要轻信别人的意见。

对于要检测的宝石，不论何时都要先从肉眼观察开始，而后是 10 ×放大镜。10 ×放大镜对于钻石商贸界的所有人员，从零售商到实验室分级师，都是最重要的工具并应该在使用任何其他测试之前首先使用。

关于钻石的常见仿制品及其鉴别特征，将在第十四章中讨论。然而，本章中所述的一些测试仪器也可用于区分钻石和它的仿制品。

对于送到实验室的宝石，这一初步检测只是测试的第一步。譬如，对于送到实验室要求提供鉴定报告或钻石分级报告的钻石，还必须测试它是否是合成的或经过颜色处理的（图 8-1）。这需要更为先进的测试仪器，而这些仪器只在实验室中才有。

这些实验室测试仪器通常使用某些形式的电磁能。本章中我们将讨论这些仪器以及它们如何用于钻石测试。

钻石测试的另一步是检测钻石是否经过净度处理。这已在第七章中说明。

在本章的末尾，我们提供了分别在第五章、第六章和第七章中介绍过的各种天然、合成和人工改色钻石所显示特征的对比表。这些表格所提供的只是一种综述。在大多数情况下最好是把钻石测试看作是面对不断涌现的新问题所采取的应对措施。新情况不断出现，测试方法和鉴别特征也不断变化。

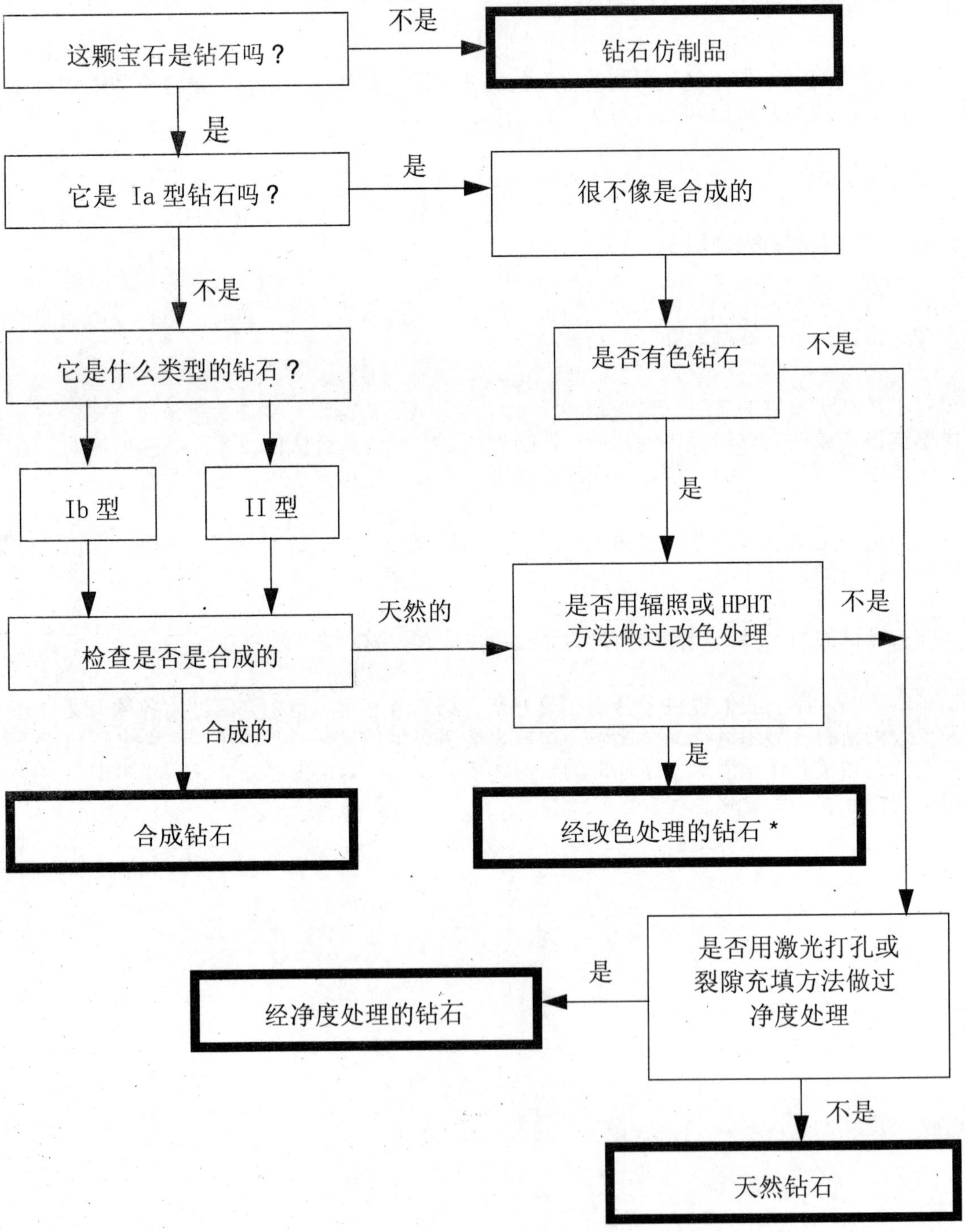

图 8-1　钻石测试可能程序图示

* 这些钻石还需检查是否经过任何净度处理

第八章　钻石的测试

♦ 电磁能

在第五章中我们介绍了电磁波谱。本章中我们讨论在测试钻石时如何利用电磁波谱。

光是能量的一种形式。光可从一个地方直接运行到另一个地方而不需要依靠任何物品或材料来搬运它。如果我们把光设想成是一系列光子粒子的传播，那么这些光子中的每一个都代表了一定的能量。

正如光的波长对应于可见光谱的不同颜色一样，光线中的每个光子携带的不同能量也对应于可见光谱的不同颜色。譬如，蓝光线的光子能级不同于红光线的光子能级。因而，电磁波谱既可用波长也可用能量来描述。波长越短，能级越高。用于度量能级的单位叫电子伏特(eV)(图 8-2)。

背景资料：

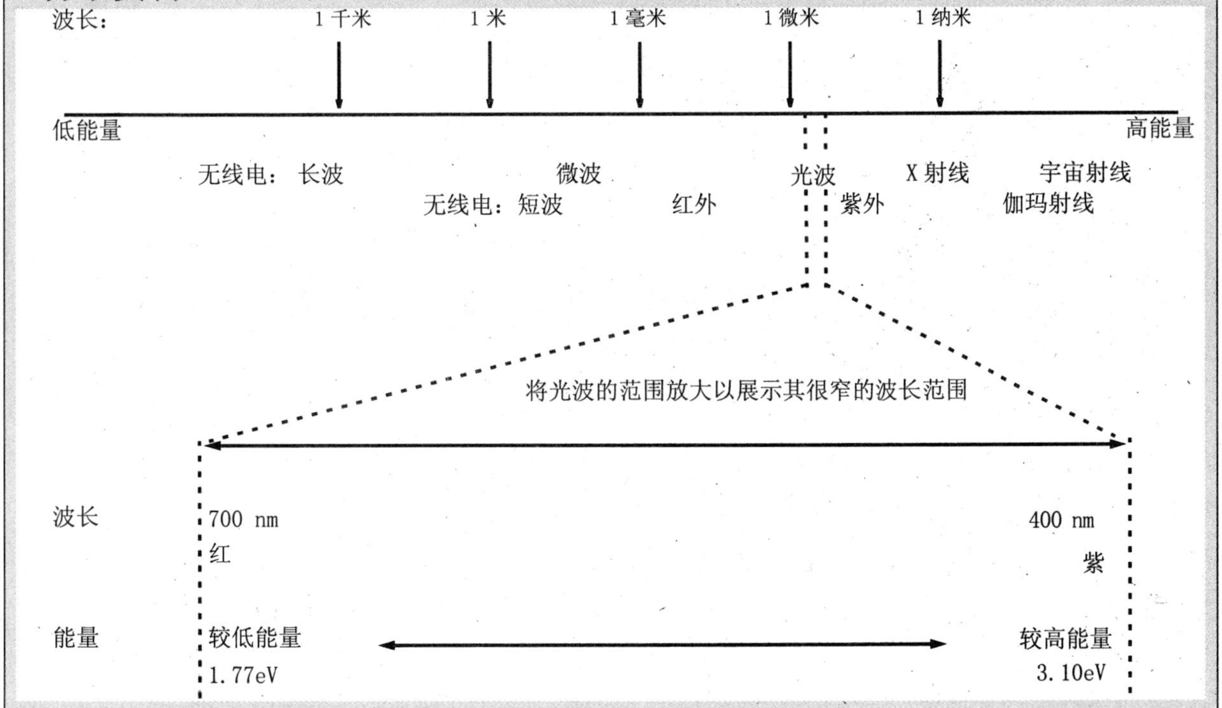

图 8-2　电磁波谱能量和波长

♦ 实验室检测中的电磁波谱

除窄的可见光波段外，电磁波谱的其他部分也用于几种非破坏性的实验室测试，从而拓宽了宝石测试的检测范围。

简单的手持式分光镜使宝石学家能够观察到电磁波谱可见光波段特征的吸收样式。通常并不度量波长，而只是给出大致波长或给出吸收特征所在位置和相对强度的示意图。光谱仪是实验室中使用的仪器，它能精确度量这些吸收的位置和它们的相对强度。这些资料以数字或图的形式记录下来供详细分析。

重要的是，光谱仪能够记录下宝石从紫外经可见光到红外的各个波段的光谱。对于不同的波段使用不同的光谱仪，其中有些仪器叫分光光度计。

除把样品弄干净外，通常并不需要其他制备。把样品放置在特定的辐射束下，检测器将吸收样式转换成屏幕上显示的曲线或打印出来，或仪器用数字形式记录和储存测试结果。

背景资料:

取决于辐射的能量和结果如何使用，测试结果可以用频率、波数、电子伏特、纳米或微米表示。

(1) **波长** 以纳米 (nm) 表示的波长适用于 X 射线—紫外—可见光谱能量范围。对于红外能，可使用以微米 (μm) 或波数 (cm^{-1}) 表示的波长。

单位	换算
1 m	100 厘米 (cm)
1 cm	10 毫米 (mm) = 10^{-2} m (1/100 米)
1 mm	1 000 微米 (μm) = 10^{-3} m (1/1 000 米)
1 μm	1 000 纳米 (nm) = 10^{-6} m (1/1 000 000 米)
1 nm	10^{-9} m (1/1 000 000 000 米)
1 nm	10^{-6} mm (1/1 000 000 毫米)
1 nm	10 埃 (Å)

埃是原先用于度量波长的单位，现今在涉及 X 射线的研究中仍使用。

(2) **频率**　频率与波长成反比，与能级成正比。然而，频率通常数值过大，用起来不方便，故常由波长或波数取代。

(3) **波数**　在研究成果和杂志文章中，对于红外波段最常使用的是波数。波数是指单位长度内波的数目，通常是指“每厘米内”波的数目，用“cm^{-1}”表示。波数与辐射的能级成正比。

(4) **电子伏特**　电子伏特是直接表述能级的单位。在研究成果和杂志文章中也是很常用的单位，特别是对高能辐射 (1eV = 8 066 cm^{-1})。

为帮助你弄明白杂志刊登的研究成果的图表中所提供的数字，我们在下表中列出波谱各能量段不同单位间大致的对应关系。

单位	大致对应数值				
波长 (nm)	1/1 000	10	100	500	10 000
频率（赫兹）	10^{20}	10^{18}	10^{15}		10^{13}
波数 (cm^{-1})	10^{10}	1 000 000	100 000	20 000	100
电子伏特 (eV)	1 200 000	120	12	2.5	0.12
电磁波谱能段	伽玛射线	X 射线	紫外	可见光	红外

(10^{20} 即 1 的后面带 20 个 0，也就是一万亿亿。)

♦ DTC 的 DiamondSure™

DiamondSure™ 是主要用来筛别的仪器，它会提示对 II 型钻石和合成钻石作进一步的测试，而大多数 Ia 型钻石则能通过。这种仪器本质上是度量光被吸收情况的一种小型的分光光度计。

尽管 DiamondSure™（中文译名有钻石确认仪、钻石光谱仪等——译者注）虽也可用于检测钻石仿制品，但任何仿制品都应首先用肉眼和 10 ×放大镜检查。这一检查将能把大多数仿制品排除出进一步的测试过程。如果仿制品能通过初步的检测，则 DiamondSure™ 会建议用热导仪检测该宝石。合成莫依桑石是个例外 。

具体说，DiamondSure™ 能检测到在大多数 Ia 型天然钻石中可看到的 415 nm 吸收线。如果检测到这条吸收线，钻石就算通过了。如果没有检测到，那就要进一步测试。然而，任何彩色的 Ia 型钻石还需要进一步测试，以确定是否经过 HPHT 处理。

这种仪器有一定的局限性。譬如，它主要是设计用于已抛光的钻石，因而不适用于所有的原石，也不适用于颜色太深以至光被大量吸收的钻石。然而，仪器中内装的“失效保险”装置会提示这些钻石需进一步测试。

♦ 傅里叶变换红外光谱仪

红外光谱仪用于度量材料在电磁波谱红外部分的吸收。

一些红外光谱仪被称为“傅里叶变换红外光谱仪”(Fourier transform infrared spectrometers),FTIR 的字样常出现在报告中。当测试钻石时，傅里叶变换红外光谱仪 被用来提供曲线图。不同类型的钻石给出不同的曲线，因而该仪器能用来区分钻石类型。它还能用来检测钻石的某些处理色。

背景资料：

通过傅里叶分析，把对电磁能进行光谱分析的过程用数学方法来表示。多组波动能被分析或“转换”成能够揭示作为能量“发散”的各种组成波长的曲线或数据。也就是说，由棱镜或衍射光栅产生的特征光谱是用傅里叶分析表示的。

♦ 紫外能

紫外（UV）辐射在某些材料中产生发光效应。这可以作为鉴别和检测的一种辅助手段。在第五章中介绍了紫外荧光。它在检测仿制品中的应用见第十四章。

SSEF 的 Diamond Illuminator 和 HRD 的 D-Screen

I 型钻石吸收紫外光，而 II 型钻石则可透紫外光 。SSEF（瑞士宝石研究基金会）的 Diamond Illuminator（钻石照明器）和 HRD（比利时钻石高阶层议会）的 D-Screen（钻石筛别仪）能够检测出透过 II 型钻石的紫外光。

Diamond Illuminator 通过把 SW UV 灯放置在要测试的钻石的后面来观察紫外光透过情

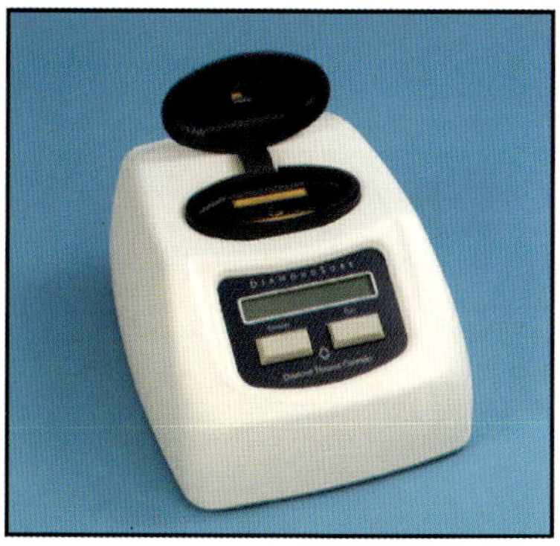

DTC的Diamond Sure™
（版权所有）DTC Research

被强磁铁吸引的钻石
（版权所有）D Garrod

左图为天然钻石晶体
右图为合成钻石晶体
（版权所有）DTC Research

天然钻石中的包裹体
（版权所有）Gem-A

合成钻石中的金属和尘粒状包裹体
（版权所有）L Stather

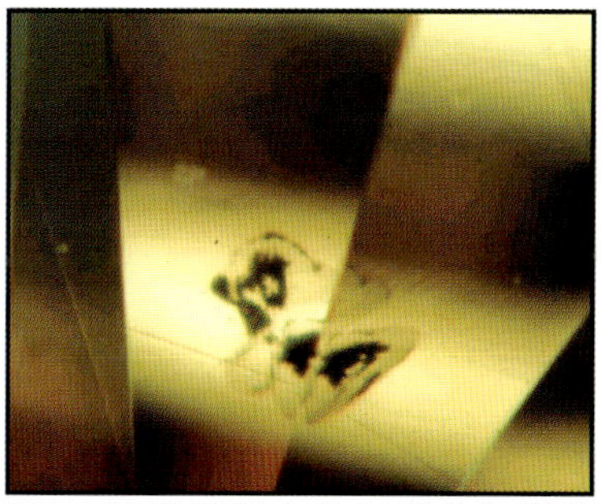

HPHT处理钻石中的石墨化包裹体
（版权所有）EGL USA

天然钻石中的色带
（版权所有）DTC

合成钻石中的色带
（版权所有）DTC Research

辐照处理钻石中颜色沿刻面棱的浓集
（版权所有）EGL USA

粉紫色天然彩色钻石
（版权所有）M Vainer

辐照和热处理的Ⅰb型合成钻石
（版权所有）EGL USA

HPHT和辐照处理的钻石
（版权所有）EGL USA

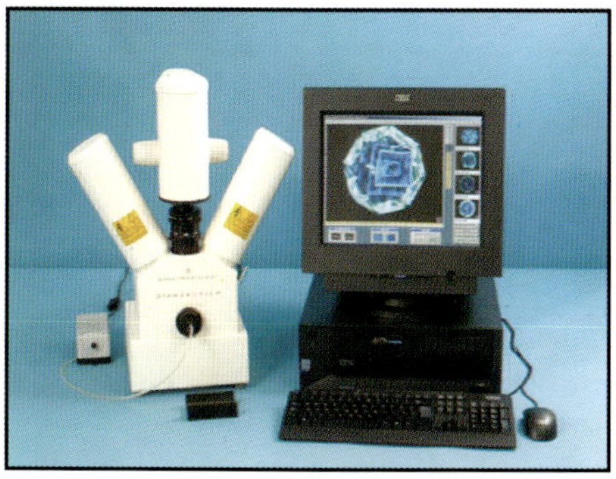

DTC的Diamond View™
（版权所有）
DTC Research

右图4张图显示用
Diamond View™
看到的合成钻石中
的立方-八面体样式
（版权所有）
DTC Research

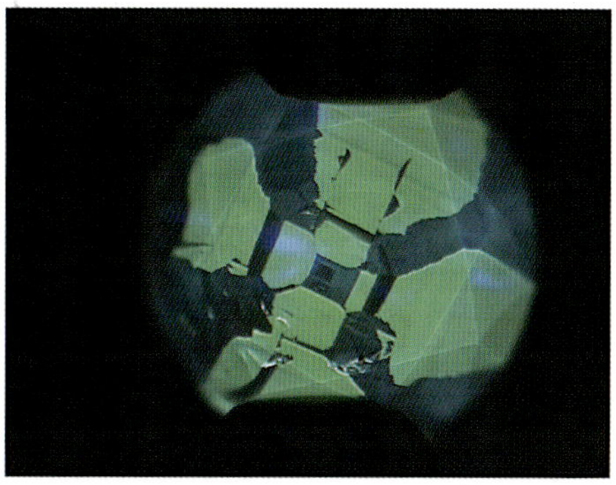

左图和左上图是用
Diamond View™
看到的天然钻石图像
（版权所有）
DTC Research

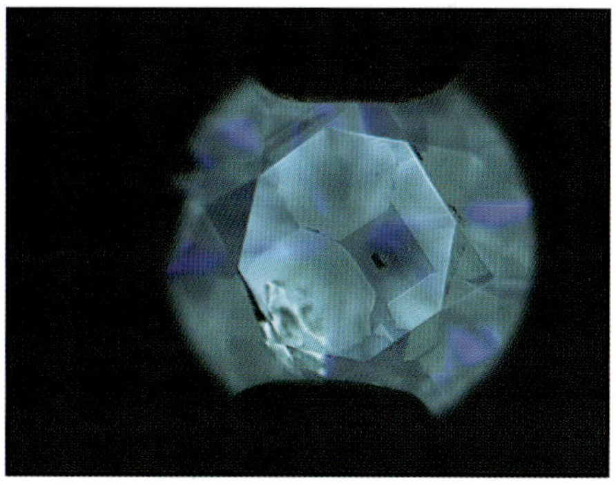

左图是用Diamond
View™看到的CVD
钻石图像
（版权所有）
DTC Research

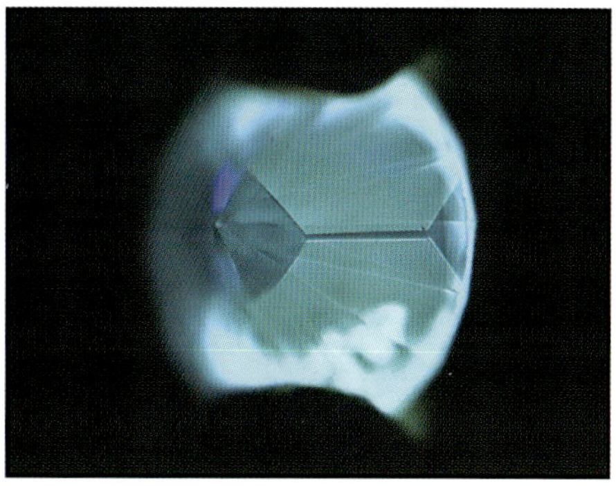

天然黑色钻石
（版权所有）M Vainer

热处理黑色钻石
（版权所有）EGL USA

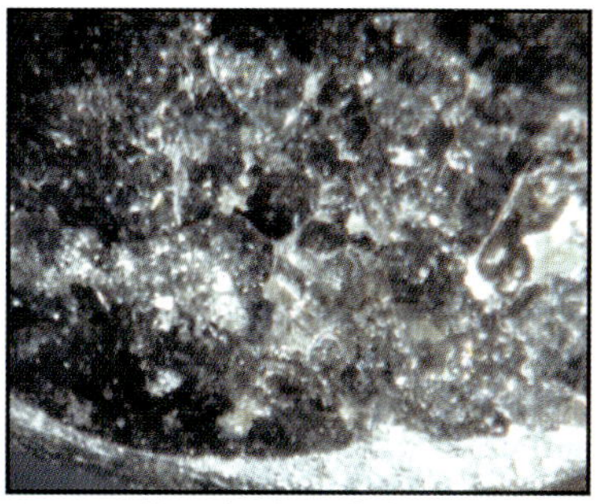

经处理的黑色钻石中的石墨化裂隙
（版权所有）EGL USA

况。

D-Screen 也使用类似的方法，但使用传感器来检测任何可能的透过情况。据说这种仪器适用于 D 到 J 色级，重量在 0.20 ～ 10.00 克拉之间的钻石。

紫外光谱仪

紫外光谱仪用于在实验室中度量和记录紫外线辐射段的特征吸收样式。许多紫外光谱仪除检测紫外辐射外也检测可见光辐射。这些仪器常被称为紫外 - 可见光 (UV/Vis) 光谱仪。

紫外—可见光 (UV/Vis) 光谱仪用于研究钻石天然色和某些处理色之间的区别。

DTC 的 DiamondView™（图 8-3）

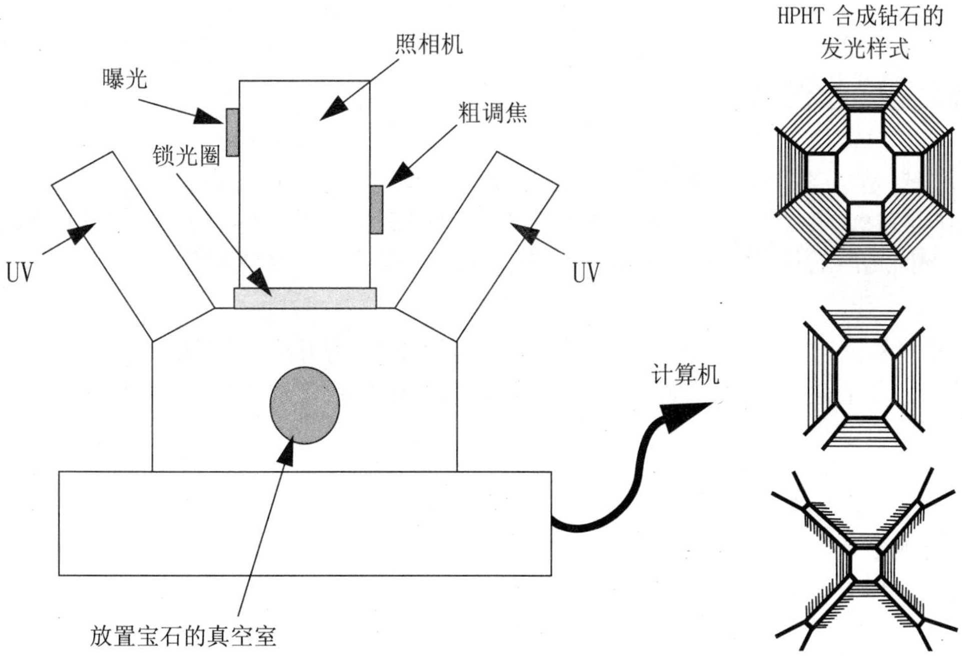

图 8-3 DTC 的 DiamondView 和发光样式

DTC 的 DiamondView™（中文译名有钻石观察仪、钻石荧光结构仪等——译者注）采用高能紫外光来激发荧光。发光样式可通过计算机观察。HPHT 合成钻石总是产生立方 - 八面体样式。这与天然钻石产生的样式非常不同。CVD 钻石因能产生橙色发光和生长样式，因而也能用这种仪器检测。需要注意的是某些天然钻石也能产生橙色发光。

♦ 阴极发光（CL）

阴极射线，一种电子流，也用于在钻石中产生发光。把钻石放置在阴极射线下时所显示的样式与高能紫外光下相同（见 DTC 的 DiamondView）。

♦ 光致发光（PL）

光致发光 (Photoluminescence, PL) 在实验室测试中已变得非常重要。这是因为许多钻石中的色心伴有光致发光带，而这对鉴别是有用的。光致发光是物质被可见光、紫外光或 X 射线照射时发射可见光的现象。

♦ 拉曼效应

拉曼探针是装备有显微镜并有红外、可见光或紫外激光照明器的一种特殊类型的光谱仪。自 20 世纪 90 年代以来，这种仪器在宝石检测和鉴别中用得越来越多。获得或建立与宝石有关的参照光谱的相关数据库也是拉曼探针应用过程的一个组成部分。

拉曼探针检测以发射谱形式记录下来的极微弱的能量再发射。这种再发射谱，即**拉曼效应**，对于不同分子是特征的，因而能够用来快速鉴别固体或液体物质，即便这些物质被包封在别的透明物质中也无妨。

分析样品不用制备，任何材料都可以测试，包括已镶宝石、装饰品、碎块和粉末。尤其重要的是它能分析固体、液体和气体的包裹体及孔洞充填物。用显微镜对准要分析的目标，而后将激光聚焦于目标以获得它的光谱。

拉曼探针在以下几方面对钻石特别有用：

(1) 鉴别裂隙充填物；

(2) 提供关于钻石高压高温处理的证据。

第八章　钻石的测试

♦ X 射线

X 射线

X 射线是波长非常短的高能的辐射，它能透过可见光等其他形式的辐射所不能透过的物质。X 射线可用于测试钻石和它的仿制品。X 射线比紫外光更具危险性，所以 X 射线只能由熟练人员在实验室条件下使用。

直接 X 射线照相的原理是不同材料有不同的 X 射线可透性。这有助于比较钻石和它的仿制品：钻石是 X 射线可透过的，而大多数仿制品是 X 射线不可透的。X 射线还有助于检测钻石中的玻璃质的裂隙充填，这是因为，充填物会在 X 射线照片上有显示，而它周围的钻石则不会。

X 射线还有用于回收钻石。钻石在 X 射线下发荧光，这一性质被用来把钻石和其他矿物及废料分离开。

X 射线的其他方法，如 X 射线荧光光谱分析（XRF）和能散 X 射线荧光光谱分析（EDXRF），也用于钻石的研究，有时还在文章中引用。

背景资料：

X 射线荧光光谱分析 (XRF)

X射线也用于X射线荧光光谱分析（XRF）和电子探针分析。当原子序数高于一定数字的化学元素受到高能轰击时，将会在 X 射线谱上产生特征的荧光能量峰，从而能用于宝石材料的化学分析。

在X射线荧光光谱分析中，用高能X射线束轰击样品，其组成化学元素发射出较低能量X射线谱，每个 X 射线荧光峰都代表了具特定原子序数的化学元素。峰的强度能说明元素的相对浓度。

能散 X 射线荧光光谱分析 (EDXRF)

能散 X 射线荧光光谱分析（EDXRF）完成的是全光谱而不是单个峰或度量的分析。能散 X 射线荧光光谱分析对在实验室中研究合成钻石特别有用。

◆ 无色钻石

类型	Ia 型天然钻石	IIa 型天然钻石	IIa 型 HPHT 处理钻石	IIa 型合成钻石
晶体	天然钻石的常见习性包括立方体、八面体、十二面体和三角薄片双晶	不均匀形状	不均匀形状	合成钻石主要以立方体和八面体的聚形生长,形成截切立方体或截切八面体
包裹体	羽状体和晶体(天然钻石中常见的矿物包裹体超过 20 种，包括石榴石、橄榄石、透辉石和金刚石等)	羽状体和晶体(天然钻石中常见的矿物包裹体超过 20 种，包括石榴石、橄榄石、透辉石和金刚石等)	稍显雾状外观,带褐或灰色调 表面和断口上的凹坑和烧痕 环绕包裹体的张性裂缝 沿断口表面的石墨	金属溶剂和尘粒或“面包渣状”包裹体
UV	发荧光的钻石通常在 LW UV 下显蓝或紫色，有时为绿或黄色荧光；在SW UV下的荧光色较 LW 下弱	发荧光的钻石通常在 LW UV 下显蓝或紫色，有时为绿或黄色荧光；在SW UV下的荧光色较 LW 下弱	发荧光的钻石通常在 LW UV 下显蓝或紫色，有时为绿或黄色荧光；在SW UV下的荧光色较 LW 下弱	SW 下通常为惰性到中等黄、绿蓝或橙色；LW 下惰性
阴极发光	八面体和不均匀雾状样式	八面体和不均匀雾状样式	八面体和不均匀雾状样式	明显的立方-八面体样式
光谱	415 nm 处明显吸收线	可见光区无明显吸收	可见光区无明显吸收	可见光区无明显吸收
说明	天然钻石中很常见	自然界中很少见	需要靠先进的光致发光光谱分析来鉴别和确认	可能会被强磁铁吸引

第八章　钻石的测试

◆ 黄色钻石

类型	Ia 型天然钻石	Ib 型黄到黄褐色合成钻石	Ia 型辐照和热处理的钻石	Ia 型 HPHT 处理的黄到黄绿色钻石
晶体	天然钻石的常见习性，包括立方体、八面体、十二面体和三角薄片双晶	截切立方体或截切八面体	大多数以这种方法处理的钻石是已切磨的	见 Ia 型天然钻石
包裹体	羽状体和晶体	金属溶剂和尘粒或“面包渣状”包裹体，“砂漏状”或“马耳他十字”色带	见 Ia 型天然钻石	黄—褐色纹理 表面和裂缝处的凹坑和烧痕 环绕包裹体的张性裂缝 沿裂缝表面的石墨
UV	发荧光的钻石通常在 LW UV 下显蓝或紫色，有时为绿或黄色荧光；在 SW UV 下的荧光色较 LW 下弱	SW下为惰性到中等黄、绿蓝或橙色；LW 下惰性		在 SW 和 LW UV 下强垩状绿—黄色荧光
阴极发光	八面体和不均匀雾状样式	明显的立方-八面体样式	八面体和不均匀雾状样式	八面体和不均匀雾状样式
光谱	415 nm 处明显吸收线	蓝区强吸收 637nm 处有小峰 1 130 cm^{-1} 处有带 1 344 cm^{-1} 处有强线	496 nm、503 nm 和 595 nm 处有吸收线 如若加热超过 1 000°C，595 nm 线将被 1 936 cm^{-1} 和 2 024 cm^{-1} 线取代	需要靠先进的光致发光光谱分析来鉴别和确认
说明	天然钻石中很常见	可能会被强磁铁吸引		Ib 型合成钻石也能用 HPHT 方法处理见第七章

◆ 蓝色钻石

类型	IIb 型天然钻石	IIb 型合成钻石	辐照处理的
晶体	不均匀形状	截切立方体或截切八面体	大多数以这种方法处理的钻石是已切磨的
包裹体	羽状体和晶体	金属溶剂和尘粒或“面包渣状”包裹体，“砂漏状”或“马耳他十字”色带	见 IIb 型天然钻石
UV	SW 下可产生红色荧光 LW 下为惰性	SW 下为惰性到中等黄、绿蓝或橙色； LW 下呈惰性到弱橙色	
阴极发光	八面体和不均匀雾状样式	明显的立方－八面体样式	八面体和不均匀雾状样式
光谱	朝红区增大的吸收	朝红区增大的吸收	GR1 – 741 nm
导电性	半导体	半导体	绝缘体
说明	少见的 I 型含氢蓝色钻石不导电	可能会被强磁铁吸引	

◆ 黑色钻石

类型	天然钻石	热处理的钻石	辐照处理的钻石
包裹体	大量深色不透明包裹体，可能是多晶质的	石墨化的内部裂缝	可有裂缝和晶体包裹体
说明	这些钻石可能难于抛磨，产生不均匀的修饰	显微镜仍然是比较天然钻石和热处理钻石的最佳手段	这些钻石可有均匀的颜色和较好的抛光 在极强的光照下可显示很深的绿色体色

第八章　钻石的测试

◆ 绿色钻石

类型	天然钻石	辐照处理的钻石	IIb + Ib 型合成钻石
晶体	天然钻石的常见习性，包括立方体、八面体、十二面体和三角薄片双晶	大多数以这种方法处理的钻石是已切磨的	截切立方体或截切八面体
包裹体	羽状体和晶体	羽状体和晶体	金属溶剂和尘粒或“面包渣状”包裹体，“砂漏状”或“马耳他十字”色带
阴极发光	八面体和不均匀雾状样式	八面体和不均匀雾状样式	明显的立方－八面体样式
光谱	GR1 － 741 nm	GR1 － 741 nm	蓝区的吸收和朝红区增大的吸收
说明	这些钻石即使用先进的实验室仪器测试也难于区分		可能会被强磁铁吸引

◆ 粉红色钻石

类型	Ia 型或 IIa 型天然钻石	Ib 型合成钻石 辐照和热处理的钻石
晶体	天然钻石的常见习性，包括立方体、八面体、十二面体和三角薄片双晶	截切立方体或截切八面体
包裹体	羽状体和晶体	金属溶剂和尘粒或“面包渣状”包裹体，“砂漏状”或“马耳他十字”色带
阴极发光	八面体和不均匀雾状样式	明显的立方－八面体样式
光谱	最大值在 560 nm 的宽带以及朝较短波长不断增大的吸收 Ia 型钻石可显示 503 nm、494 nm 和 415nm 的线	637 nm 吸收线和 595 nm 较弱的线

第八章课程强化题

1. 说出宝石检测实验室中使用的两种光谱仪。
2. FTIR 是指什么？
3. 钻石在 X 射线下发荧光。　对 / 错
4. PL 是指什么？
5. 说出可以度量光致发光光谱的一种途径。
6. CL 是指什么？
7. DTC 的 2 种仪器叫什么？
8. 哪条光谱线对天然钻石是特征的？
9. 哪些晶形是合成钻石中常见的？
10. 无色 IIa 型钻石有什么样的吸收？
11. 什么类型的钻石是电导体？
12. 这一性质有助于区分天然和合成钻石吗？
13. 这一性质有助于区分天然和大多数处理的钻石吗？
14. 说出钻石能通过处理产生黑色的两个途径。

第八章　钻石的测试

第八章家庭作业题

1. 一包内有下列 3 颗明亮琢型的钻石：
   (a) 强开普黄色钻石；
   (b) 不含包裹体的黄色合成钻石；
   (c) 处理后呈黄色的钻石。
   在未经训练者的眼中这3颗钻石非常相似。说明你希望用哪些测试把它们分开。（20分）

2. (a) 描述宝石级合成钻石是怎样生长的。（6 分）

   (b) 天然钻石中最常见的包裹体是什么？
   合成钻石中最常见的包裹体是什么？（4 分）

   (c) 你面前是一颗 2 克拉的亮黄绿色 Ia 型钻石。你怀疑这颗钻石是经过处理的。什么处理能产生这种颜色？（6 分）

   (d) 你面前是一颗 2 克拉的无色 IIa 型钻石。你怀疑这颗钻石是经过处理的。什么处理能产生无色 IIa 型钻石？（4 分）

第九章　开采和回收

目　录

第九章　开采和回收

◆ 开采的准备

发现一个矿床并不总是会导致建设一座矿山。要进行详细勘察和可行性研究来确定开采矿床以回收钻石从经济上是否合算（见第二章有关勘察部分）。从地理和政治角度是否可行将影响决策。当地的气候如极地、热带沙漠或大西洋多风暴海岸带的影响也必须考虑在内。还必须确定上覆物的厚度和组成，以计算对经济效益的影响。

如果可行性研究结果是正面的，下一步就是建设矿山和处理厂。这一过程要几年时间并分为几个阶段。譬如，在现场，要清除地面的丛林、灌木以及会妨碍开矿的任何东西。与此同时，办公部门要疏通有关管理部门，筹措开发、建设经费和进行所有计划项目的详细设计。还必须计划道路、排水以及电和水的供应等基础设施。

这时可开始建矿了。对于露天开采，要剥离上覆物。对于地下开采，要建设竖井。要建设处理厂和其他工程：要租用住房、学校和医疗设施；要招工。这时就可开始提取钻石了。

◆ 品位、产量和价值

矿床的品位是指给定数量矿石中所含钻石的重量，如每百吨矿石的钻石克拉数。不同矿山的品位有显著不同，同一矿山不同部分的品位也变化很大。仅以南非的两个矿山做一比较，芬什（Finsch）矿有时曾达到每百吨 95 克拉，而亚格斯丰坦（Jagersfontein）矿每百吨仅 3 ~4 克拉。

继基建投资和上覆物剥离费用这些主要的初期投资之后，生产矿山能否赢利不仅取决于品位，还与钻石年总产量和钻石的平均克拉价有关。

譬如，澳大利亚的阿盖尔矿曾是世界上产量最高的钻石矿，其产量远高于博茨瓦纳的杰旺年（Jwaneng）矿，但杰旺年钻石的平均克拉价远高于阿盖尔钻石。一定不要混淆数量和价值这两个方面。每年有少量特别大的和瑰丽的钻石能使像莱索托的莱森拉特莱（Letseng - La - Terrae）这样的低品位、低产量的小矿山保持赢利。

矿山类型也很重要。这是因为，不同类型的矿床，如原生矿床、冲积矿床和海底矿床，要采用不同的采矿方法。这些不同的采矿方法影响采矿费用。

◆ 原生矿床的开采

关于原生矿床的形成已在第二章中说明。原生矿床用露天矿开采或地下开采。大多数原生矿床都是从露天采矿开始的，这是因为露天采矿初期所需的基建投资较低。绝大多数的岩筒开采是在金伯利岩中。钾镁煌斑岩型矿床的主要矿山只有两处，即澳大利亚的阿盖尔矿和俄罗斯的成功矿。

♦ 露天开采

露天开采的技术方法比较简单。首先从岩筒顶部剥离上覆物，而后通过向下在基岩中开挖梯段来挖掘矿石。

不同矿山，其上覆物的组成不同(图9-1)。以南非的芬什矿为例，其上覆物为5m厚的泥铁矿。采矿开始前需先将上覆物剥离。

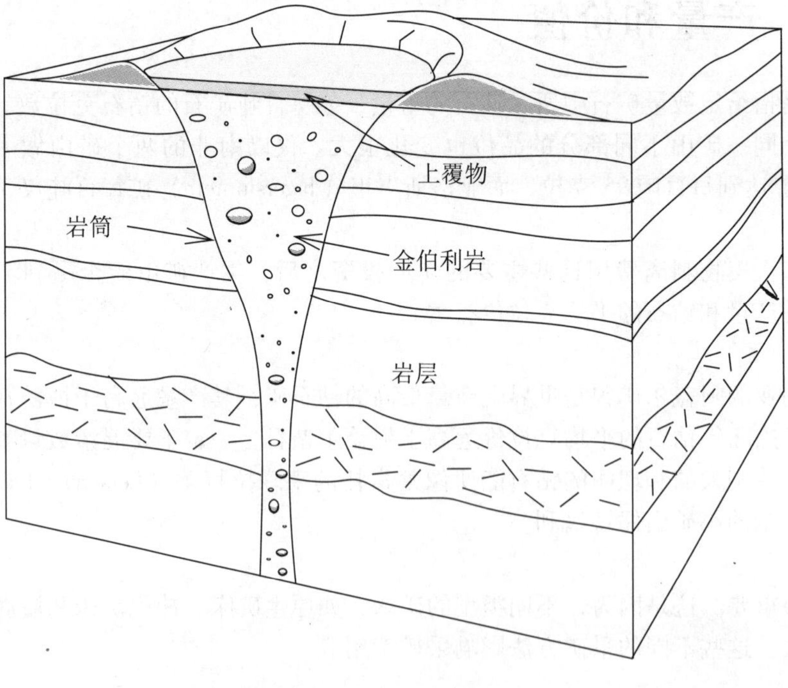

图 9-1　含钻石岩筒及其上覆物

第九章　开采和回收

靠开挖梯段从岩筒中挖出矿石。梯段做成台阶状以减少因矿坑加深而出现滑坡和不稳定性的危险（图9－2）。每个台阶呈螺旋状向下，以便地面运输工具能抵达每期开挖的最低台阶。

当岩石变得太硬以至重型挖掘机已无法将它们移开时，改用低冲击力爆破。沿梯段边缘和矿坑底钻出爆破孔。爆破作业通常是在每天的固定时间，坑内和周围的人群必须疏散。爆破产生的大石块用风镐破碎，而后用装矿石的卡车拉往处理厂。

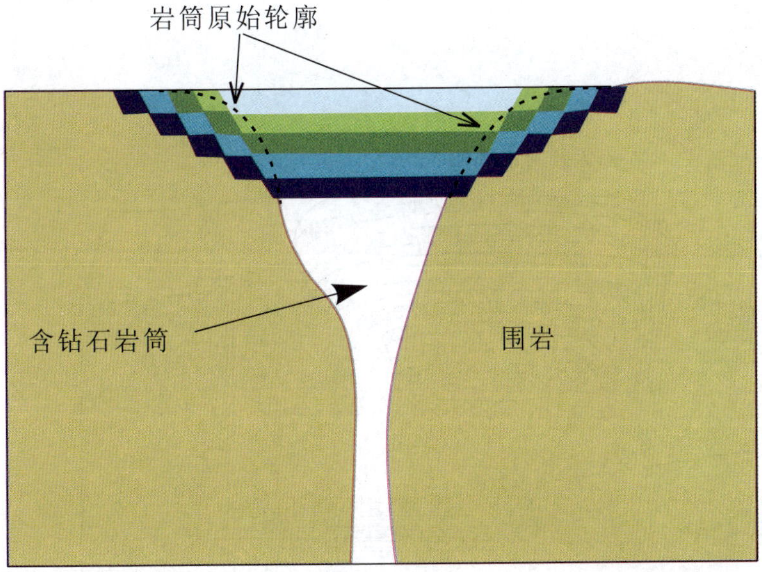

图9－2　含钻石岩铜的梯段式开采

随矿坑的不断加深，需要剥离的围岩越来越多，剥离围岩所需费用不断加大。故尽管地下开采是昂贵的，但在一定深度后它比地面开采从经济上变得合算。在许多矿坑，这个深度是在300m左右。

◆ 地下开采

在稳定的围岩中布置竖井，而后打水平巷道到含钻石岩筒。采矿可达到地面以下900m的巨大深度。

采用了包括矿房法和矿块崩落法在内的几种不同的地下采矿方法。

背景资料：

矿房法

矿房法是一种较老的方法。挖掘若干个彼此之间的距离大致为14m的穿过岩筒的水平巷道（图 9-3）。巷道以规则间距从岩筒上部向深部做，使每组新平巷位于上部平巷巷壁的下方。一旦平巷做好，就爆破平巷的顶，使上部平巷的矿柱崩落。将崩落的材料运走，再重复这一过程。这种开采方法的劳动强度大，通风困难。因巷道必须要小，故妨碍了机械的广泛使用。

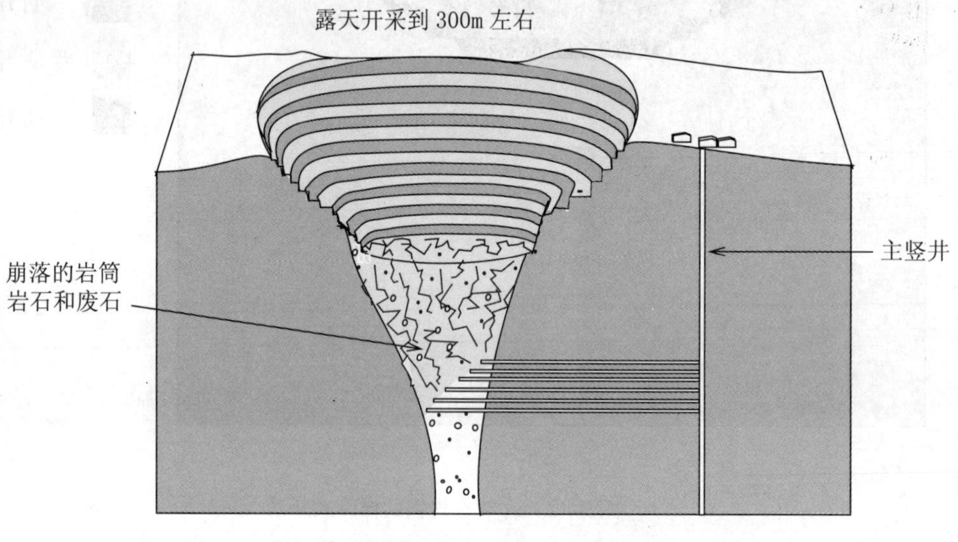

图 9-3　矿房法

这种方法已被更为现代的矿块崩落法所取代。

矿块崩落法

矿块崩落法是在金伯利岩顶部的下方大致 120 ～ 180m 处挖掘称为耙矿平巷的水平巷道（图 9-4，图 9-5）。这些平巷用钢筋混凝土衬砌以增强其结构强度。在每个平巷的下方，矿石沿运输巷道搬运。

露天开采
（版权所有）DTC

露天开采——梯段
（版权所有）DTC

地下开采
（版权所有）DTC

露天开采——梯段
（版权所有）DTC

冲积矿开采——从河中淘洗钻石
（版权所有）DTC

地下开采——耙矿平巷
（版权所有）DTC

海岸带开采——用推土机和铲运机清除上覆物
（版权所有）DTC

海岸带开采——出露的基岩和堆起的沙墙
（版权所有）DTC

海岸带开采——矿工手工清理基岩
（版权所有）DTC

海岸带开采——挖掘机和处理厂
（版权所有）DTC

海底采矿（左图）
（版权所有）DTC

破碎含钻矿石的冲洗和过筛（右图）
（版权所有）DTC

油脂平台（左图）
（版权所有）DTC

旋转淘洗盘（右图）
（版权所有）DTC

第九章　开采和回收

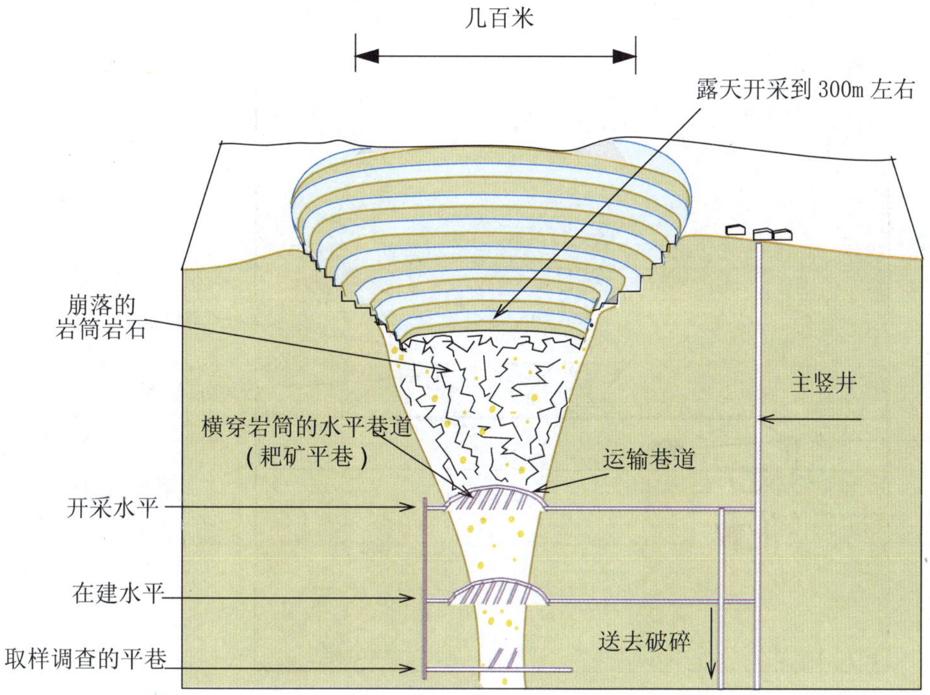

图 9-4　钻石的地下开采

在每个漏斗的上方掏出约 2m 的掏槽。处在这个无支撑洞顶上方的金伯利岩因受压而破碎。破碎的矿石落入漏斗。偶尔需要使用爆破以使漏斗不堵塞或弄松某些岩石。从整体上讲，这个方法的劳动强度远低于其他方法。

当矿石通过漏斗下落后，它被索斗铲或耙斗拖出平巷并落入矿车。矿车把矿石运送到建在围岩中的竖井。竖井的底部有破碎机。破碎后的矿石被提升到地表并运到处理厂。

当平硐上方的岩石有 70% 左右被搬掉后，整个过程在下一个水平重新开始。当上一个水平的开采将完成时，下一个水平已准备就绪，而再下一个水平则正在取样调查，以确定其经济效益。

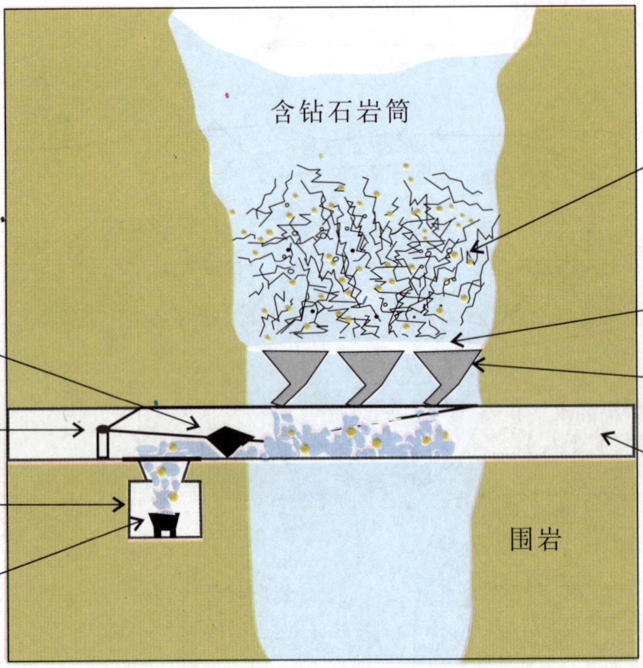

图9－5　矿块崩落法

分段崩落法

朝含钻石岩筒的根部方向，直径变小，用矿块崩落法在经济上已不合算。在南非的某些矿山，目前已采用**分段崩落法**来取代它。这个方法是矿块崩落法和矿房法的结合。

◆ 次生矿床的开采

次生钻石矿床是被地球表面的天然过程从原生钻石矿床分离出的钻石的富集。在本教程第二章中，对于次生矿床，特别是**冲积矿床**的形成已有说明。

由粉砂、砂和砾石组成的冲积层，有时简称为砾石层，是经风和水的搬运后堆积的。它们可能含也可能不含钻石等有经济价值的矿物。次生钻石矿床可出现在紧靠母岩处，也可距母岩有不同距离，直至数百上千公里远（图9-6）。它们以古代或现代河床、海滩或海

第九章　开采和回收

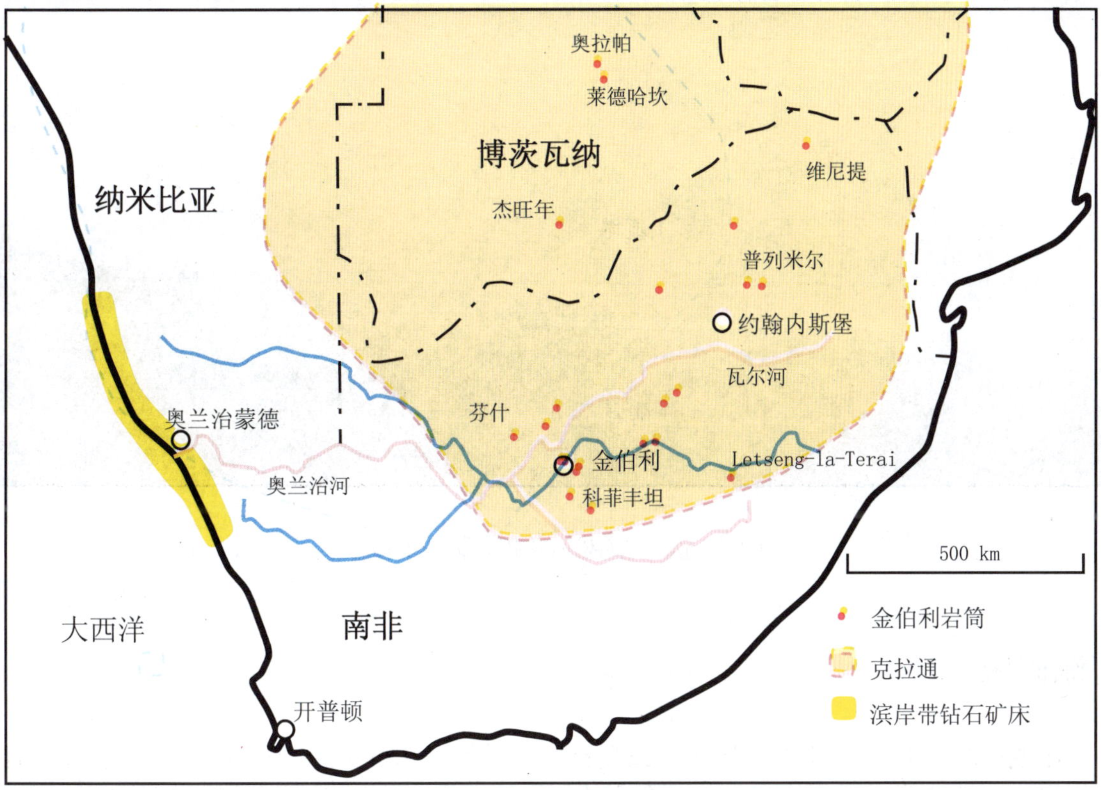

图 9-6　南部非洲原生和次生钻石产地分布图

底矿床出现。

在开采的次生矿床中，品位，即钻石相对于废石的比例可能比开采的原生矿低得多。然而，次生矿床中可富集单颗平均价值高于大多数原生矿床的钻石。这是水流分选的结果。低质量的钻石大都被河流和海水的天然和有效的磨蚀作用所破坏。

上覆物是指覆盖在含钻石次生矿床之上的诸如砾石等的任何沉积物。上覆物必须剥离掉以开采下伏的钻石。矿床上覆物越厚，所需的剥离费用就越高。矿床下方的无矿岩石叫**基岩**（图 9-7）。

次生矿床的开采方法多种多样，从大矿业公司大量应用的先进技术直到个体挖掘者使用的原始的淘洗盆和筛子。

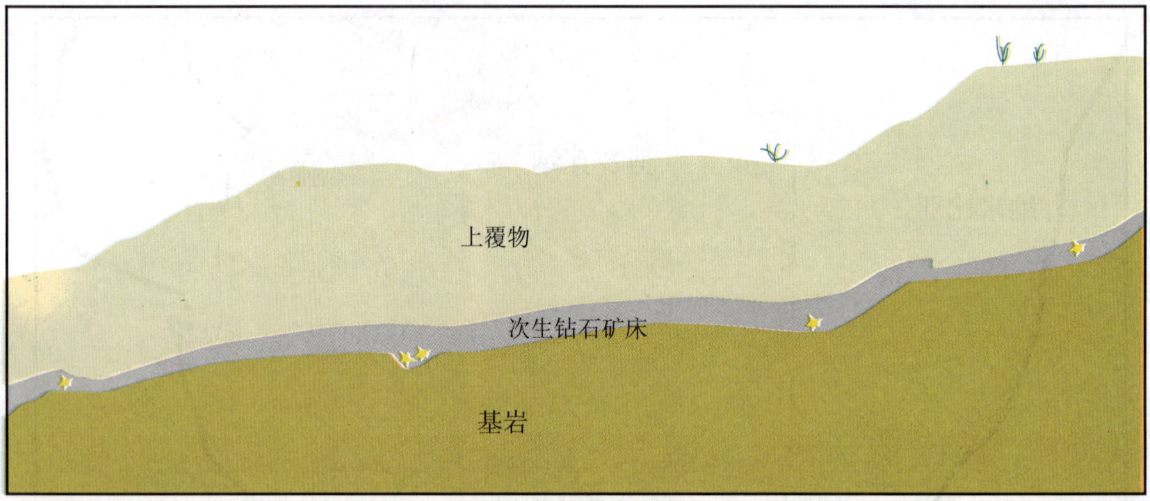

图 9-7　次生钻石矿床及其上覆物和基岩

河流矿床

在地质时期中，河流不断演化并改变自己的河道。钻石矿床既可出现于古代河流的位置，也可与现今的河流相伴生。分布在古代河床中的钻石矿床作为“干”矿床开采。由于在漫长时期内古代河流不断改变河道，故矿床是由广布于泛滥平原的冲积物组成。这种类型的矿床大都被随后的沉积物所掩埋。作为“湿”或“干”矿床开采的现代河流（现今仍在活动的河流）矿床，是由迄今仍由河流在其泛滥平原上堆积的冲积物组成。

滨岸带和滨外带矿床

沿纳米比亚岸线的滨岸带矿床是世界上最富饶的钻石产区，其品位虽远不及原生矿床，但这些海岸带钻石中有 95% 左右是高质量的宝石级钻石，使采掘钻石在经济上很合算。

像河流一样，海岸线是地质上的过渡现象。海岸线随海和陆平面的相对变化而前进或后退。这样一来，除沿现今海岸线分布的矿床外，还有些矿床是沿近岸的或滨外的古代海岸阶地分布的。

第九章 开采和回收

♦ 河流矿床的开采

许多河流钻石矿床发现于现今的河流中，这些河流把钻石从其源区带到数百上千公里之外。钻石是用以下两种方法中的一种来开采：“湿”法挖掘和使河流改道后“干”采。

挖掘

使用各种不同类型的挖掘机从河中挖掘砂砾。最常用于从河床乃至海底提取钻石的挖掘机类型是吸扬式挖泥船。可把它想象成是安装在驳船上的大型真空吸尘器。用大口径的软管把砂砾吸上来。

为寻找钻石，必须仔细检查所有挖出物。因而，即使只是为从挖出物中去掉大部分废物而使砾石富集，也要在船上进行某种程度的回收。废物可从挖泥船抛弃到已挖掘过的地方，也可倾倒到挖泥船旁边的驳船上，而后卸到岸上或用于修筑河堤；或留在挖泥船上以后再倒掉。

使河流改道

为获得冲积成因的钻石而让河流改道，这种作法在非洲非常普遍。当河流有河曲时，技术上比较简单。从一个河弯处挖一条渠道到另一个河弯，然后在“牛轭”的两端筑起堤坝，将堤坝所拦住的河段抽干（图 9-8）。运来索斗铲和自卸车开始挖掘砂砾。

另一种办法是沿河流的中心线修一定距离的“墙”，横靠这个墙将河流的一侧堵住并抽干。在世界上一些别的地方是挖一条水渠，使河流有一段改道通过水渠，原来那段河道变干后即可开采。从改道的现代河床中“干”挖砂砾的方法与古代河床的挖掘没什么区别。

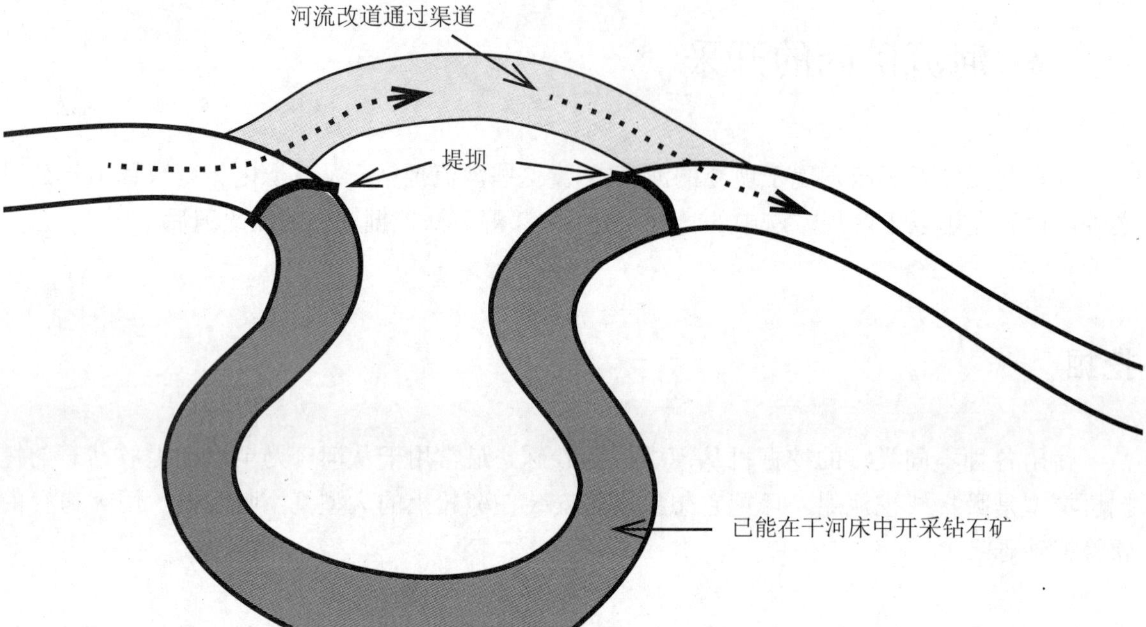

图 9-8　一个“短路的”河曲

、地方小规模开采

到目前为止我们所描述的都是有组织的采矿公司所使用的方法。这些公司在广泛的勘察和详细的可行性研究后使用了一天能开采许多吨矿石的重型机械。然而在许多地方从冲积矿床中采集钻石的工作是由个体采掘者两人或更多人合伙完成的。

地方挖掘有两类。一类是公开的，采矿者有钻石采矿权或持有许可证。另一类是非法采矿者挖掘，他们通常是在夜幕下在已有的挖掘点偷采钻石。这两类挖掘都是在已知的矿点乱采乱挖。开采方法和从砾石中提取钻石的方法都相当原始，许多钻石被不幸地漏掉了，大量的钻石被留在了地里。采掘者从未能从砾石中近 100% 地回收钻石。这些地点已没有了再开采的价值，特别对于采矿公司是如此。因为品位极度下降，开采矿床从经济上已不合算。

也有个别潜水员在河中寻找钻石。通常他们在河中竖起杆子，顺着杆子爬到河底。死亡率相当。极少数情况下，一些持证采掘者联合出资开采。他们修筑土坝并将所选择的部分河床的水抽干，用人工方法采掘砾石。这种方法只限于在水位较低的几个月内使用。

哪里有已知的冲积钻石矿，哪里就几乎不可避免地出现非法的钻石挖掘者。唯一的例外可能是纳米比亚沿岸带的矿山。那里矿区位置偏僻，上覆的厚层砂质覆盖物又难于挖掉，再加上严格的保安措施，使非法的钻石采集者无法得逞。

一旦非法挖掘者顺利地找到钻石，他们会一直向前挖去而不管遇到什么障碍物。房屋的墙基可能被掏空，道路也可能被挖得千疮百孔。非法开采区常布满小坑，雨季时灌满了水。废石到处乱堆，影响排水并导致污染和洪泛。采矿者侵入到**储备矿区**，即已由采矿公司查明的钻石矿床。被成百上千盗矿者掠夺开采的地区，在他们离开后已没有大规模开采的价值。

钻石也和开采的其他大多数矿物一样，是消耗性资源，采掘之后就不能再生。非法的钻石开采掠夺了国家的大量财富。货在黑市销售，销售者只得到价值的一小部分，不缴纳任何税金或进口税，政府不能从钻石得到任何回报。

非法钻石也会被用于购买武器或资助动乱。为此，在 2002 年决定实施金伯利程序（见第十二章）。

♦ 海岸带开采

海岸带钻石既赋存于现已露出海面并呈平行阶地分布的古代海滩，也赋存于现代海滩沉积物中。朝海方向，滨外矿床至少可采掘到 200m 水深处。

最富饶的海岸带矿床是沿纳米比亚大西洋海岸带和南非纳马夸兰的古海滩阶地。每年从这些矿床采收数百万克拉的优质宝石级钻石。

古海滩矿床开采

沿纳米比亚海岸带的开采过程中所搬运砂砾体量之大，使它们成为世界上大型运土工程之一。首先，厚达 30m 的上覆物被剥离，露出下面的钻石矿床。这项巨大的运土工程由巨型铲运机和推土机作业队来完成。这些机械把沉积物搬运到已开采过的地方。一个区域一经开采，就将相邻地段的上覆物废石填入其中，每个月的搬运量达数百万吨。

剥离上覆物后露出的每个阶地都一度是个海滩沉积层。它由细砂、卵石和小巨砾组成，可厚达 9m, 但平均厚度只是 1.5m。这些砾石被挖掘并用自卸车拉到处理厂加工。

在某些地区，海滩沉积物连同其所含的钻石被天然的碳酸钙所胶结。碳酸钙从溶液中沉淀到砂粒和卵石之间，形成了称为钙结物的坚硬的混凝土状的砾岩。为处理这些岩石，常需打钻和爆破。当砾石被搬掉后，基岩露出。基岩中有许多小冲沟、小洞穴、裂缝和微裂缝。这种情形和你在现代海滩裸露岩石中看到的相似。这些地方由一队队工人在工头监督下手拿小铲子和小刷子仔细地清扫。非常大的洞穴和冲沟则用水力挖掘机来清扫。由于钻石的比重大，它们会堆积在孔洞、裂缝和微裂缝中，故许多洞穴富集了钻石。

海滩和前滨带开采

除岸上阶地挖掘外,采矿作业也推进到海中。在这个区域所发现钻石的数量和价值使得对高水位标记之外 200m 和高潮位以下 20m 范围内的砾石进行挖掘和处理从经济上是合算的。从海滩上部剥离的上覆物被倒在海滩下部和碎浪带，逐渐把海滩堆到一个新的高度。越来越多的砂粒被推到碎浪带，筑起一座挡水墙或坝。坝的两端向陆地方向弯曲，在坝的后面形成一个半公里长的箱状地或“方形浅坑”。抽水泵保持方形浅坑始终是干的直至挖完。与此同时，开始沿海岸带构筑下一个方形浅坑，从而形成一个链。废弃的方形浅坑将逐渐被海水淹没。

♦ 海底开采

在奥兰治河以南沿着纳马夸兰海岸带从海底采集钻石。潜水员把安装在滨外带小船上的抽水软管或直接从建于海岸线上的泵站拉出的抽水软管引导到有裂缝和小洞处。这项作业成本很高，只有当潜水员遇到富含钻石的沉积时才能获利。

第九章　开采和回收

◆ 提取和回收

从矿石中提取钻石的过程与其他矿物的提取过程在许多方面是不同的。没有哪种矿物有那么大比例的废石。矿石的典型品位按重量是千万分之一，也就是说，为获得 1 克拉的钻石需开采 2 吨矿石。

此外，钻石的开采和提取在规模上比大多数其他宝石材料要大得多。这导致专用于钻石提取的特殊设备和过程。

钻石的提取分为 3 个主要阶段：

（1）**解离**：本过程始于采矿，直至最终粉碎阶段结束；

（2）**选矿**：本阶段是去除一些废石，为最终阶段提供更为浓集的混合料；

（3）**回收**：本阶段包括最终的选矿和随后的手选。

♦ 解离

当从含钻石岩筒挖掘钻石矿石时，解离是从采矿阶段就已开始，从岩筒内采出的岩石已碎裂到所要求的一定块度。碎裂的岩石被装车送去**初碎**。破碎机或是安放在井下，或是紧靠露天矿坑。两种最常用的破碎机是鄂式破碎机和圆锥式破碎机。

背景资料：

鄂式破碎机由两个肋板组成。肋板将装入破碎机的矿石破碎到较小的块度。

圆锥式破碎机(图9-9)有一个偏心地安装在锥形漏斗中的圆锥体。矿石装入漏斗并在下降过程中在转动的圆锥体和漏斗壁之间被破碎。破碎机将矿石的块度降到30～60mm左右。这时将材料过筛，大于规定尺寸的要进行二次破碎。

在有些矿山中，矿石含大量粘土。为了去除这些粘土，需让矿石通过洗涤机，也就是装配了喷水嘴的大型旋转鼓。

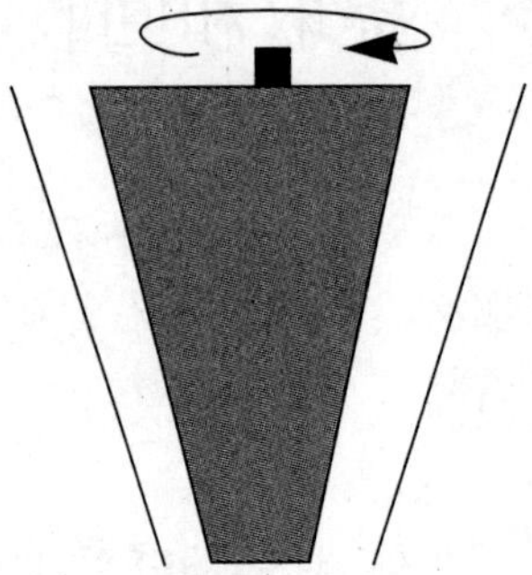

图9-9　圆锥式破碎机

冲积砂矿开采中的破碎

在冲积矿床中，钻石已经从其母岩中解离：它们是和砾质冲积物一道再沉积的。矿石需通过清洗机。它与上述的洗涤机相似，但带有硬的金属棒或球以破碎砂、砾和钻石的坚硬集合体。

♦ 选矿

钻石的比重是3.52，而含钻石矿石的整体比重平均为2.6。这一差别被用于选矿以去除大部分废料。

南非从早期开采钻石起所使用的重力或密度选矿法就是充分利用了这种比重差，采用的设备是旋转淘洗盘（图9-10）等。现今使用的是各种类型的重介质分离器，包括矿物摇床、静态圆锥体和水力旋流分离器。类似淘金所用的传统的“淘洗盘”也是利用了密度差。非洲一些小型冲积钻石矿开矿者依然在使用这种淘洗盘。

第九章　开采和回收

背景资料：

旋转淘洗盘

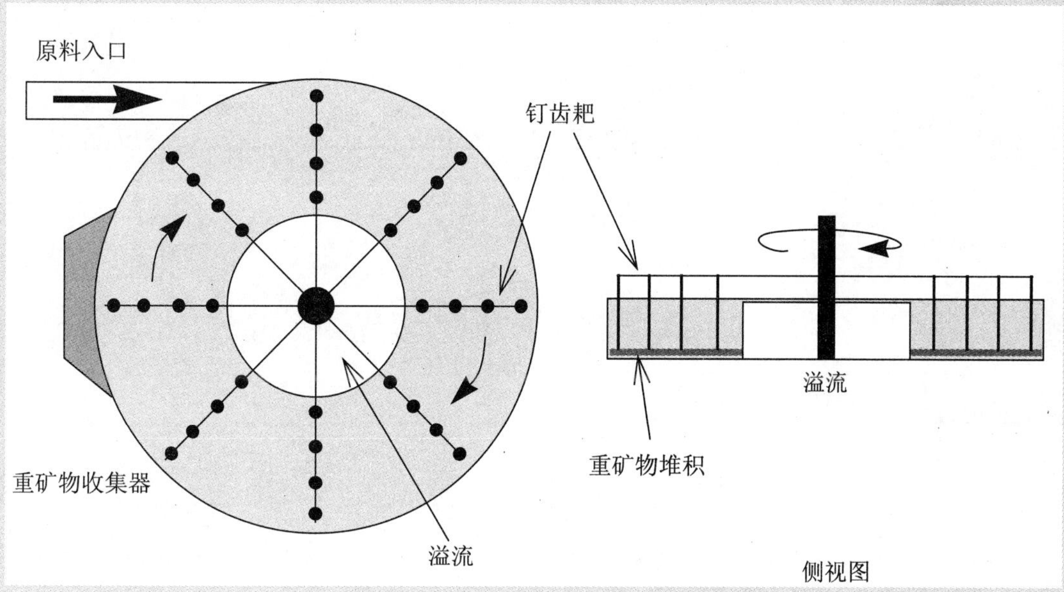

图 9-10　旋转淘洗盘简图

当金伯利岩与水相混时，它将破碎并形成泥浆状混合物，比重大致为 1.25。在圆形的旋转淘洗盘中，转动的钉齿耙使泥浆状混合物保持悬浮状态，包括钻石在内的较重矿物沉到底部。钉齿耙转动的齿把它们推到盘的外缘，与此同时，较轻的材料浮到表面后进入溢流圈并从这里排出。

矿物摇床

另一个较老的选矿方法是使用矿物摇床（图 9-11）。进料堆在筛子上。水脉冲式地快速上下运动，较轻的材料上浮，而较重的材料则沉到底部。

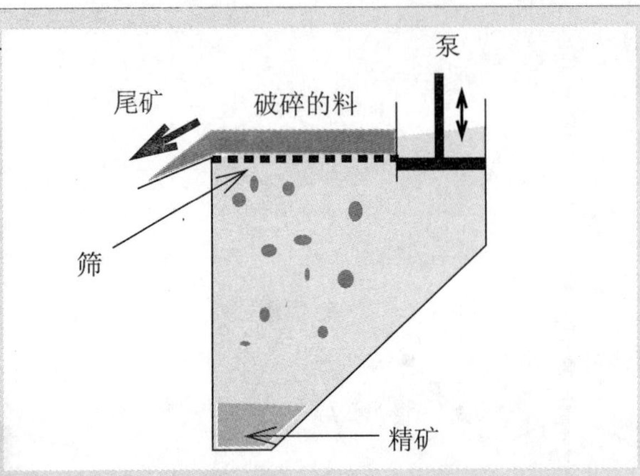

图 9-11　矿物摇床

静态圆锥体

一种更为现代的重矿物选矿方法是使用**静态圆锥体**（图 9-12)。在这种重介质分离器中，硅铁粉拌入水中所形成的悬浮液被用作高密度介质或“重液”，其大致 2.95 的比重低于钻石，但高于大多数废料。当经过破碎的矿石送进液体后，废料浮到表面并排出，而比重较大的材料则富集并从底部倒出。

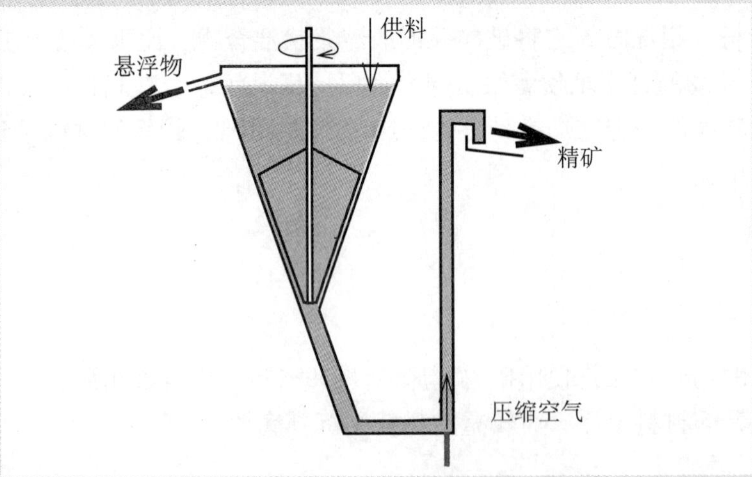

图 9-12　静态圆锥体

水力旋流分离器

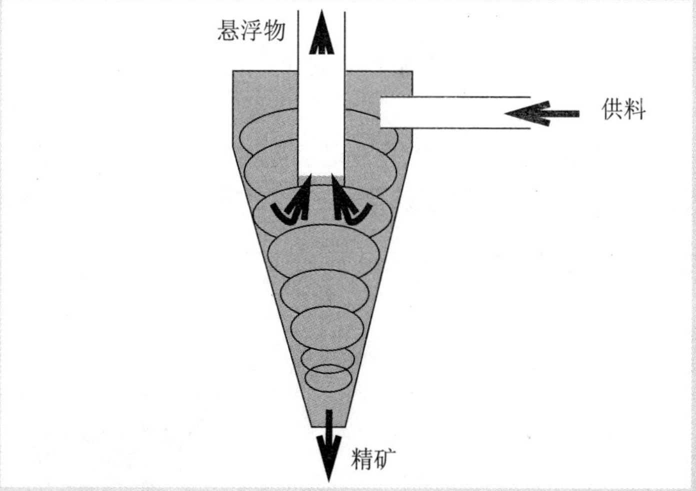

图 9-13　水力旋流分离器

也是利用硅铁悬浮液来分离较重和较轻的矿物。经破碎的矿石在高压下送入一个封闭的楔状锥体。进料的压力和速度引起涡流，所产生的离心力使较重的颗粒向外运动并沉到锥底，而较轻的材料则向中心运动并上升到顶部出口处（图 9-13）。

♦ 回收

这是指从经过提取后留下的矿石材料中最终分离出钻石原石的过程。富集的较重矿物在手选之前要经过最终分离阶段。使用以下一些方法：

油脂台和油脂传送带

这是一种最古老的钻石回收方法。它是由一位受顾于金伯利的人于 1896 年最先发现的。将油脂涂在倾斜的台面或传送带上。“重矿物”精矿和水一道倒在台面或传送带上。钻石将粘到油脂上，而精矿中的大多数矿物将被水冲走。之所以发生这种情况是因为钻石不具可湿性，但它对油和油脂有极大的亲合力（见第四章）。

当油脂层粘满钻石后，将油脂刮起并放入用细金属筛布制成的封口容器内。将容器放到热水池中。油脂熔化后漂走，留下的钻石精矿供手选。

X 射线分选机

如第四章中所述，钻石在 X 射线照射下发荧光。这个特性可用于回收钻石。

X 射线分选机由一个 X 射线源、一个用于记录 X 射线下任何荧光效应的光电倍增管和一个当检测到荧光反应时会运作的空气喷射器组成。空气喷射器将钻石偏移，从而与其他无荧光反应的矿物分开（图 9-14)。

背景资料：

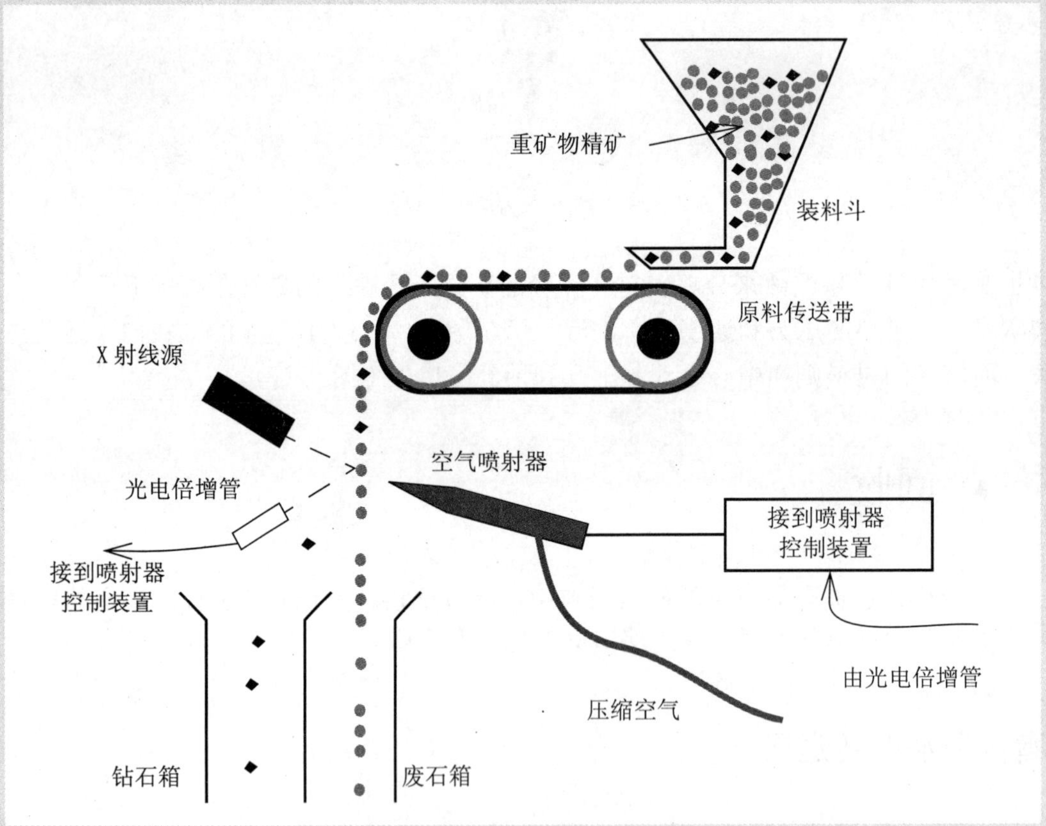

图 9-14　X 射线分选机

最终回收

尽管有许多自动化的尝试，但最终回收依然靠手工进行。

出于安全考虑，操作是在手套箱内进行。将一堆精矿平铺在分选者面前，钻石被挑出并放入槽中。整个过程中分选者与钻石无直接接触。

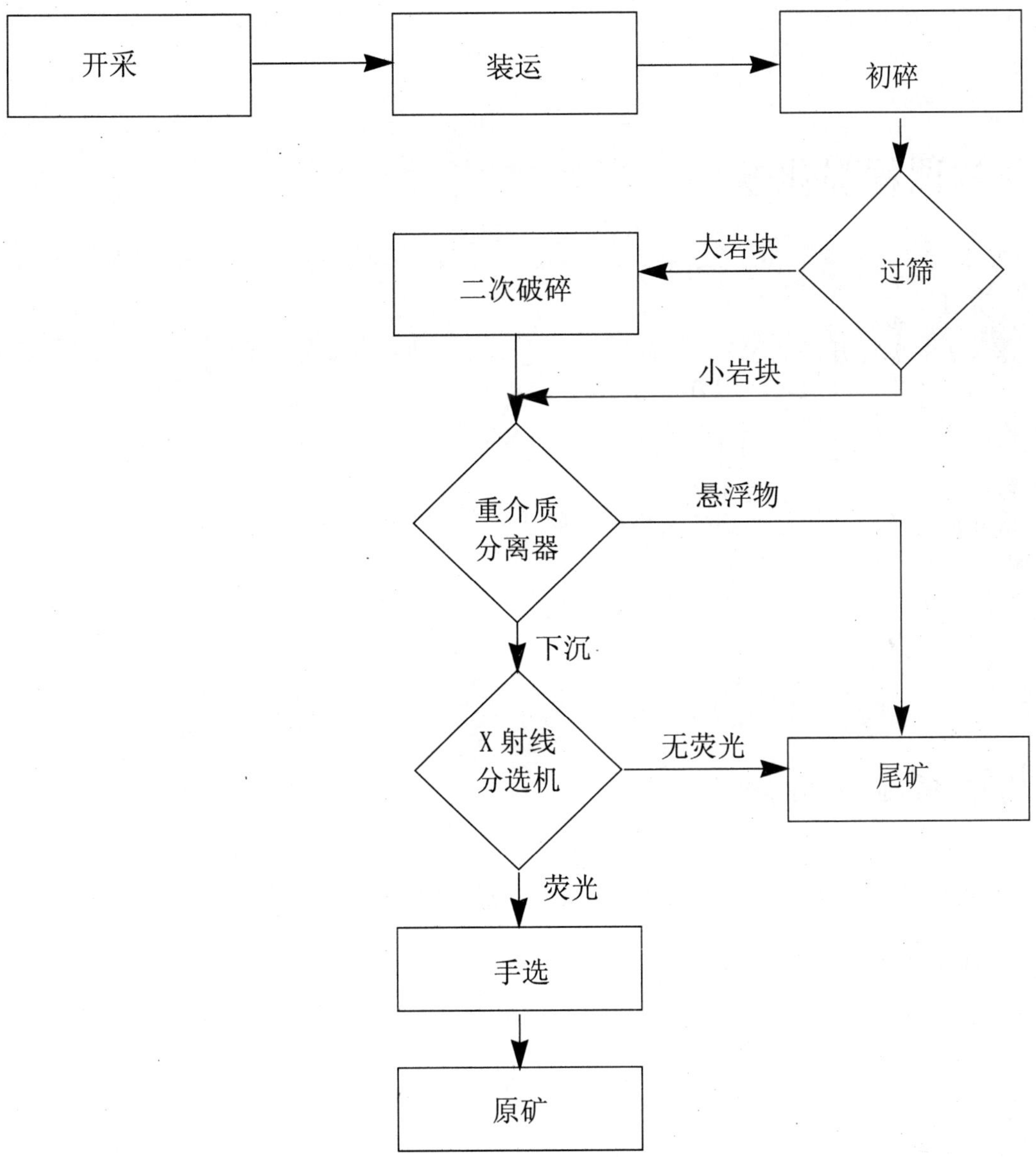

图 9-15　提取钻石流程简图

原矿

原矿是指矿山一天生产的钻石原石。这包括了矿山一天里采出的所有形状、大小和质量的钻石原石。

提取钻石流程如图 9-15 所示。

第九章课程强化题

1. 什么是上覆物？
2. 露天矿是怎样开采的？
3. 什么是地下开采最常用的方法？
4. 说出河流矿床的两种采矿方法。
5. 提取钻石时“解离”是指什么？
6. 解离后的下一个阶段是什么？
7. 重介质分离器中应用的是什么物理性质？
8. 油脂平台利用的是钻石的什么性质？
9. X 射线分选机利用的是钻石的什么性质？
10. 什么叫原矿？

第九章家庭作业题

1. 描述从发现含钻石岩筒到进入地下开采所经过的阶段。 （20 分）

2. 描述从包括海底矿床在内的冲积矿床开采钻石的方法。 （20 分）

3. 描述从现代钻石矿山提取和回收钻石的过程。 （20 分）

4. 解释下列术语的含义：

（a）品位； （5 分）
（b）矿房法； （5 分）
（c）矿物摇床； （5 分）
（d）油脂平台； （5 分）

第十章　钻石的加工

目　　录

第十章　钻石的加工

◆ 前言

加工 (manufacturing) 是描述把钻石原石变成成品抛光钻石的正确术语。

尽管加工的某些过程现在效率更高了，但用于加工钻石的基本工具和技术在过去几个世纪中并没有改变。

钻石加工有 4 个基本阶段：

(1) 设计和标记；
(2) 分割；
(3) 成型；
(4) 磨刻面和抛光。

要记住，在所有这些阶段，只有钻石能切磨钻石。

◆ 设计

从晶体原石开始，设计者检查钻石，考虑克拉重、形状、解理、颜色变化和净度等方面，标出从哪里锯开或劈开最合算。

原石的整体外观，其形状、颜色、包裹体和克拉重将使人们对最终成品率和质量有个概念。当你为给原石定价或为选购原石而对原石分级分类时，这个概念是很重要的。

形状的重要性

宝石级钻石原石的形状与其颜色、包裹体和克拉重一道，能帮助钻石切磨工确定切磨款式和从每个晶体切出的钻石数。

譬如，一个晶形完好并只含微细包裹体的八面体可切磨成两个圆形明亮琢型钻石（图10-1）。因为对于这种原石，这样切磨能有好的成品率并能有最佳的价格回报。在加工过程中重量损失超过原石原有重量 50% 的情况并不少见。

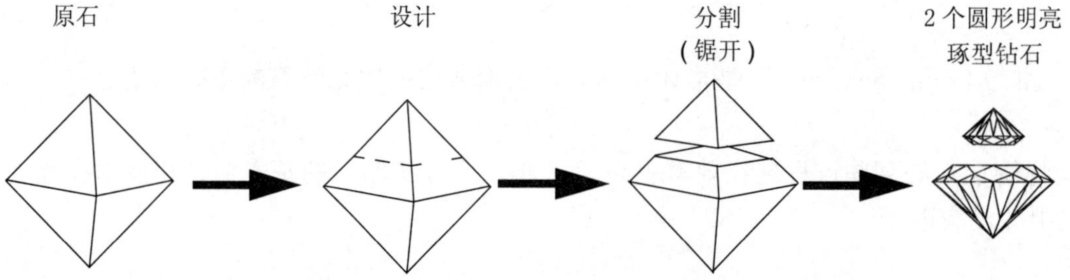

图 10-1　钻石加工过程

变形的八面体更适合切磨成花式（异形），譬如祖母绿琢型（图 10-2）。

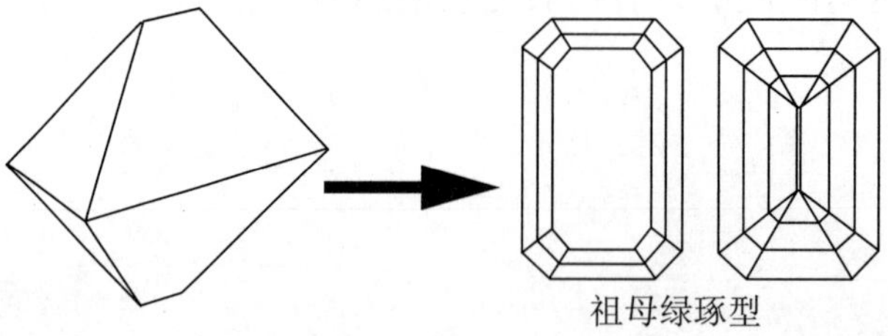

图 10-2　变形的八面体

非常扁的晶体，诸如三角薄片双晶或劈钻（破裂的钻石），只能切磨出一颗钻石。它们在制作前不需要先锯开，故称为可制形 (makeable)。

三角薄片双晶和其他成双晶的晶体通常因存在双晶面而更难切磨，需要熟练切磨工的技巧。

包裹体的重要性

如果钻石中有明显的包裹体，设计者必须决定在切磨时原石如何取向或如何分割它能有最佳的经济回报。譬如，若包裹体是位于中心，最好是沿包裹体所在的线将原石分割开。这样切磨的结果，尽管按重量算成品率较低，但将是两颗大小和净度相同的成品钻，而不是一颗较小的洁净钻和一颗较大的瑕疵钻（图 10-3）。

第十章　钻石的加工

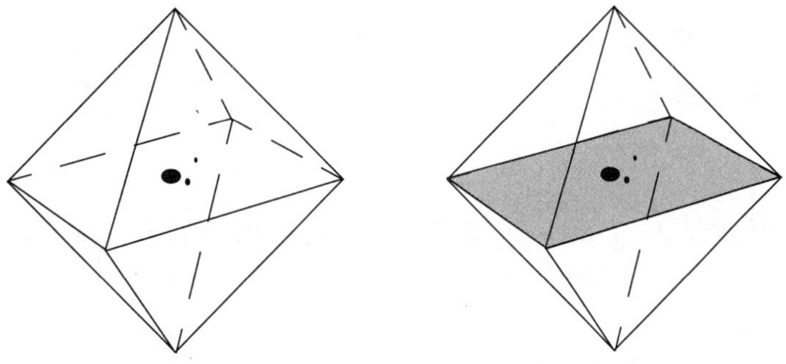

图 10-3　钻石中的包裹体

颜色的重要性

在选择切磨款式时还必须考虑颜色。譬如，有些晶体可呈绿色调但限于表皮，另一些可具通体的黄色调。设计者根据经验能估计出任一原石切磨后成品钻的颜色。不同的琢型可加强或减弱钻石的最终外观色。举例说，为强调原石的黄色调以期成品钻能成为彩钻，原石可切磨成公主琢型，而不是圆形明亮琢型。通过以这种途径强化颜色，可卖出更好的价钱。

开窗

在对如何标记作出明确决定之前，设计者可决定给原石开个窗户。这叫给钻石**开窗**，就是在原石相对的两侧各磨出一个小刻面。

只有已经买下钻石原石而且钻石内所有包裹体的位置看不清时才开窗。

窗不能太小，否则设计者将看不到全貌；窗也不能太大，否则会降低成品钻的可能尺寸。

划线

标记一颗钻石就是用墨水在原石上画一条线或用更耐久的标示来展示哪里要劈开或锯开，或在某些情况下哪里要抛光。所以设计者还必须考虑钻石的纹理（见第三章以及本章后文）。

设计过程可借助计算机来完成。计算机能在原石图像上显示出成品钻以及预期减少的克拉重。

◆ 分割

许多钻石原石在进一步加工前需先分割成两个或更多个部分。只标记要抛光的钻石称为可制形，这些钻石不需分割。

钻石可用下列几种方法分割：

(1) 劈开：现今用得不多；
(2) 锯开：主要的分割方法；
(3) 激光切割：这个方法已用得越来越多。

♦ 劈开

让我们来回忆一下解理是什么：

> **解理**
> **是某些晶质能沿着清晰的晶体结构面方向裂开**
> **并留下或多或少的平坦裂面的能力。**

尽管在钻石中所有的键都具同等强度，但平行于某些清晰的晶体结构面是相对薄弱的。这你可从你的钻石结构模型和图 10-4 中看出。钻石中的解理面是八面体方向的，平行于钻石晶体的八面体面。沿这 4 组八面体面或“方向”中的任一组发生的解理都是完全**八面体解理**。

第十章　钻石的加工

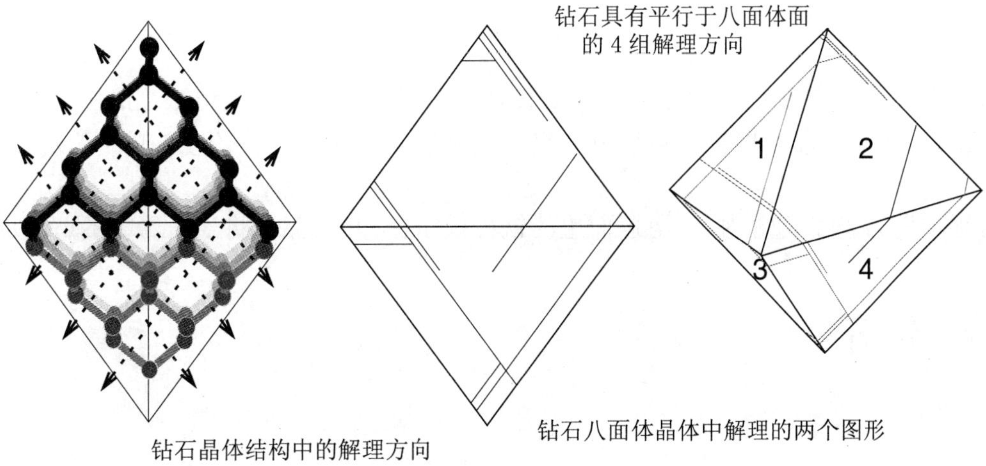

图 10-4　钻石中的解理

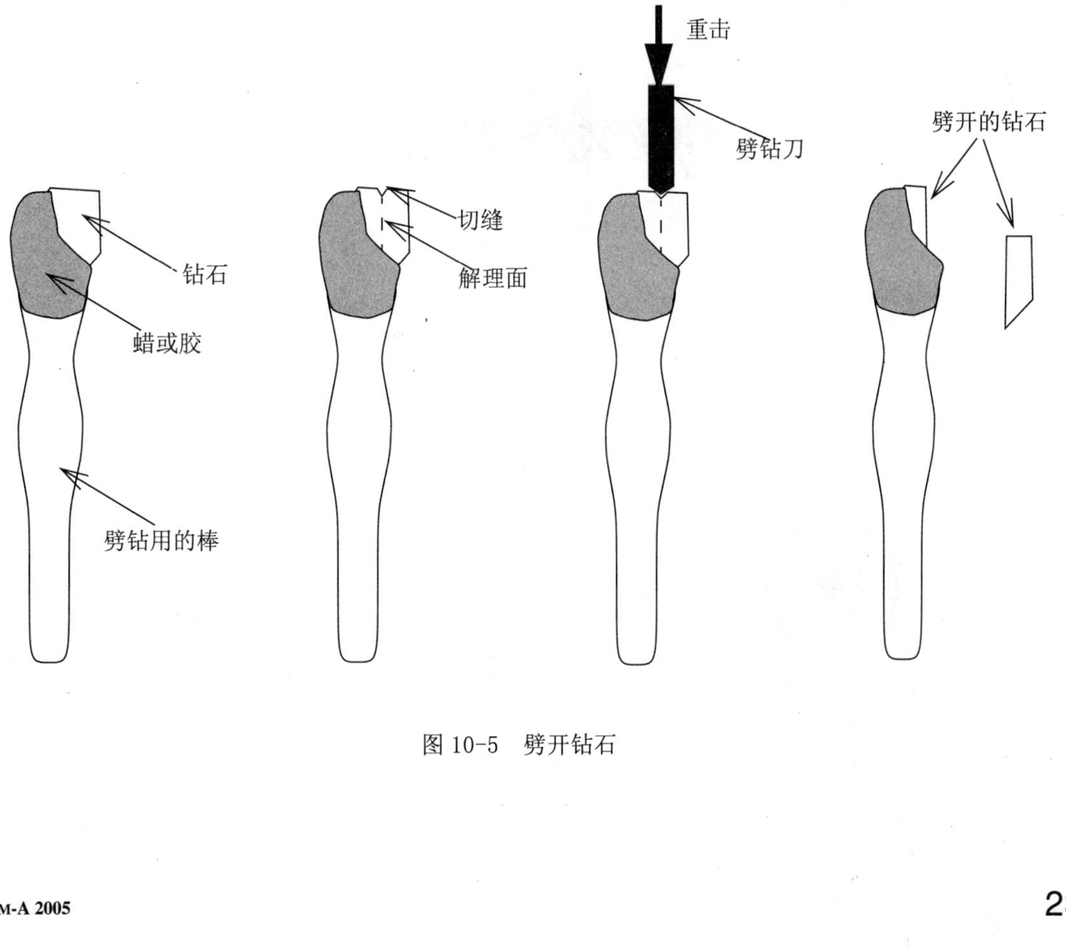

图 10-5　劈开钻石

为劈开钻石，先把钻石粘到一根长约 20 ～ 22cm 的木棒上。木棒的一端渐细，为的是插入当劈钻时能支撑木棒的劈工用作业箱中。作业箱收集劈钻时落下的粉屑。这些下脚料可用作磨料。

为劈开钻石，要在设计者已标记的钻石晶面上用另一颗钻石或用激光磨出一个小的槽口（切缝）。激光是制备劈钻所需切缝的极有效办法，切缝较窄、较浅，也更为精确。

将钢质劈刀置于切缝内，用短而重的铁棒敲击劈刀，晶体将沿所希望的解理面裂开（图 10-5）。

◆ 锯开

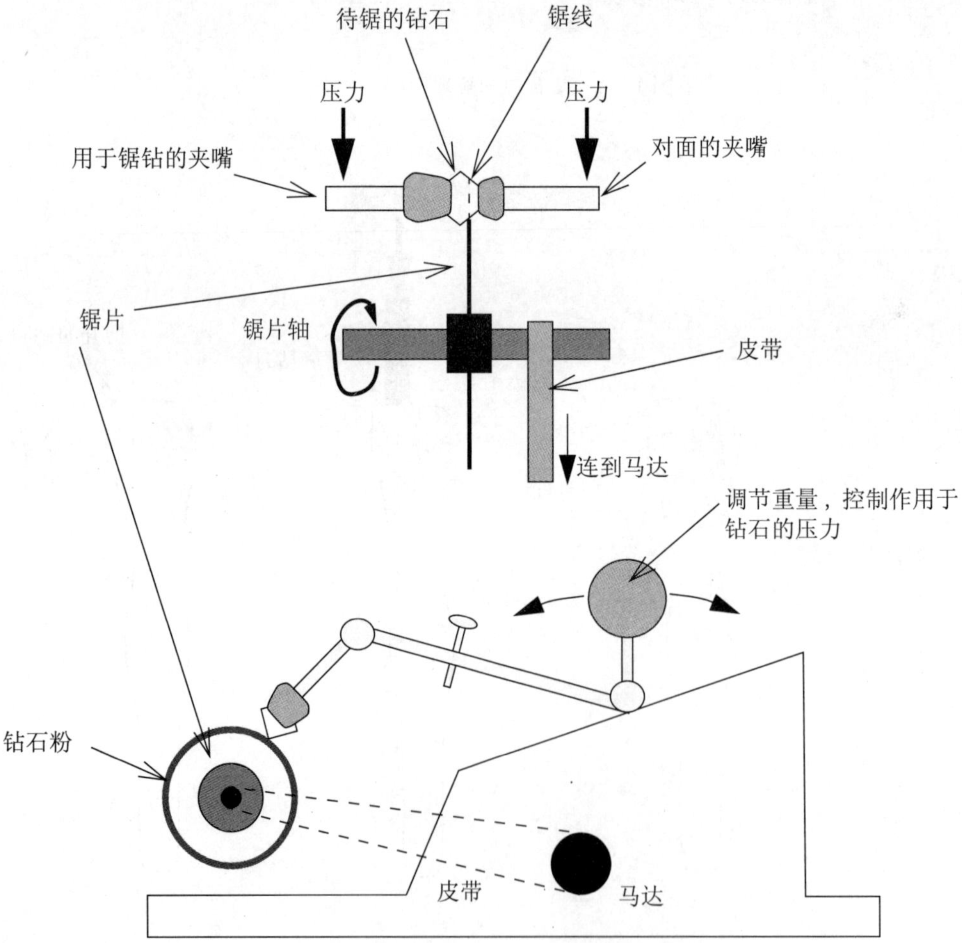

图 10-6　锯钻石原石

给钻石划线
（版权所有）DTC

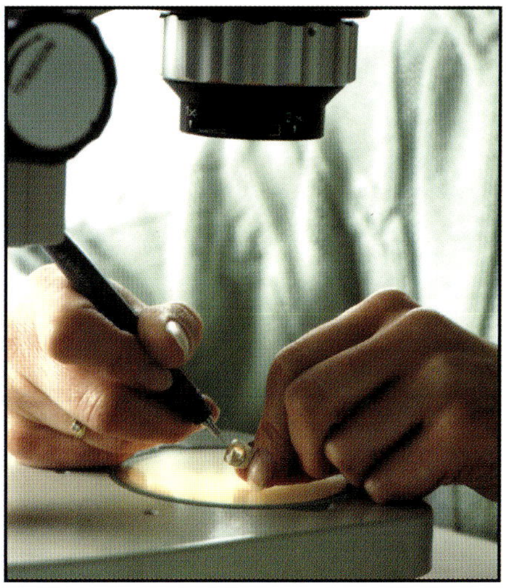

给钻石划线
（版权所有）DTC

劈钻石
（版权所有）DTC

锯钻石
（版权所有）DTC

切磨厂——锯机
（版权所有）DTC

摆好了的准备用激光锯开的钻石
（版权所有）DTC

锯开的钻石
（版权所有）DTC

给钻石划线
（版权所有）DTC

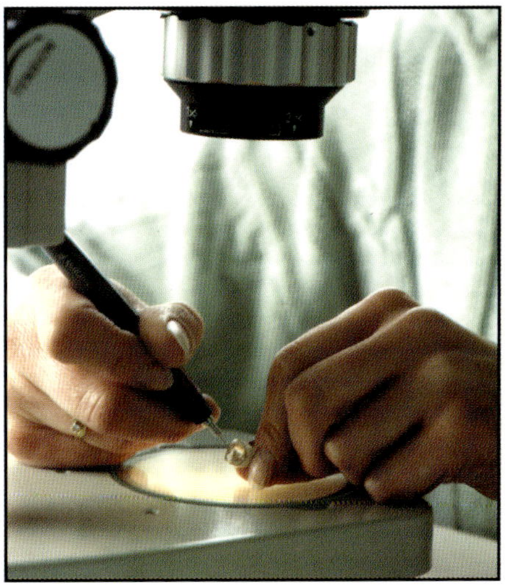

给钻石划线
（版权所有）DTC

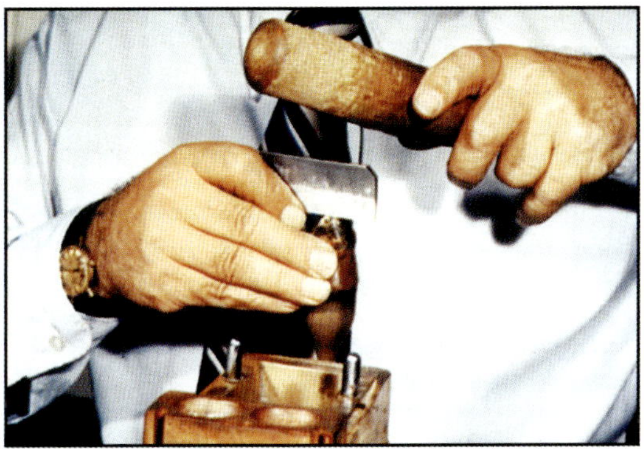

劈钻石
（版权所有）DTC

锯钻石
（版权所有）DTC

切磨厂——锯机
（版权所有）DTC

摆好了的准备用激光锯开的钻石
（版权所有）DTC

锯开的钻石
（版权所有）DTC

传统的粗磨机
（版权所有）DTC

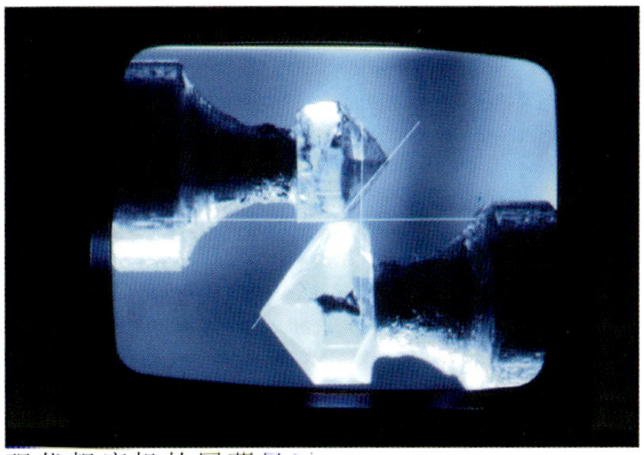

现代粗磨机的屏幕显示
（版权所有）DTC

备用的磨盘
（版权所有）D Garrod

磨盘、柄脚和夹嘴
（版权所有）DTC

切磨厂
（版权所有）D Garrod

自动抛磨机
（版权所有）DTC

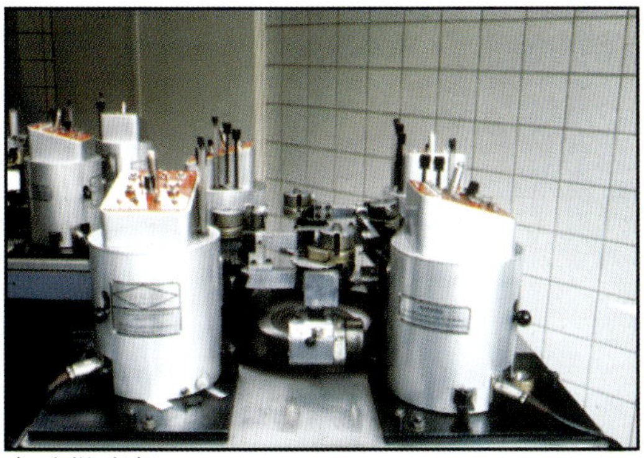

自动抛磨机
（版权所有）DTC

钻石晶体和圆形明亮琢型钻石
（版权所有）DTC

第十章　钻石的加工

用于锯钻石的圆锯片是用磷青铜制做的，厚0．04～0．15mm，直径在6～11cm之间。钻石的重量越大，用的锯片越厚。锯片连接到马达上，马达使锯片的转速达到每分钟8 000～10 000转（图10－6）。

钻石被粘到磨杆上，磨杆插入锯机，其对面放了另一个磨杆。锯片的轴是固定的，但夹持磨杆的臂是可移动和可调节的。锯片涂上钻石粉，而且在锯一颗钻石期间就要重复涂几次。用一个球形衡重体调节钻石施于锯片的压力。

切割的进度要经常检查。每个操作员可在同一时间照看多达30台锯机。锯1克拉钻石需几个小时到一天。

用锯片分割钻石也有不足之处。在锯的过程中钻石重量的约3%会损失掉，而劈开钻石时的重量损失极少或无损失。此外，锯钻是方向性的（见下文），还需使用钻砂作为磨料。

锯钻纹理（锯钻方向）

钻石因其内部晶体结构而具差异硬度方向（见第四章）。钻石并不是在任何方向都可以锯的。锯钻纹理与解理方向同等重要。譬如，不能平行理解方向来锯钻石。

当谈及钻石中的不同方向时，我们使用与八面体形状相关的一组基准。这些基准是根据沿一定方向有多少晶面交切确定的（图10－7）。

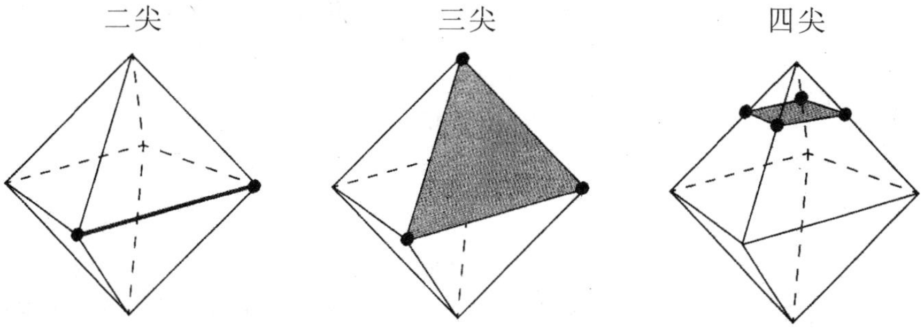

图10－7　钻石纹理方向

(1) **二尖**(two-point)：这是十二面体方向；

(2) **三尖**(three-point)：这是八面体方向；

(3) **四尖**(four-point)：这是立方体方向。

可以看出，解理方向是沿三尖面，平行于八面体面。因为这是解理方向，故不能在这个方向上锯钻石。

然而，可在立方体方向，即沿四尖面，和在十二面体方向，即沿二尖面锯钻石。

不应把锯钻方向（即锯片进入钻石的方向）和硬度方向（平行于锯片刃口）相混淆(图 10-8)。

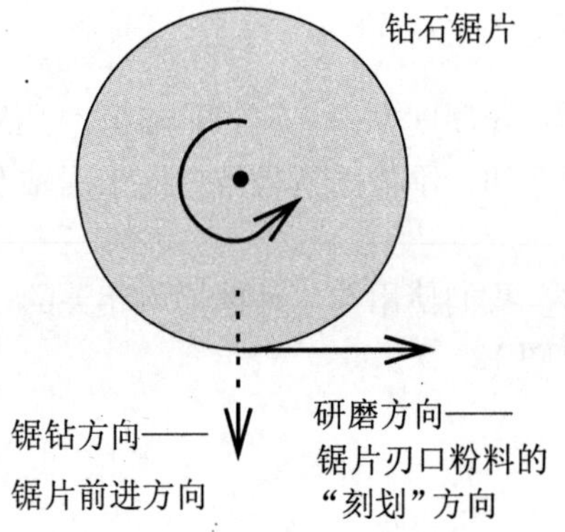

图 10-8　研磨方向、锯钻方向和钻石差异硬度

用于切割和抛磨钻石的钻砂是最大硬度方向呈各种取向的一大堆颗粒。因此，其中总会有大量取向合适的颗粒能研磨待锯或待抛光钻石的较软方向。在生产合成钻砂和钻粉时，使颗粒具某种形状，以便它们能最有效地用于抛磨或锯开钻石。

立方体方向（图 10-9）

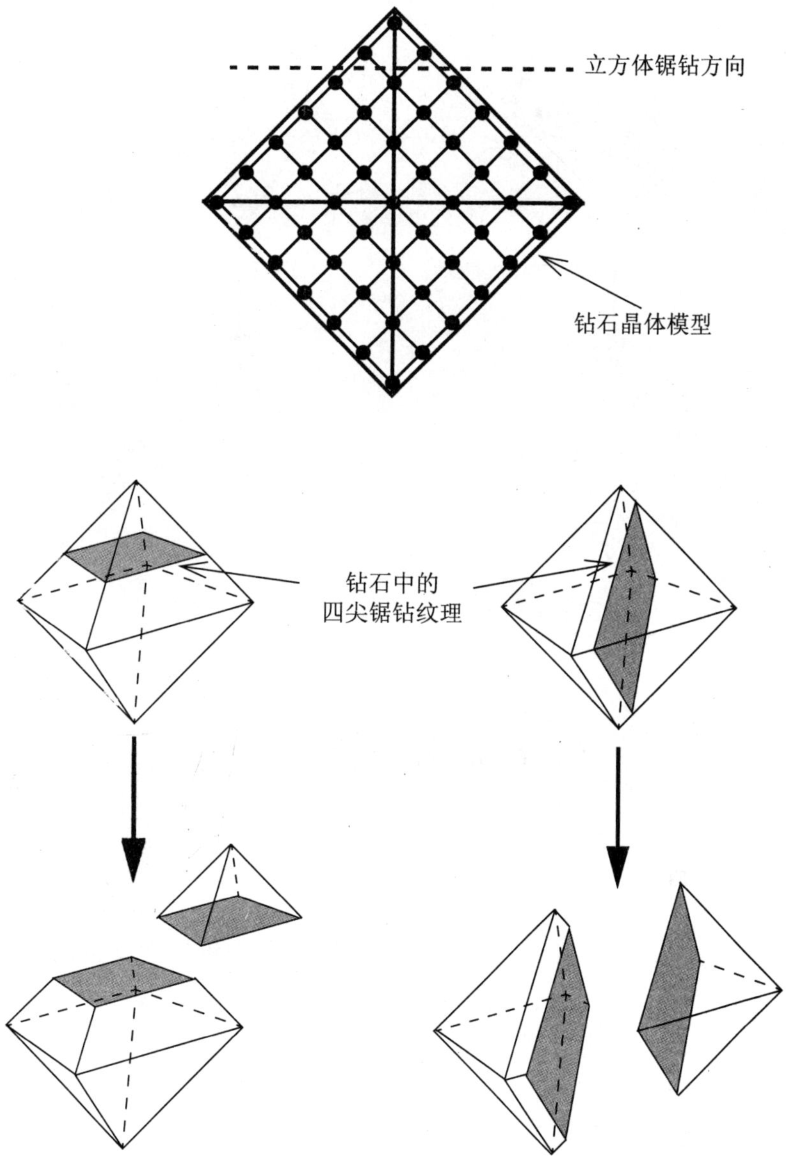

图 10-9 四尖锯钻方向

十二面体方向（图 10-10）

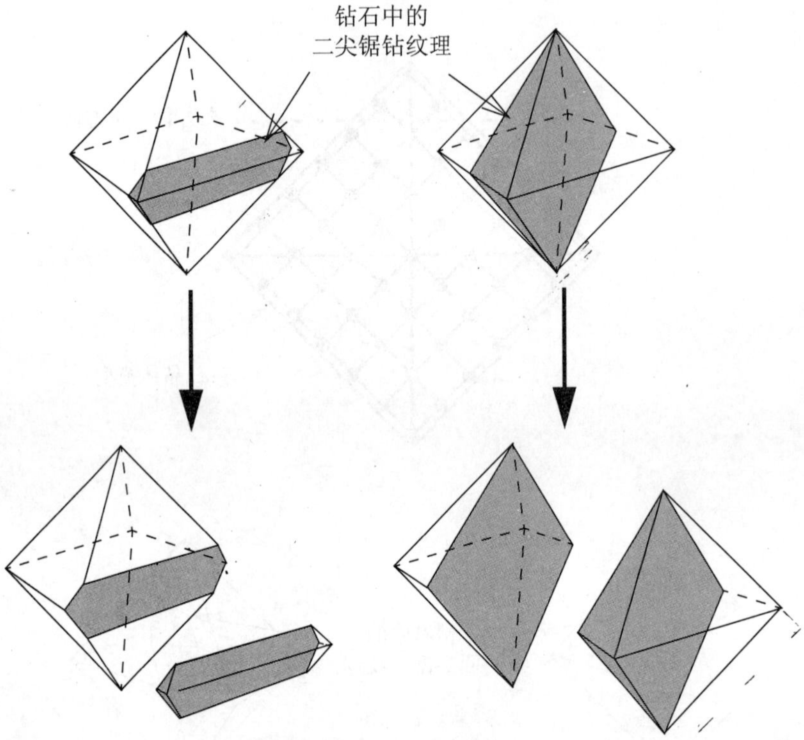

图 10-10　钻石中的二尖锯钻纹理

♦ 激光锯钻

细激光束（直径约 0.001mm）用于非常精确地在任何方向锯钻石，锯的方向与钻石晶体结构或双晶（三角薄片双晶）无关。钻石在激光下前后移动并被激光束“蒸发”。钻石的取向由计算机控制并借助于闭路电视。激光可用于加工其他任何方法都难以加工或无法加工的“问题”原石。这个方法也比较快，它能在 20 分钟左右的时间里锯完 1 克拉的钻石。然而，一般情况下，传统的钻石加工方法的重量损失稍少于激光加工。

第十章　钻石的加工

◆ 成型

♦ 粗磨

粗磨是靠一颗钻石磨另一颗钻石使钻石的腰棱成型。早先这道工序是手工操作，腰棱不是很圆。19 世纪开始使用动力传动的粗磨机，使真正圆的钻石成为可能。

待粗磨的钻石被固定在一夹具中并使平的面对着夹具。这个平的面就是台面的位置。在锯开的钻石中，这个平的面是锯出来的，而在劈开的钻石和可制形钻石中，这个平的面需在粗磨前用抛光轮大致磨出。

夹具固定在粗磨机的卡盘上。粗磨机与用来车木头或金属的车床很像（图 10-11）。

用来磨钻石的另一颗钻石被粘在一根长约 40 ～ 60cm 的棒的末端。这颗用于切磨的钻石或是锯出的尖钻或是非宝石级的钻石。

将用来磨钻石的钻石对准在粗磨机上转动的钻石，使转动的钻石逐渐磨成所需的形状。所需的压力不是很大，要靠粗磨工小心控制。在这个阶段上的疏忽会导致沿钻石腰棱出现称为**胡须**（毛边）的小裂缝。胡须若太深，则去除时会损失重量，过深的胡须也影响成品钻的净度。

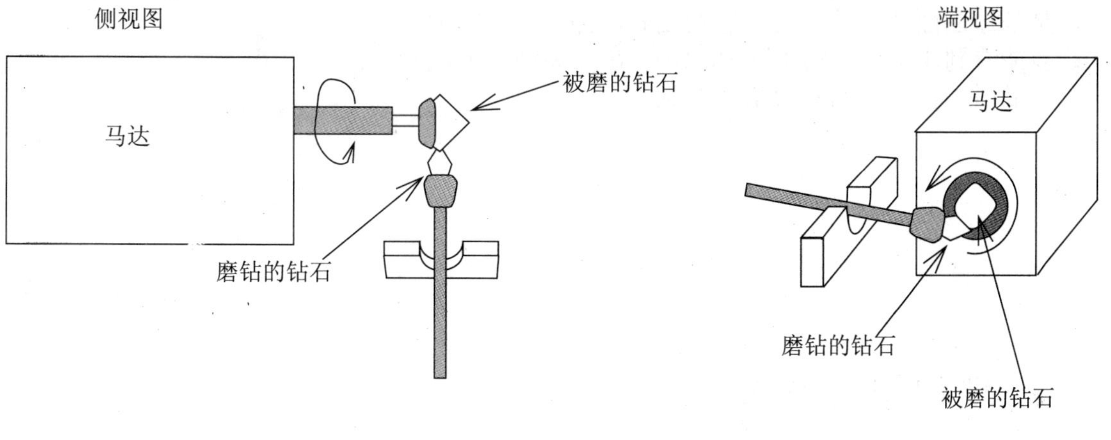

图 10-11　粗磨机

使钻石具圆形轮廓和成型的过程也称为**打圆**。

尽管这种方法能用于产生花式（异形）钻石如梨形或蛋形钻石所需的形状，但也可用另一种方法，那就是用抛光磨轮磨出所需的形状（图 10-12）。

也可用激光来粗磨钻石。

图 10-12　花式（异形）钻石的成型

腰棱上的“原晶面”

原晶面这个术语用来描述粗磨后保留下来的钻石晶体的部分原始表面。

粗磨工会在钻石的腰棱上留下原晶面以保持最大重量。原晶面也可用来确定抛磨方向。

只是当原晶面凹入钻石时才影响钻石的净度。在四尖钻石上最多能看到 4 个原晶面（图 10-13)，在三尖钻石上能看到 3 个原晶面，在二尖钻石上最多看到 2 个。

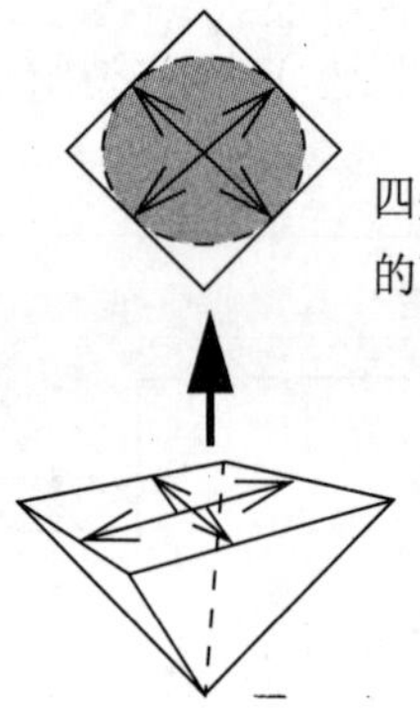

图10-13　四尖石上原晶面的可能位置

♦ 现代粗磨方法

从 20 世纪 80 年代开始采用了一种新的粗磨机（图 10-14）。两颗钻石被放置在粗磨机上，每颗钻石相对另一颗转动。转动方向定时改变并将一颗钻石前后移动以期获得可能的最佳效果。

这个过程靠电子仪表和管理人员来控制。每个管理人员可管理几台机器。在使用这些机器时需要有经验才能避免出现代价很高的错误。

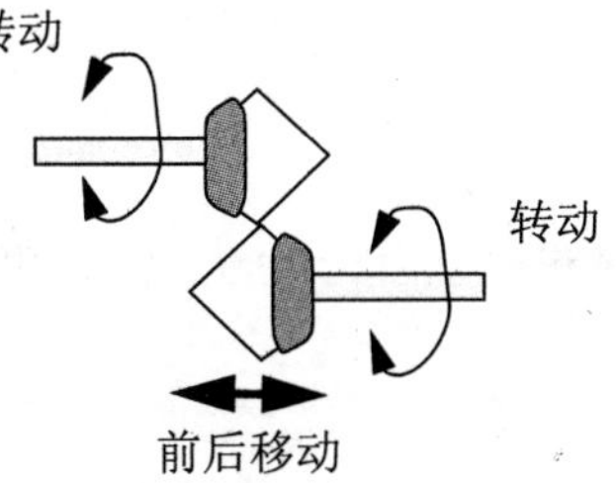

图 10-14　现代粗磨机

◆ 磨刻面和抛光

♦ 设备

磨钻石刻面和抛光所需的主要设备有 3 个：

(1) 磨盘；
(2) 夹嘴；
(3) 柄脚。

如果你观看展示 14 世纪钻石工匠工作情况的蚀刻图，你会发现其中的设备与现今使用的非常相似。然而，现代工艺使方法更加完善。

磨盘

磨盘（图 10-15）是铸铁圆盘，直径约 30cm，厚约 2cm。老式磨盘有嵌入硬木圆锥支座的上下两个心轴。现代的磨盘则只有下部心轴，它固定在下面的马达上。磨盘水平地安装在工作台上并以每分钟大致 2 500 转的速度转动。最重要的是磨盘要真正地水平。

磨盘上刻划出辐射划痕以便留住含钻石粉的磨膏。不是磨盘本身而是这些小的钻石屑在研磨和抛光被加工的钻石。

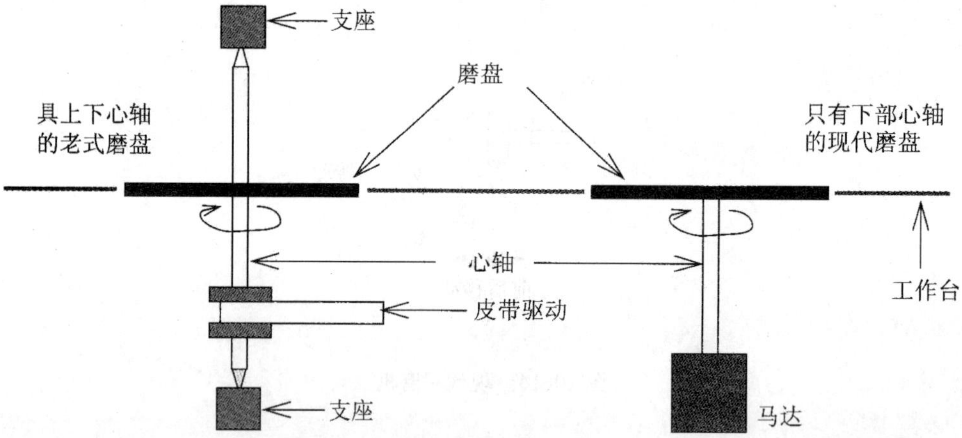

图 10－15　老式的和现代的磨盘

背景资料:

磨盘的顶面通常划分为3个区（图10－16），但这些区的具体位置取决于不同抛磨工的决择。

（1）检验圈，用来检查待抛磨刻面的位置和磨杆的角度，可以是内区或外区。

（2）研磨圈，用来研磨钻石到合适的尺寸，通常是中区。

（3）抛光圈，用来尽可能使刻面获得最佳抛光，可以是内区或外区。

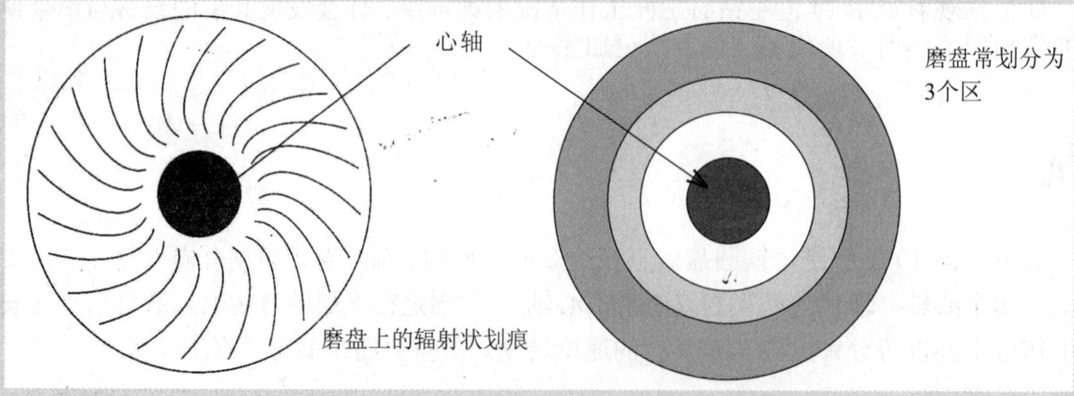

图10－16　磨盘

第十章　钻石的加工

磨盘可经过修理再使用。修理的办法是在车床上将磨盘磨光滑，而后在磨盘上重新划痕。钻石磨膏由抛磨工根据需要补充。

也使用孕镶钻石的磨盘，也就是把孕镶钻石的板固定在标准磨盘上，但最初制造和以后更换的费用比传统的铸铁磨盘高许多。

夹嘴

夹嘴（卡头，dop）用来固定钻石，使钻石能放置到转动的磨盘上。传统的夹嘴是用铅焊料制作的，当焊料冷却后就把钻石固定住了。铜杆使夹嘴能折弯到正确的角度。

这些现已很少使用，它们大都被能使钻石转动并倾斜到各种角度的机械或半自动类型机械所取代。

柄脚

柄脚（夹钳，tang）固定住夹嘴。它被设计成三脚支撑的，后部有两个腿，前面是带着钻石的夹嘴（图 10-17）。柄脚或是由抛磨工握住并施压于钻石，或是靠镇物加压。常有一个抛磨工同时照管两三颗钻石的情况。

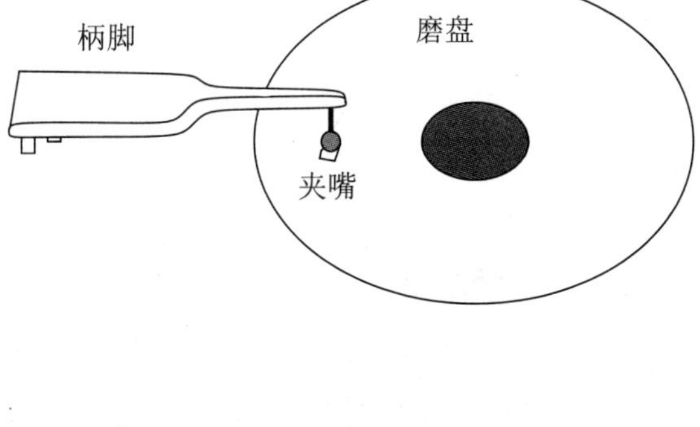

图 10-17　夹嘴和柄脚

♦ 抛磨纹理（抛磨方向）

需要着重指出的是，因磨盘上的钻砂是由大量随机取向的小的钻石颗粒组成，故抛磨钻石时抛磨可在所有方向和取向上发生。然而，取决于钻石的内部晶体结构，钻石有较易抛磨和较难抛磨的方向。在前文关于二尖、三尖和四尖的讨论中对此已有详细说明（也见第四章）。

前文中也提到，粗磨后留在腰棱上的原晶面能为抛磨工提供关于钻石纹理的信息。这种信息非常重要，它能帮助抛磨工在固定住钻石后选择抛磨方向。如果看不到纹理，抛磨工就要通过反复试验来确定抛磨纹理。

表面纹理已在第三章中说明：晶面上的表面纹理是钻石内部晶体结构的外部证据。

背景资料：

三尖面

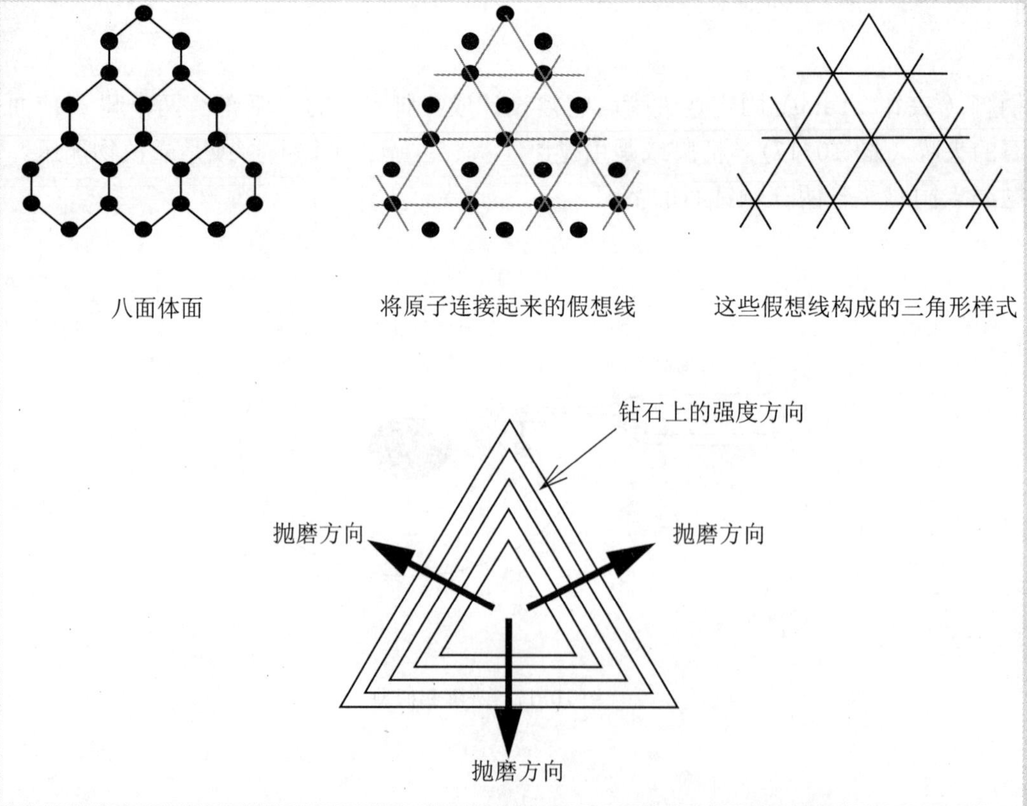

图 10-18　三尖面上的抛磨方向

第十章　钻石的加工

让我们首先讨论三尖面。在你的钻石晶体结构模型上查看八面体面的原子排列样式。用假想线把原子连接起来，可得到三角形的交叉样式。八面体晶面或三尖面上看到的纹理就与此有关。这些纹理代表了钻石的强度线。所以，为抛磨钻石，抛磨工要考察纹理。

因三尖面也是解理面，故难于切磨。为在这个方向上切磨，需稍有些倾斜。在三尖面上有 3 个抛磨方向（图 10-18）。

二尖面

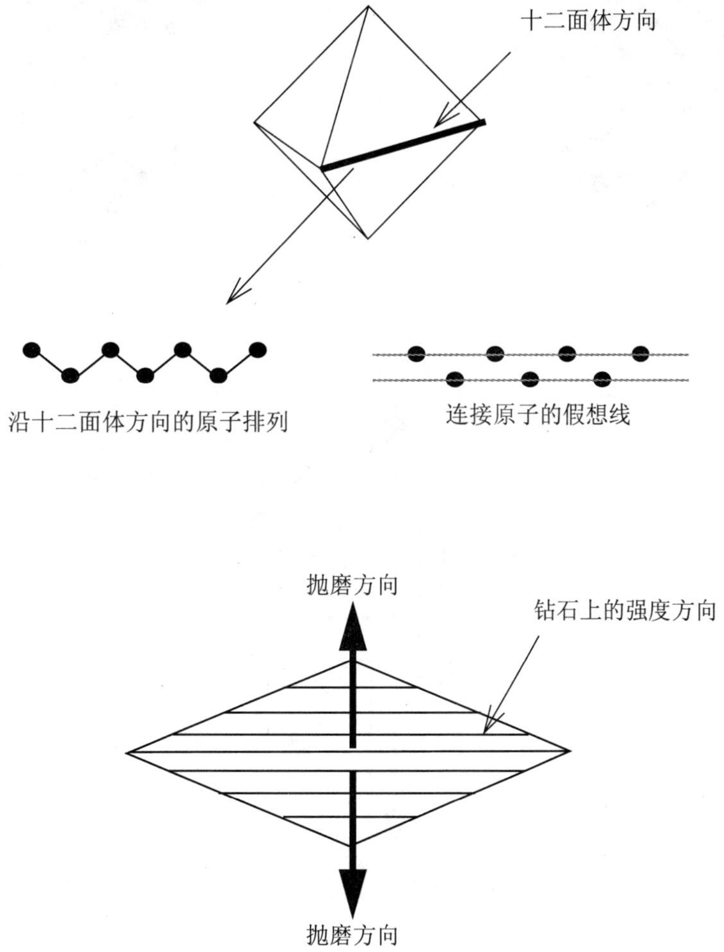

图 10-19　二尖面上的抛磨方向

用同样方法查看十二面体面上的纹理。在你的钻石晶体结构模型上查看两个八面体面之间的棱，这里是十二面体面形成的地方。现在用假想线把原子连接起来。十二面体面或二尖面上看到的纹理就与这些线有关。在二尖面上有 2 个可能的抛磨方向（图 10-19）。

四尖面

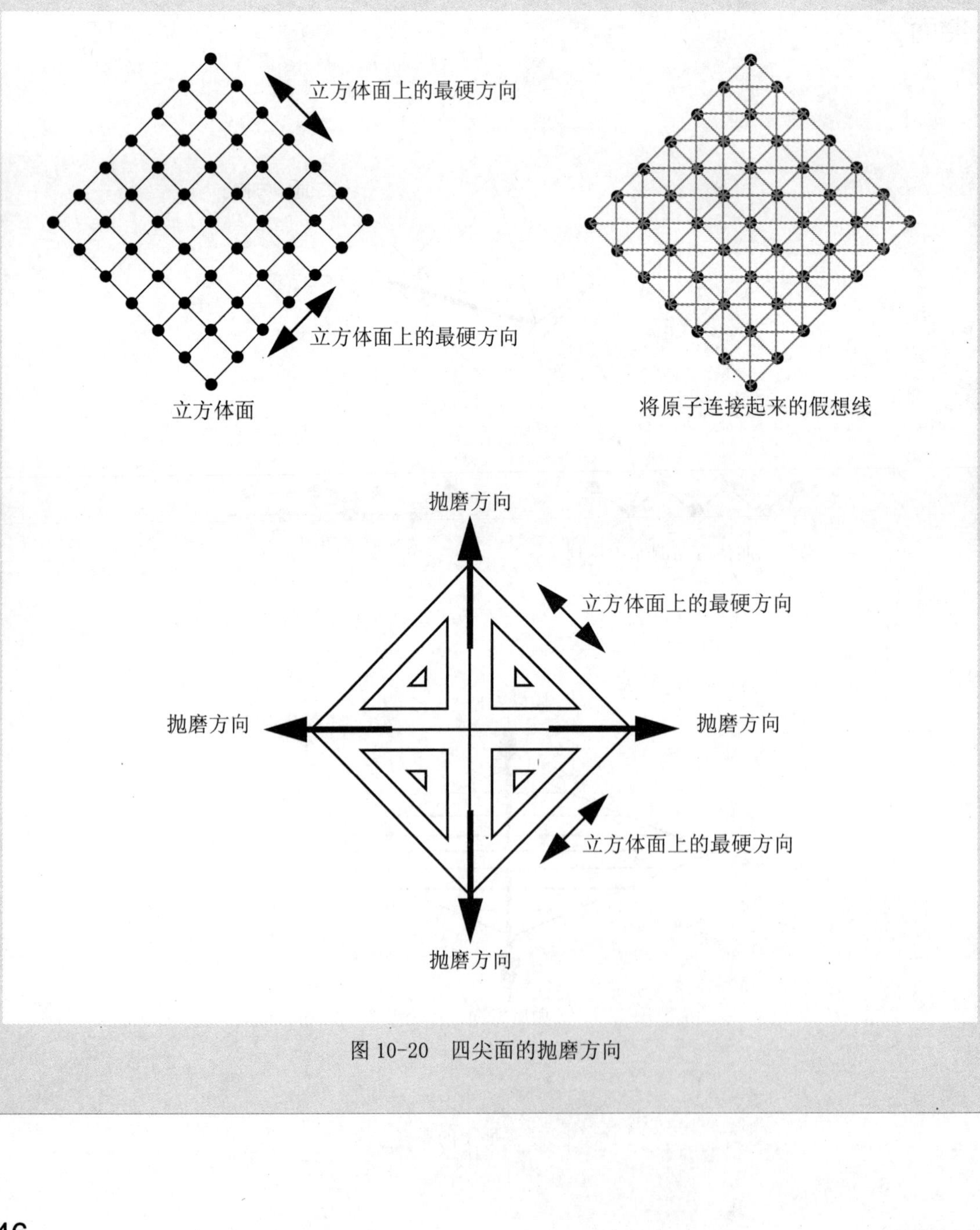

图 10-20　四尖面的抛磨方向

第十章　钻石的加工

也像前面一样，在你的钻石晶体结构模型上查看沿立方体面方向原子的排列形式。

四尖面有 4 个抛磨方向（图 10-20），其角度应尽可能远离最硬方向。然而，鉴于这些抛磨方向的硬度，需少许倾斜以达到好的抛磨效果。

硬度方向小结

在第四章中曾介绍了差异硬度（图 10-21），并说明了这是由晶体结构中原子键合面和方向的规则排列造成的。

本章中我们说明了钻石尽管是最硬的已知材料但却能被切磨完全是由于差异硬度现象。一个钻石晶体的较硬方向被用来切磨另一个钻石晶体中的较软方向。只有钻石才能切磨钻石。

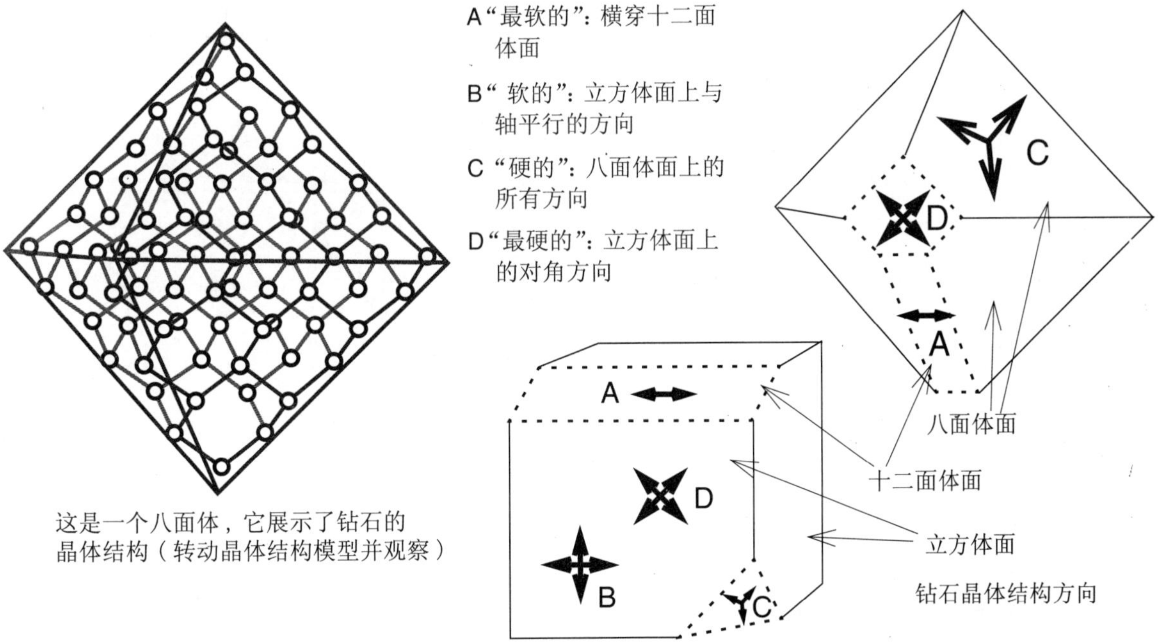

图 10-21　钻石的差异硬度和晶体结构方向

♦ 圆形明亮琢型钻石的切磨

交叉切磨工先切磨出前 18 个刻面：冠部的台面、4 个角刻面和 4 个斜刻面及随后亭部的 4 个角刻面、4 个斜刻面和 1 个底尖（如果有的话）（图 10-22, 图 10-23)。

多面切磨工添加上剩下的40个刻面以制成明亮琢型，包括顶部24个面，亭部16个面。

交叉切磨工

冠部：

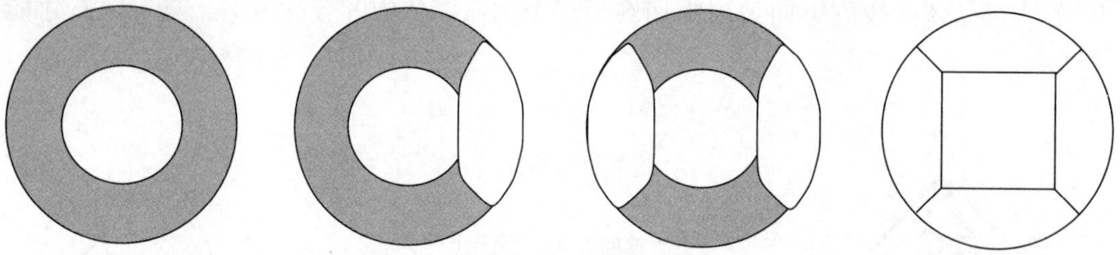

台面　　4 个冠部主刻面中的第一个刻面　　冠部主刻面中对着第一个刻面的第二个刻面　　冠部的台面和 4 个主刻面

亭部：

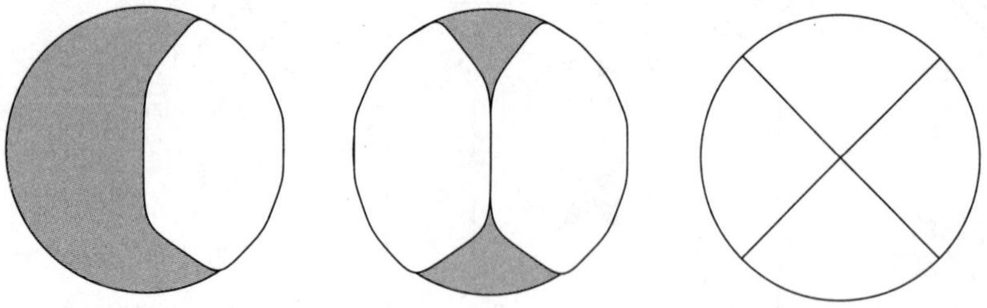

第一个亭部刻面　　对着第一个亭刻面的第二个亭刻面　　4 个主要的亭刻面

图 10-22　前 4 个冠部和亭部刻面

冠部和亭部基本刻面到位后，在冠部加上 4 个斜刻面，在亭部加上 4 个主刻面。

冠部

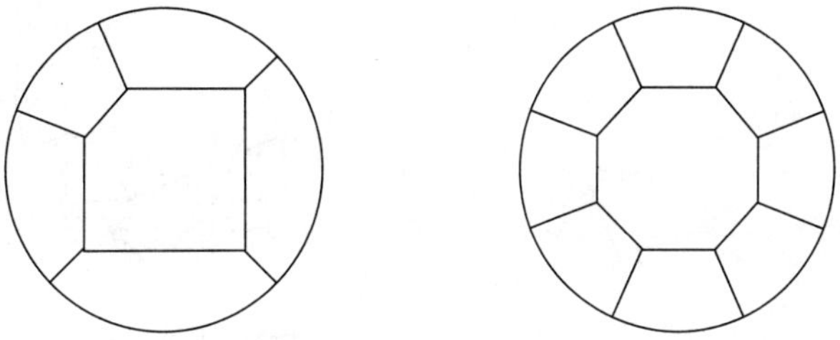

添加 4 个斜刻面

亭部

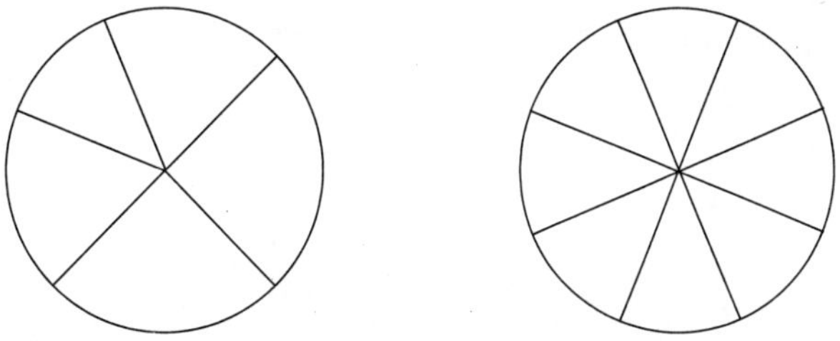

添加 4 个亭部刻面

图 10-23　中间阶段

这时，将钻石送回到粗磨工手中再粗磨。

也可做成刻面腰棱，这会使钻石的整体修饰度更好些。环绕腰棱的刻面数超过 80 个的钻石并不少见，但这取决于钻石的大小和切磨工的个人偏爱。

多面切磨工

多面切磨工添加上最终的 40 个刻面，通常从 8 个冠部刻面开始（图 10-24）。

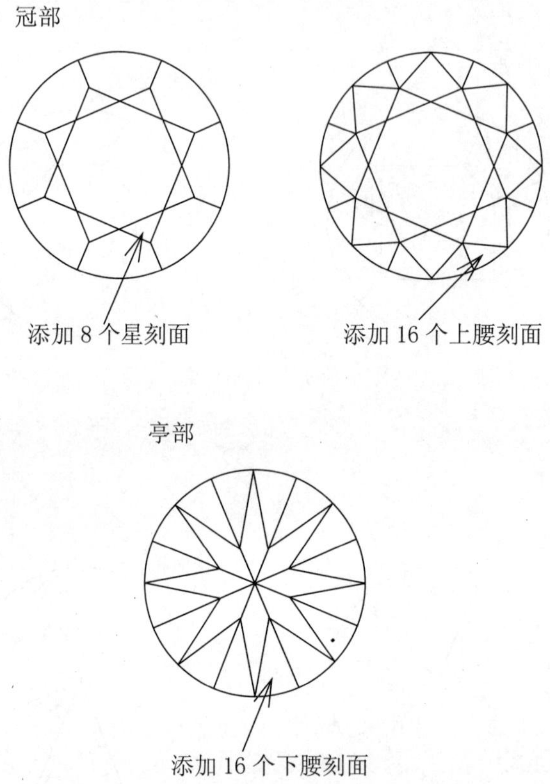

图 10-24　多面切磨

♦ 自动抛磨机

20 世纪 70 年代出现了第一台自动抛磨机 (Piermatic 型)，它是设计用于加工锯开的四尖钻石。它使用与手工切磨相同的基本流程，不同之处是在磨星刻面之前先磨上腰刻面。

在锯开和粗磨后，将钻石装入一个罐内，再把罐固定在夹具中。有两种类型的夹具，一种用于成型，一种用于抛光。

现代的机械能自动寻找颗粒，这使它能抛磨可制形的、二尖的、三尖的和四尖的钻石。

大多数现代机械能加工最终重量为 0.2 克拉到 10 克拉左右的钻石。

对于大的贵重的钻石，手工切磨仍是最可取的，它能有更多的控制并有最大的成品率。

第十章　钻石的加工

♦ 激光的应用

生产成品钻的许多过程现已由激光来完成。本章前文中已介绍过激光切缝和激光锯钻。

激光能用于加工华丽和花式的琢型，如花形、心形和马头形等。激光可加工大的和小的孔以及球形珠子。激光可以刻字母或图案。

激光还用于钻石的激光打孔，通过处理暗色包裹体来改善净度（见第七章）。

◆ 切磨过程小结（图 10-25）

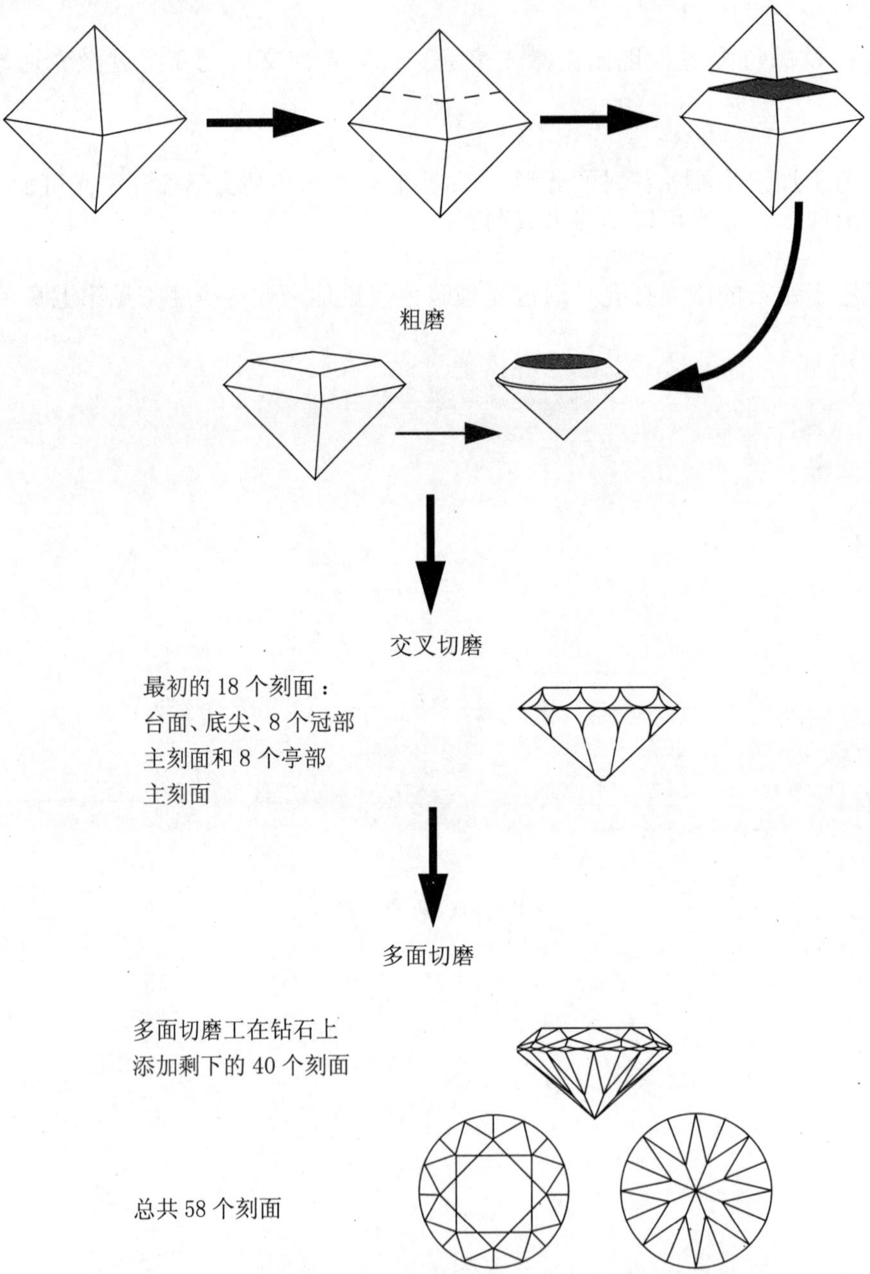

图 10-25　现代圆形明亮琢型的加工程序

第十章　钻石的加工

第十章课程强化题

1. 哪两种方法能用来分割钻石？
2. 为何不能在八面体方向锯钻石？
3. 能在哪两个方向锯钻石？
4. 使钻石腰棱成型的过程叫什么？
5. 什么是“原晶面”？
6. 抛磨钻石所需的 3 个主要设备部件是什么？
7. 在下图中指出二尖、三尖和四尖面上的抛磨方向。

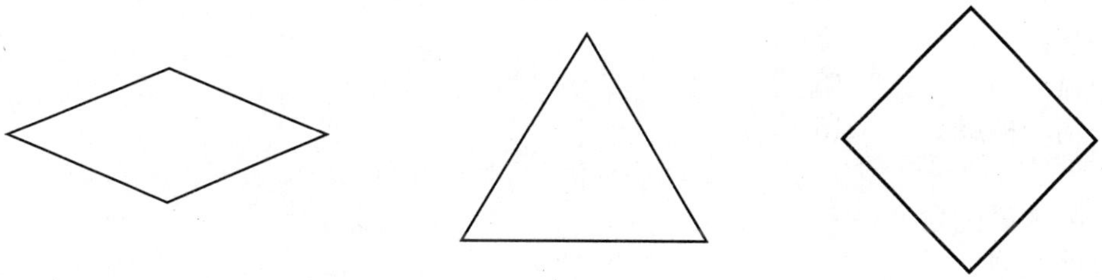

8. 圆形明亮琢型钻石有多少个刻面？
9. 说出激光在钻石加工中的 3 种可能用途。

第十章家庭作业题

1. 描述可用于分割钻石的几种方法。在这些过程中利用了钻石的哪些性质？ （20 分）

2. 借助示意图说明切磨圆形明亮琢型钻石的主要阶段。 （20 分）

3. 解释下列术语的含义：
   (a) 窗； （5 分）
   (b) 切缝； （5 分）
   (c) 磨盘； （5 分）
   (d) 夹嘴和柄脚。 （5 分）

4. 解释下列术语的含义：
   (a) 表面纹理； （6 分）
   (b) 锯钻纹理（锯钻方向）； （7 分）
   (c) 抛磨纹理（抛磨方向）。 （7 分）

第十一章　钻石琢型的历史

目　　录

第十一章　钻石琢型的历史

◆ 钻石琢型的历史

几乎无法肯定钻石抛磨工的技术源于何时和何处。有可能是源于 11 世纪的印度。在 14 世纪早期，钻石磨刻面的工艺经由威尼斯传入欧洲。

由印度供应到欧洲的钻石数量有限，而且大都是质量不受印度人喜爱的。

♦ 尖琢型

已知最早的成品钻式样是尖琢型（图 11-1)，它是抛磨或劈开的八面体。由于八面体面本身是无法抛磨的，故所抛磨的面与八面体面有小的交角。

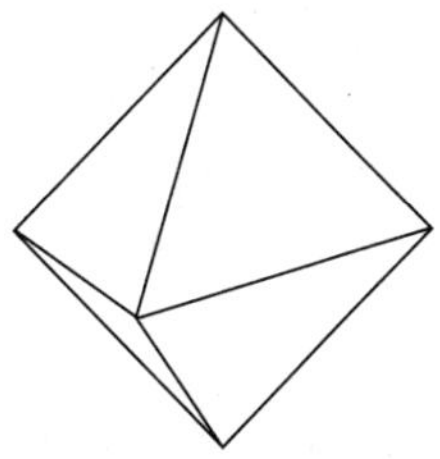

图 11-1　尖琢型

该琢型是直到 14 世纪有关刻面钻石的仅有记录。

♦ 桌琢型

14 世纪出现了桌琢型（图 11-2)，这是尖琢型的改型，将一个尖磨掉形成一桌面。常对着桌面磨出一个底尖，从而演化成全桌琢型。

这种琢型一直流行到 17 世纪，许多尖琢型钻石被重新切磨成桌琢型。

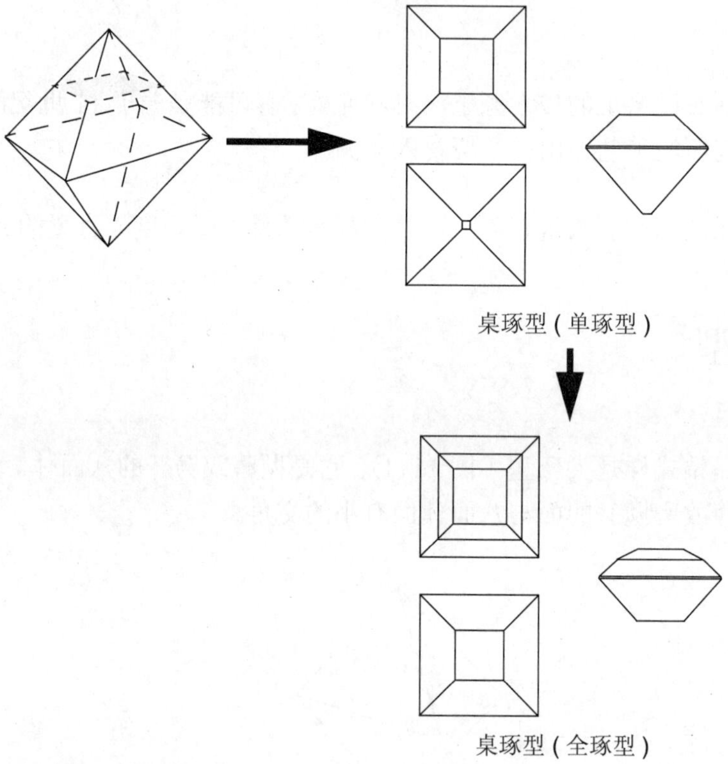

图 11-2　桌琢型

♦ 玫瑰琢型

玫瑰琢型最早可能是出现在 15 世纪初。它由刻面的顶和平的底组成 (图 11-3)。用的是扁平晶体和八面体，效果很不错而且重量损失小。一个大缺点是大多数玫瑰琢型钻石缺少火彩，因而与后来开发的亮度和火彩俱佳的琢型相比就逊色了。由于未被火彩或亮度掩盖，金刚光泽很突出。玫瑰琢型多用底部密封镶，流行了若干年。

包括大莫卧儿钻在内的许多名钻都是加工成这种款式的。较大的钻石常切磨成双玫瑰琢型和泪滴琢型。切磨成双玫瑰琢型的名钻中包括桑西钻。

然而，双玫瑰琢型更多地是用于其他宝石材料，偶见于较小的钻石。

玫瑰琢型不是首选的切磨款式，它按定单切磨，在老式首饰中很普遍。

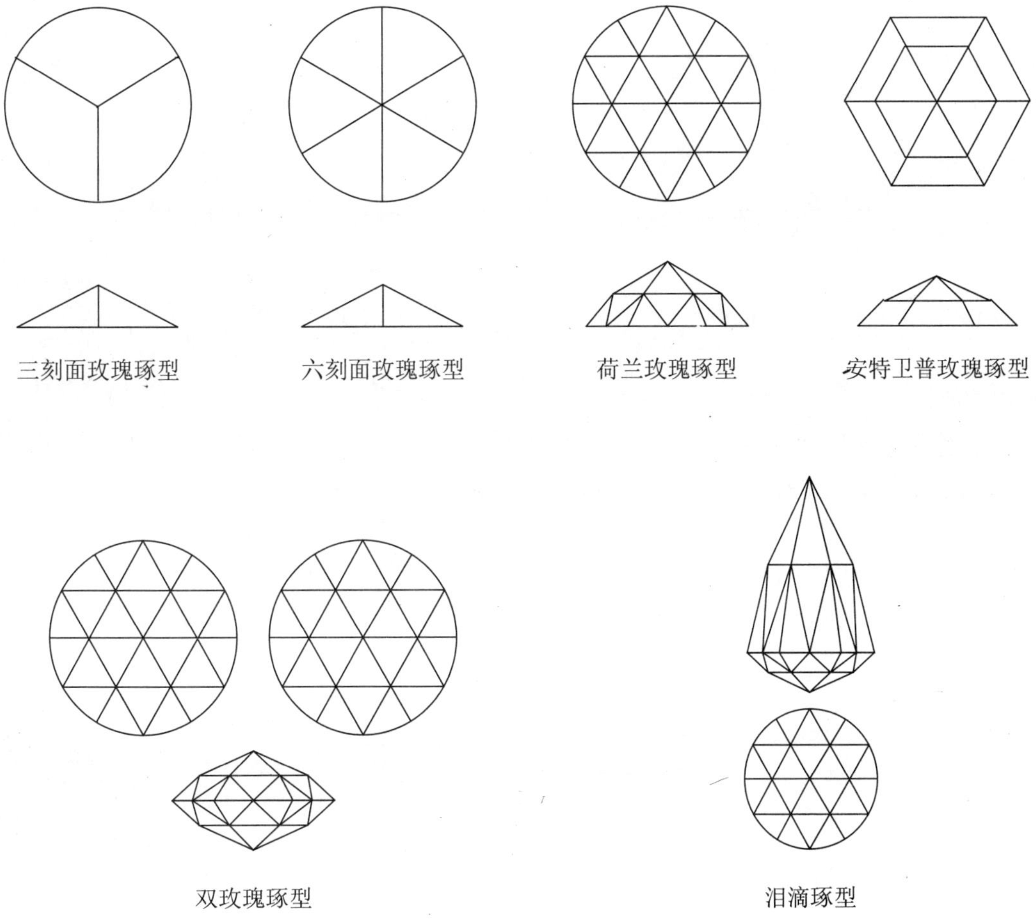

图 11-3　玫瑰琢型

♦ 单琢型和双琢型

在 17 世纪初，桌琢型发展成为单琢型，其办法是磨掉八面体的晶棱（图 11-4）。随后又由单琢型发展成双琢型（图 11-5）。

角度与现代圆形明亮琢型相似的单琢型圆形改型迄今仍用于小的钻石。单琢型也称为八面琢型。

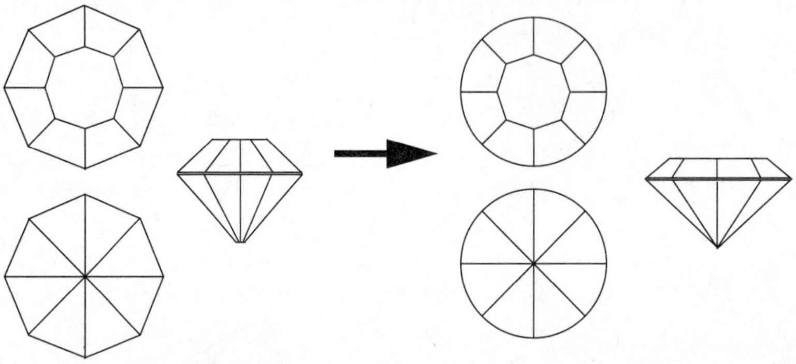

图 11-4 单琢型（或八面琢型）

双琢型有几种形状。双琢型有时也称为“马扎林”琢型，这是据 17 世纪法国国务活动家和钻石收藏家 Cardinal Mazarin 的姓命名的。

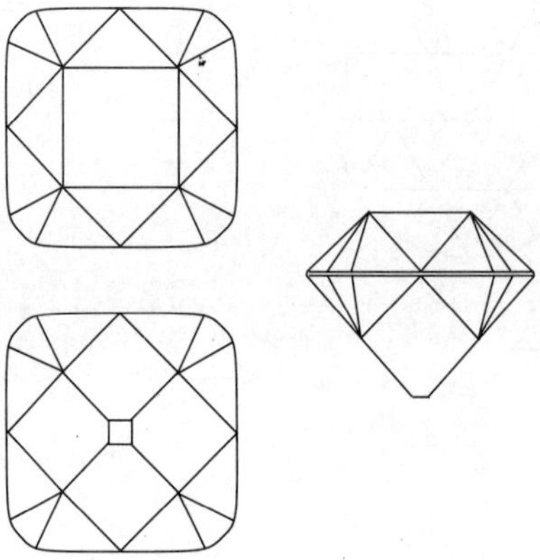

图 11-5 双琢型

♦ 三琢型——明亮琢型

三琢型可能是出现于 17 世纪中叶，是最早的明亮琢型（图 11-6）。它由包括台面和底尖在内的58个刻面组成。轮廓多为坐垫形并具深的冠部和亭部。这种琢型常称为老矿琢型。

第十一章　钻石琢型的历史

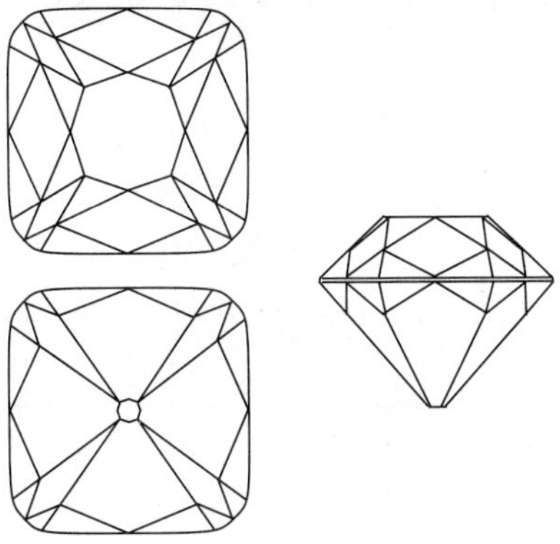

图 11-6　老矿琢型

老欧洲琢型（图 11-7)

随着 19 世纪机械化粗磨的引入，已有可能得到真正圆的琢型。该琢型也有包括台面和底尖在内的 58 个刻面。它有小的台面、大的底尖以及深的冠部和亭部。

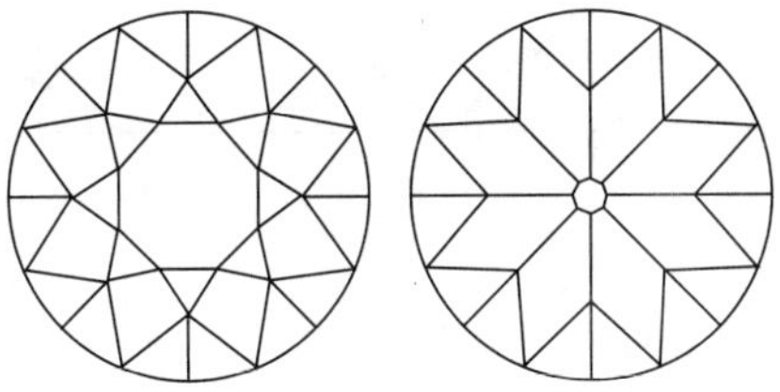

图 11-7　老欧洲

在那一时期钻石仍是稀有的材料，故最基本的是尽可能多地保持原石原有的重量。只是到 19 世纪末在南非发现钻石后才开始了角度和比例的探究。

♦ 现代圆形明亮琢型（图 11-8, 图 11-9)

一些人宣称现代圆形明亮琢型应归功于一个叫莫尔斯 (Henry Morse) 的美国人。

莫尔斯于1860 年在美国开办了首家切磨厂并在随后许多年间对圆形明亮琢型的角度和

比例进行了试验。他将形状从厚而短粗改变成如今较细长的比例。

这项工作由其他人继续进行：

(1) 1919 年——当年 19 岁的托尔可夫斯基 (Marcel Tolkowsky) 提交了他的题为《美国理想琢型》的论文，这是现代圆形明亮琢型的基础。

(2) 1940 年——艾普洛 (Eppler) 提出了“欧洲琢型”。

(3) 1970 年—— 国际钻石委员会 (IDC) 提出了一组理想比例范围。

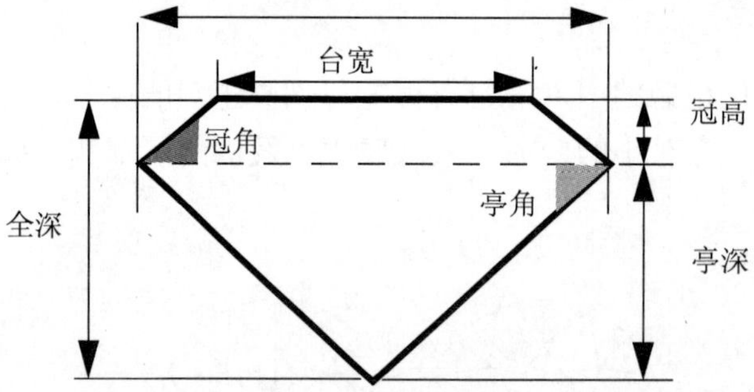

图 11-8 圆形明亮琢型的比例

指标	托尔可夫斯基	艾普洛	国际钻石委员会
冠角	34°30'	33°10'	31° ～ 37
亭角	40°45'	40°0'	39°40' ～ 42°0'
台宽	53%	56%	56% ～ 66%
冠高	16.2%	14.4%	11% ～ 15%
亭深	43.1%	43.2%	41% ～ 45%

第十一章　钻石琢型的历史

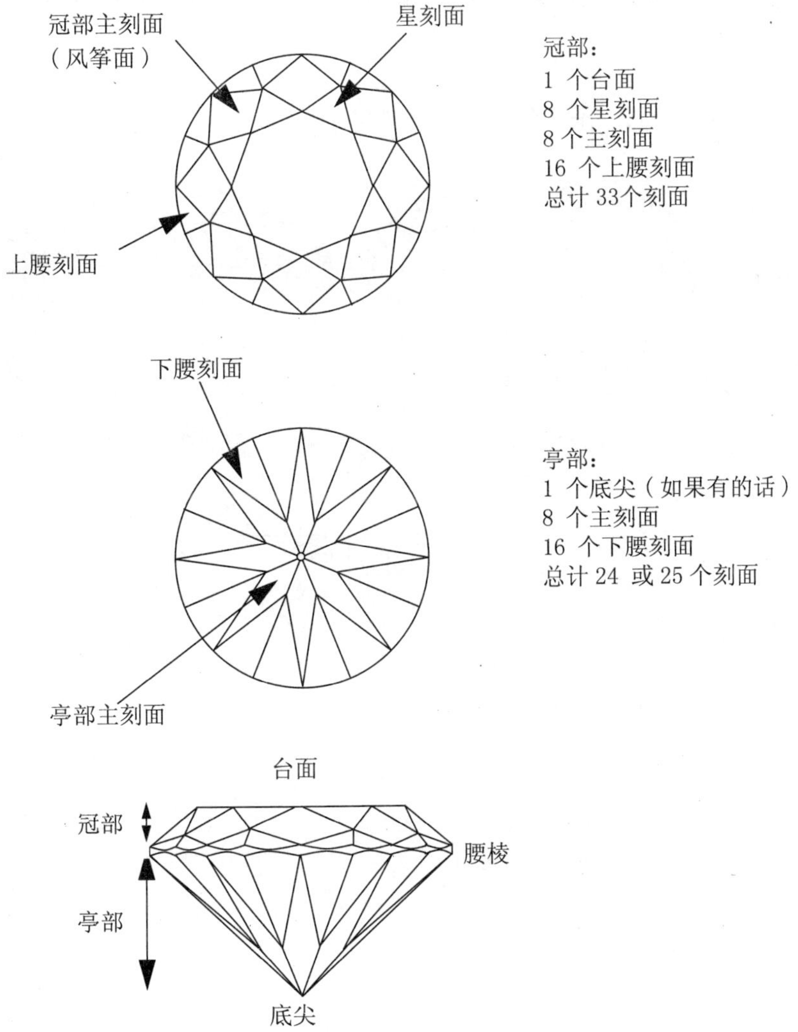

图 11-9　现代圆形明亮琢型

♦ 明亮琢型的变化

在所有琢型中，偏离理想比例可能是受原石状态的制约。譬如，为要从一个形状古怪的晶体（或原石颜色太深或太浅）获得最大的成品钻石，必须把它切磨得比理想比例深或浅，以尽可能多地保留重量。而明显包裹体的存在常决定了钻石的琢型。

明亮琢型有许多变型，包括在轮廓上的变化，譬如蛋形、梨形（也称水滴形）、马眼形（橄榄形、水雷形、舟形）、心形、变型方形或长方形（也称为公主型，但这是个商业性名称而不是切磨的款式）以及坐垫形（古典琢型：具圆角的长方形）（图 11-10）。

“花式”（异形）这个术语通常用于描述圆形之外的所有形状。

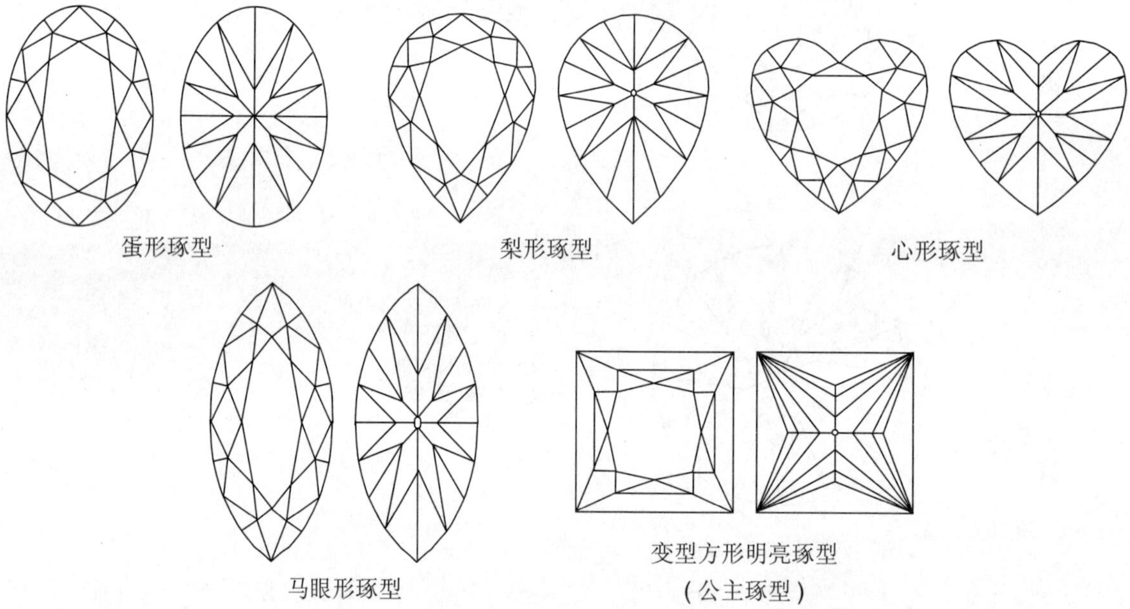

图 11-10　明亮琢型的变型

◆　阶梯琢型

其他切磨款式包括祖母绿琢型和各种阶梯琢型（图 11-11）。细长形和斜细长形是阶梯琢型的变型，用于小钻石。

阶梯琢型的火彩和亮度不如明亮琢型，所以，包裹体或色调将明显得多。为此，大的祖母绿琢型的钻石应是质量和对称性好的。

第十一章　钻石琢型的历史

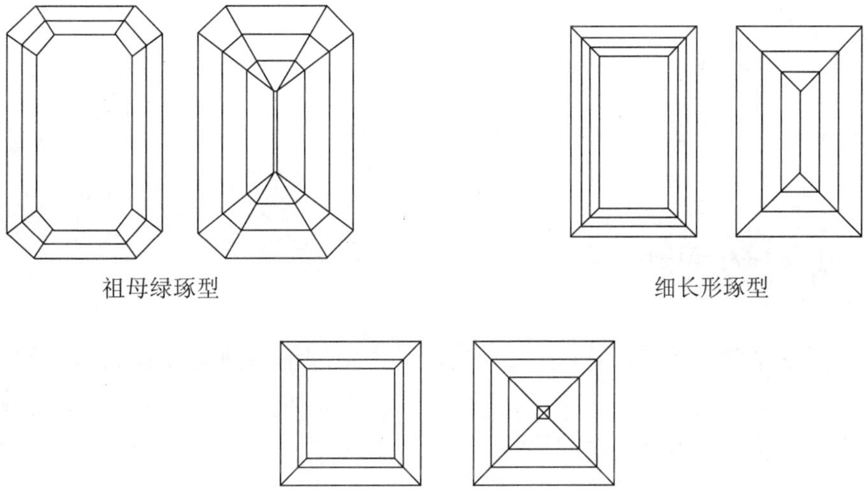

祖母绿琢型　　细长形琢型

方形琢型

图 11-11　阶梯琢型

◆　新琢型

大多数新琢型是传统琢型的改型。然而，几乎每年都有老式样的新变化。

譬如，1988 年戴比尔斯就提出了 5 种旨在提高原石成品率和调节色调的新的钻石琢型。这些琢型被称为花琢型系列，包括火玫瑰、向日葵、金盏花、百日红和大丽花。

这些新琢型现在都在使用。尽管有所有这些变化和改型，但圆形明亮琢型迄今依然是最流行的琢型。

◆　切磨质量

当描述切磨质量时，我们考虑的是如下不同范畴的质量：

(1) **比例** (proportions)：指的是各种刻面的大小以及角度之间的相互关系（有时也称为钻石的“量度”）；

(2) **对称性**(symmetry)：指的是钻石的对称外观，譬如圆形明亮琢型钻石台面和底尖位置的居中程度；

(3) **抛光**(polish)：指的是抛光的质量。

(在 **《钻石分级手册》** 中我们讨论和展示了借助 10 ×放大镜评价切工的方法。)

♦ 钻石的理想比例

在设计明亮琢型时，刻面角度被设计成能最大限度地体现亮度和火彩。亭部刻面和腰棱的夹角是最重要的，因为它控制了从背刻面反射的光所产生的亮度。所以，这个角度必须正确，以产生最大的内反射。对于钻石，为达到这一点，其亭角应接近于 41°。尽管称为“理想琢型”，但这个比例在不同琢型中还是有变化的。

(1) **亮度**(brilliance)：也称鲜活度(life)，指的是当透过冠部刻面观察时所看到的因光被宝石反射而导致的明亮程度。这是由从亭部刻面和从冠部刻面表面反射的光造成的。

(2) **火彩**(fire)：指的是当白光穿过成品宝石的倾斜刻面时分解成其光谱色的现象。钻石、钛酸锶和合成莫依桑石有引人瞩目的强火彩。

亭部

如若钻石亭部太深或太浅，光就从背刻面漏出，从而降低了亮度(图 11-12)。

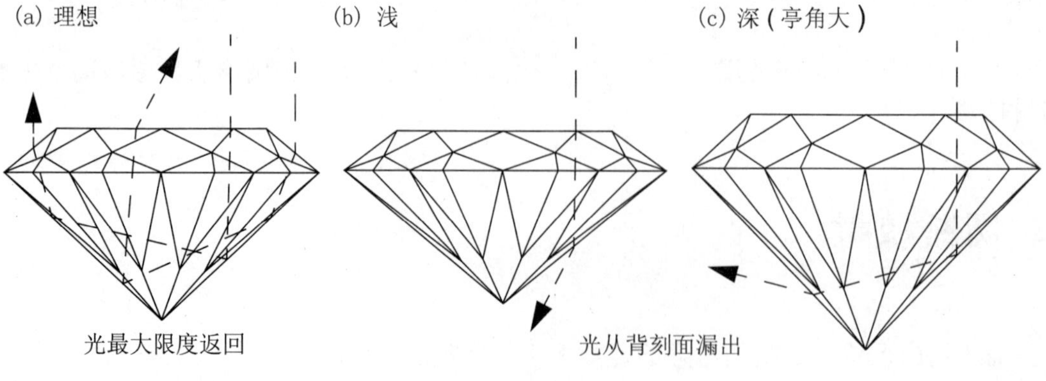

图 11-12　亭角和亭深对光的影响

第十一章　钻石琢型的历史

若钻石的亭部太浅，可看到称为“鱼眼”的效应，即透过钻石台面可看到腰棱的映像（图 11-13)。

若亭部太深，则会出现暗色圆效应，它或占台面的大部，或占台面的全部（图 11-13)。这个现象有时被称为“钉帽”(nail head)。

台面中看到腰棱的映像
“鱼眼”钻石，亭角太小

深的亭部使台面显得暗
（有时称为**“钉帽”**）

图 11-13　太浅和太深的亭部产生的效应

冠部

改变冠角或冠高可调整台面的大小，从而改变钻石中所见亮度和火彩的平衡关系（图 11-14)。

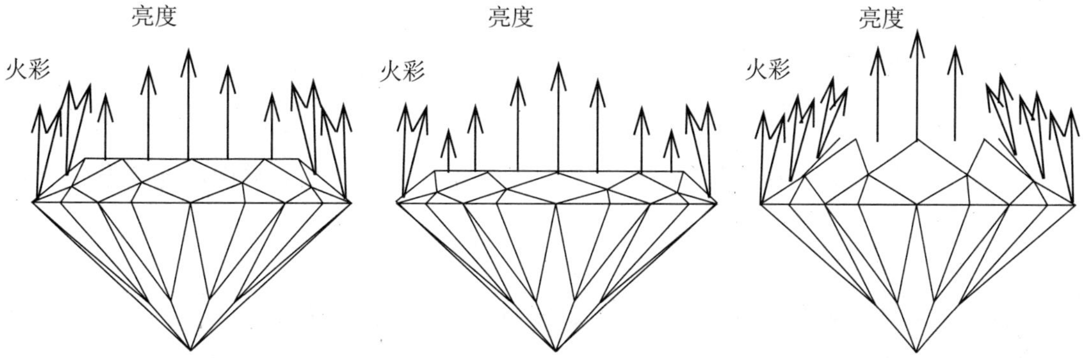

理想

薄钻石
大台面，浅冠部

深冠部，小台面

图 11-14　冠角和冠高对光的影响

容许误差

人们很快就认识到，比例和角度可有一定变化而不影响整体效果。1970 年国际钻石委员会（IDC）给出了容许范围。从那时起钻石款式又有变化，标准圆形明亮琢型的比例范围也稍有变化。以下是现今比例范围的归纳：

指标	一般	好	一般
冠角	27° ～ 31°	31° ～ 37°	37° ～ 41°
亭角	38° ～ 40°	40° ～ 42°	42° ～ 43°
台宽	67% ～ 70%	53% ～ 66%	51% ～ 52%
冠高	9% ～ 11%	11% ～ 16%	16% ～ 18%
亭深	40% ～ 41%	41% ～ 45%	45% ～ 47%
全深	53% ～ 55%	55% ～ 64%	64% ～ 67%

♦ 光在钻石中的效应

让我们来考虑钻石的性质：

折射率（RI）——2.42，高于绝大多数钻石仿制品。

折射率越高：
(1) 临界角越小；
(2) 反射率越高。

临界角：任何以大于临界角的角度到达光密介质和光疏介质分界面的光将发生全内反射（TIR）。

反射率：从钻石表面垂直反射的光量。钻石有非常高的反射率。

硬度：材料越硬，抛光可越好，刻面棱可越尖锐。

光泽：从材料表面反射的光量取决于反射率和表面的抛光程度。钻石不仅有高反射率而且硬度高。能有很好的抛光，所以光泽很好。钻石的光泽被称为金刚光泽。

色散：当光穿过两个倾斜的面，如冠部刻面时，它将分解成其组成色。这种效应称为“火彩”。钻石的色散值为 0.044。

圆形明亮琢型钻石的设计要考虑所有这些因素和它们之间的平衡以最大程度显示钻石的效果。

♦ 钻石比例的度量

在 **《钻石分级手册》** 中我们讨论并展示了如何仅用 10 ×放大镜来评价钻石的比例。

然而，为在实验室条件下获得精确的度量，还需要另一些设备。

可用台面量规测钻石台面占腰棱直径的精确百分比。要如图 11-15 所示从尖到尖地度量。

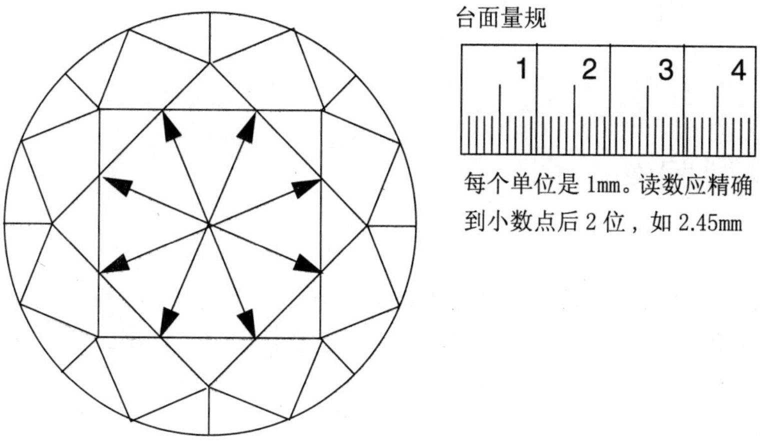

台面最大度量值换算成腰棱平均直径的百分数

如果腰棱平均 = 4.08 mm

$$台面宽度 = \frac{2.45}{4.08} \times 100 = 60\%$$

图 11-15　钻石台面宽度的度量

当观察花式琢型钻石的台面时，台面百分比是按台面宽度与腰棱宽度（不是长度）的比计算的（图 11-16)。

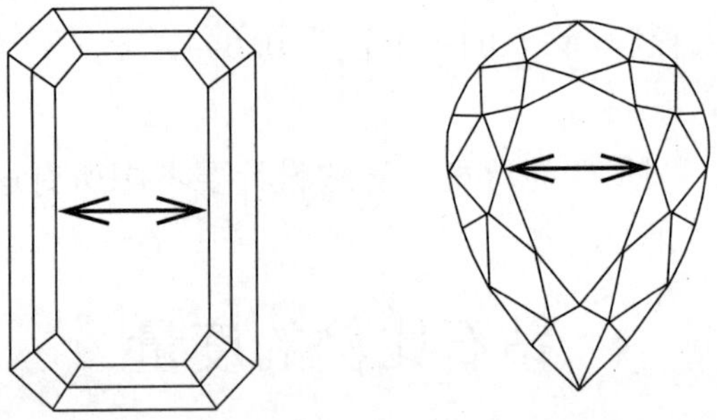

图 11-16　花式琢型台面尺寸的度量

进行度量的另一个办法是使用钻石比例仪。

钻石的放大影像被投射到刻有不同比例和角度的活动荧屏上。钻石被固定在夹具中，在荧屏上调整其放大影像，使之与所刻的标尺吻合。

也使用自动操纵的比例仪。

◆　钻石琢型归纳

以下几页中有从历史到现在的各种琢型的示意图。这些图的大多数是由 Appraiser Tech 公司友情提供的。有几千种不同的款式，也有标准琢型的许多改型。你会发现本章中的示意图与下几页中的示意图有一些微小差别。

在钻石证书考试中不要求全部会画这些图。然而，希望学生能画圆形明亮琢型、方形明亮琢型和祖母绿琢型的示意图以及主要花式琢型的轮廓图。学生还应表现出有对其他切磨款式的知识和理解。能画某些其他款式的示意图可对答题有帮助，但对此不要求。

钻石琢型发展史

图片由 Appraiser Tech 友情提供

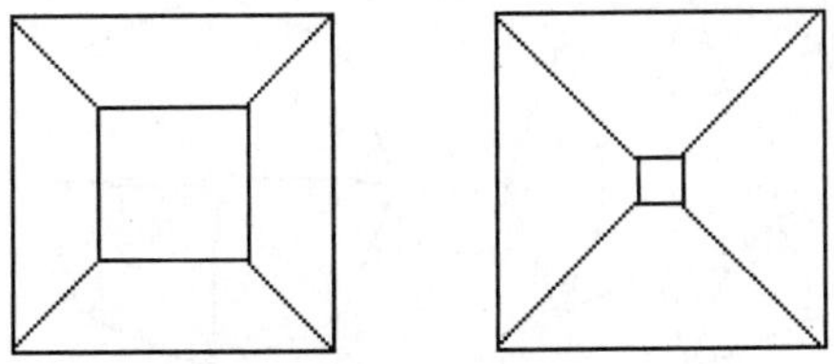

桌琢型（单琢型）

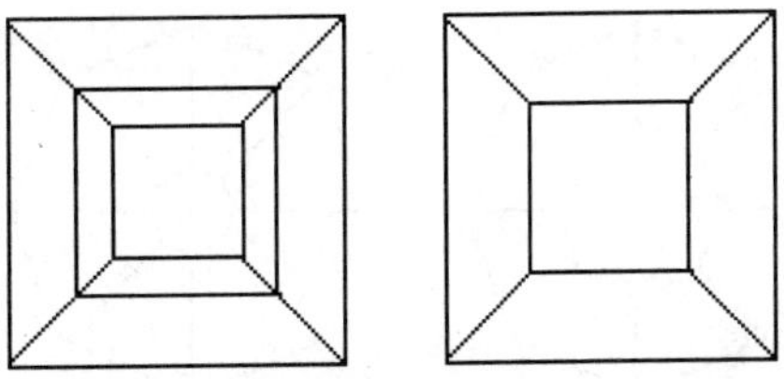

桌琢型（全琢型）

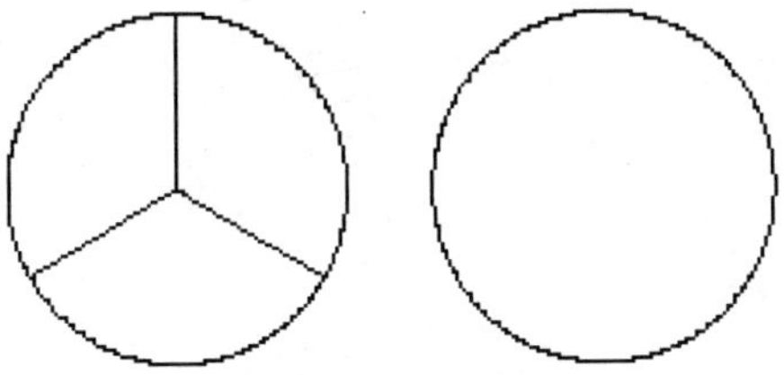

三刻面玫瑰琢型

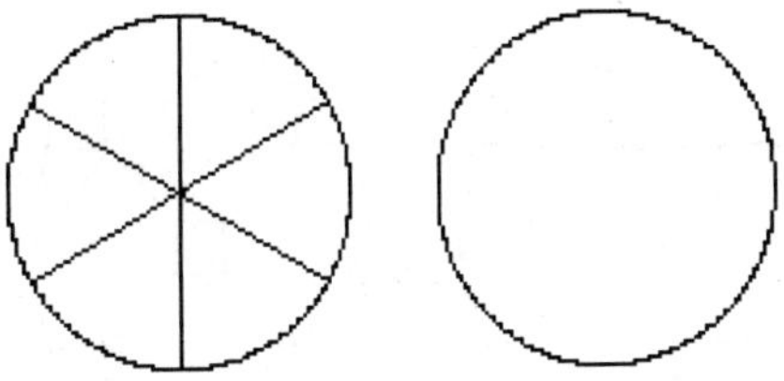

六刻面玫瑰琢型

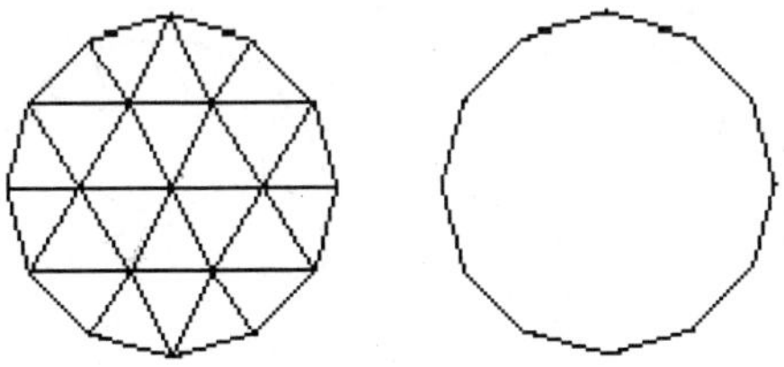

荷兰玫瑰琢型

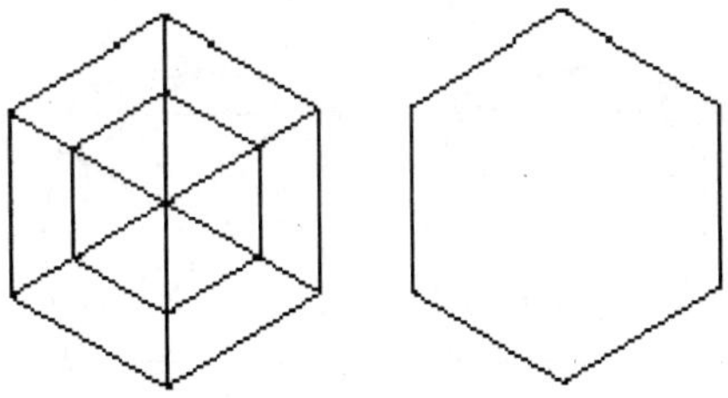

安特卫普玫瑰琢型

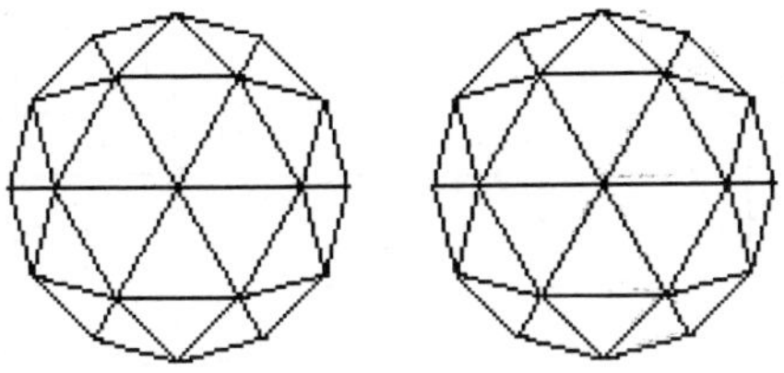

双玫瑰琢型

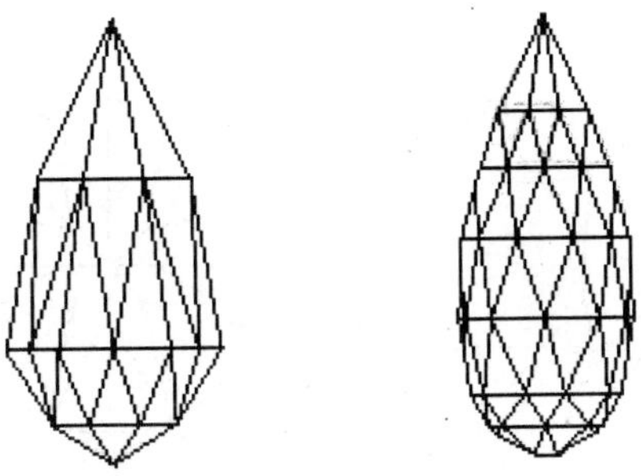

泪滴琢型的变化

钻石琢型发展史

图片由 Appraiser Tech 友情提供

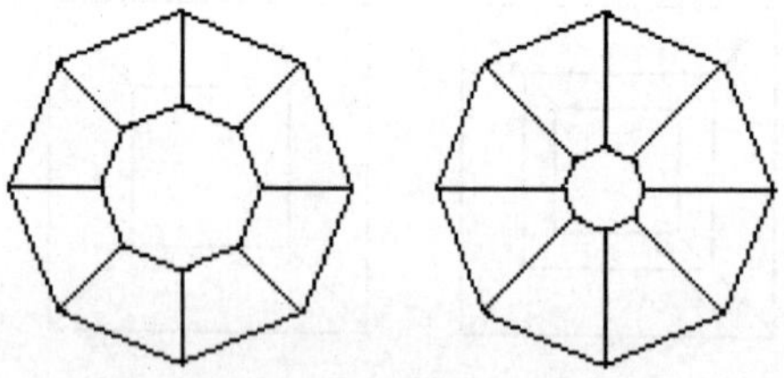

老单琢型

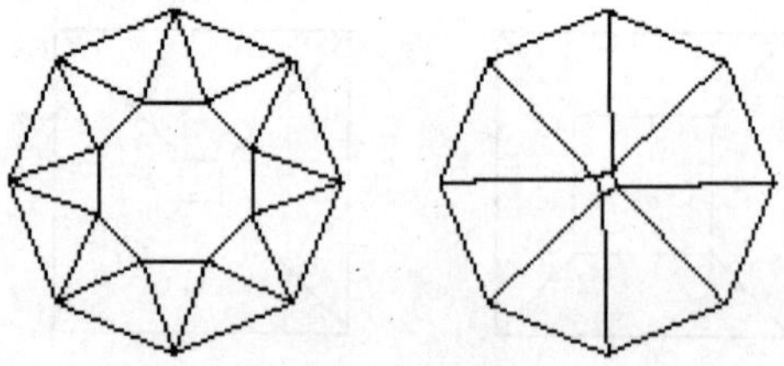

英国之星

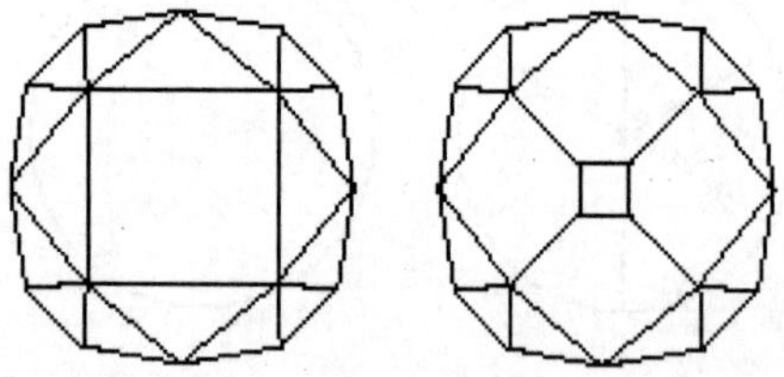

双琢型—马扎林琢型

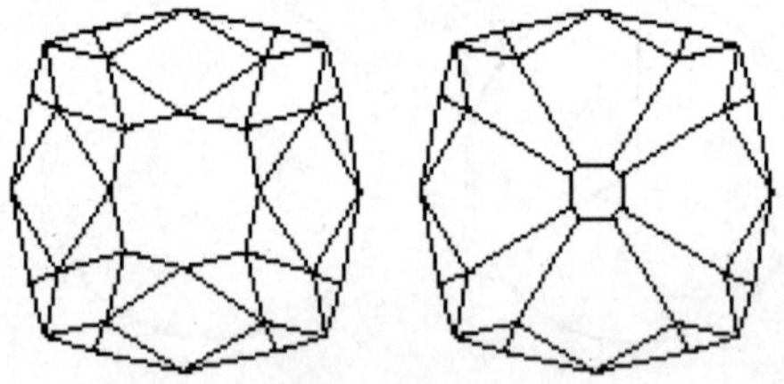

老矿琢型—三明亮琢型—帕鲁兹琢型

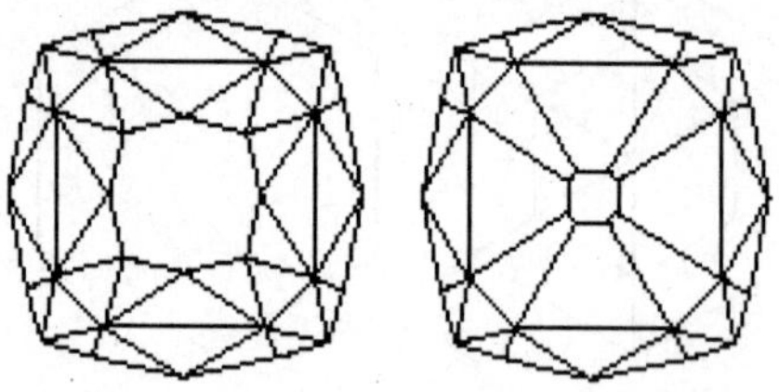

里斯木琢型—老矿琢型的变化

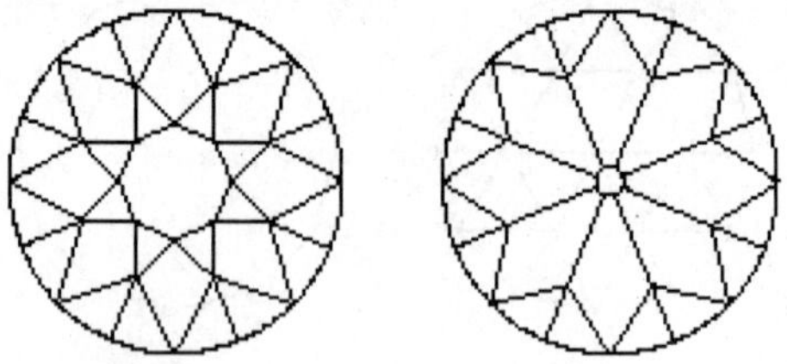

老欧洲琢型

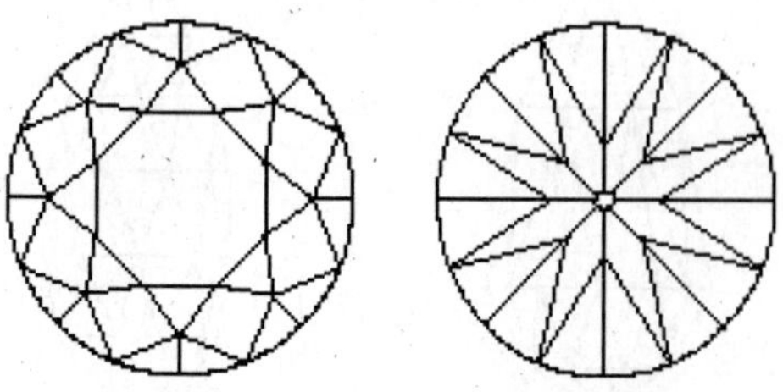

托尔可夫斯基型—美国明亮琢型

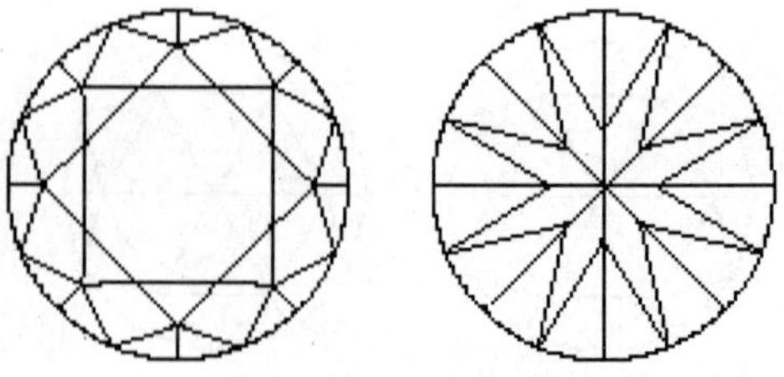

现代圆形明亮琢型

明亮琢型的变化

图片由 Appraiser Tech 友情提供

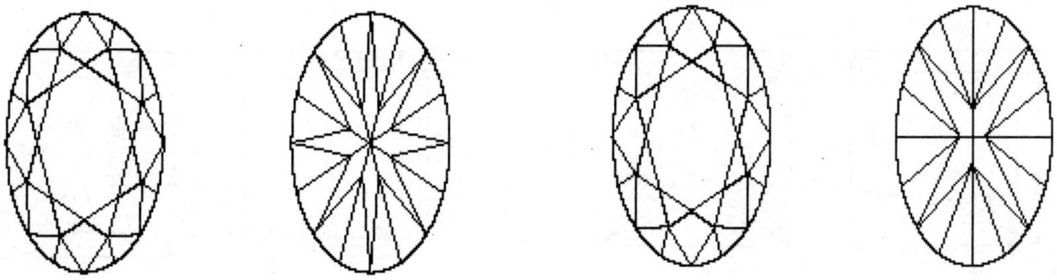

蛋形明亮琢型的变化

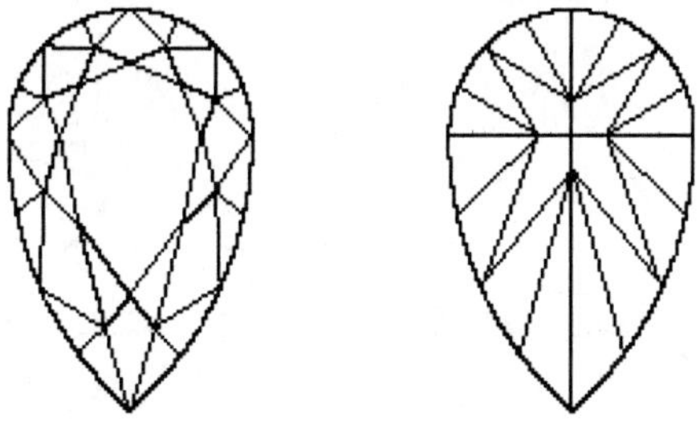

梨形

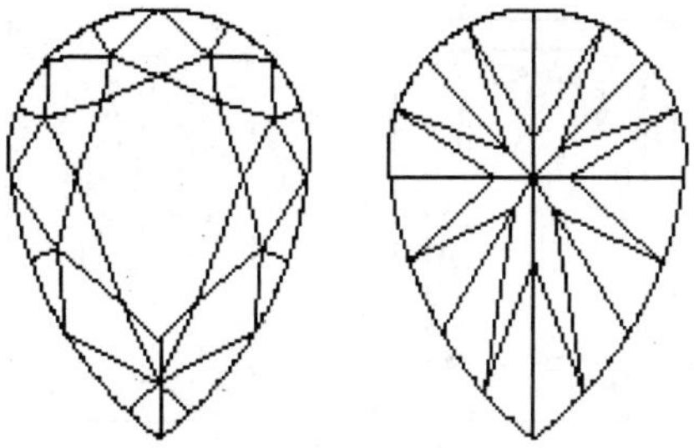

具法式尖端的梨形

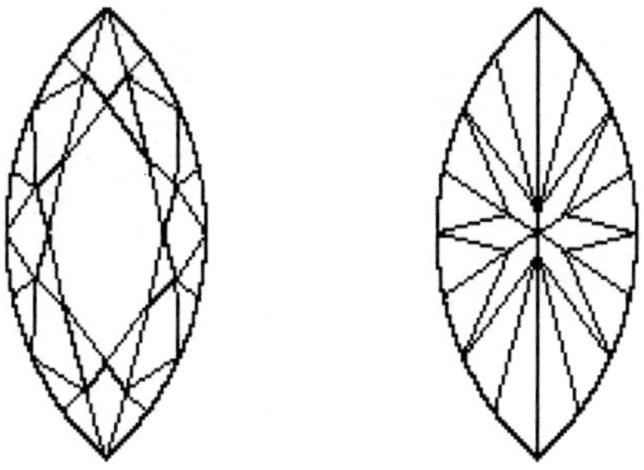

马眼形

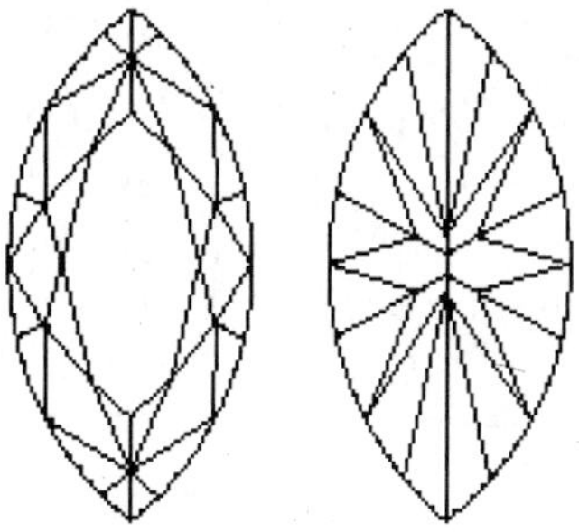

具法式尖端的马眼形

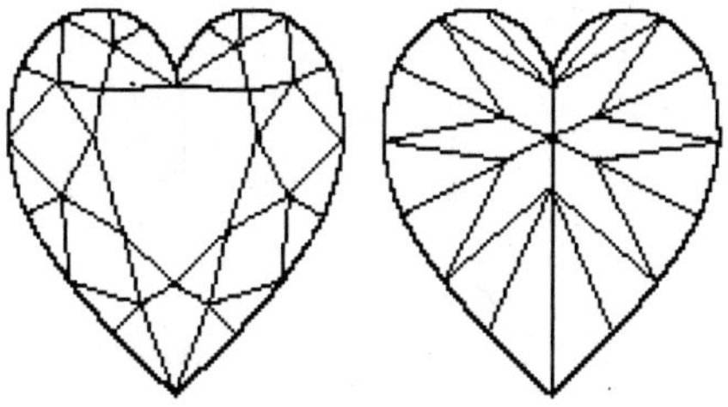

心形

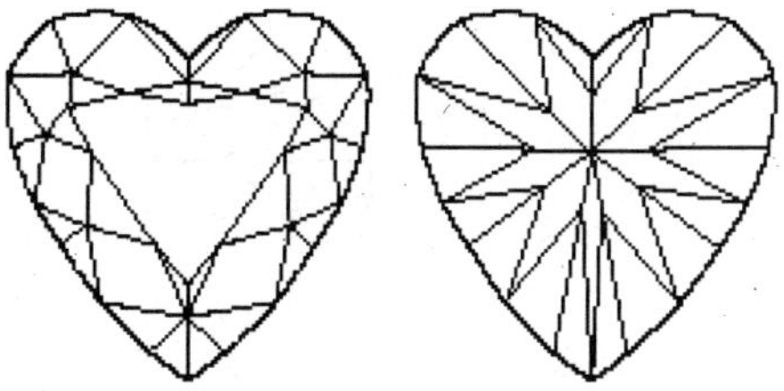

具法式尖端的心形

明亮琢型的变化

图片由 Appraiser Tech 友情提供

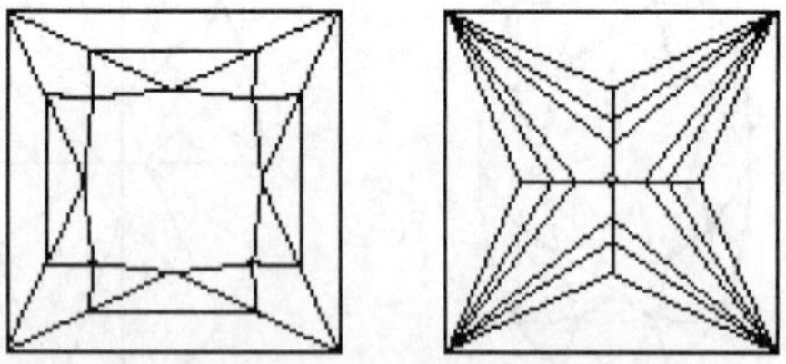

方形明亮琢型—公主琢型

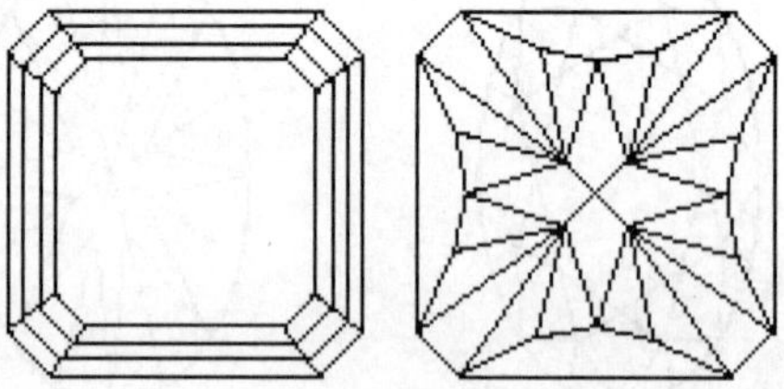

巴里昂琢型

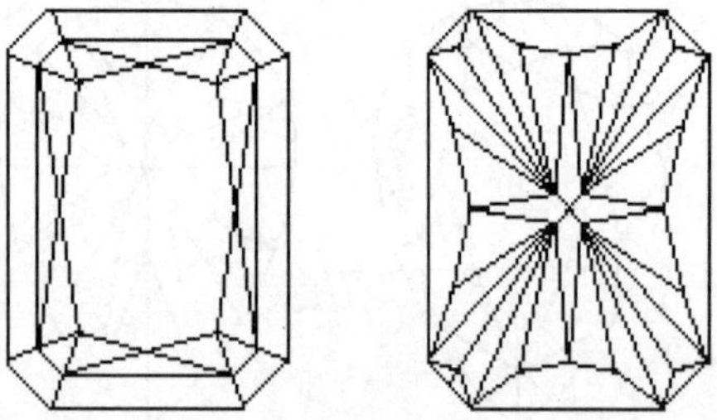

辐射琢型

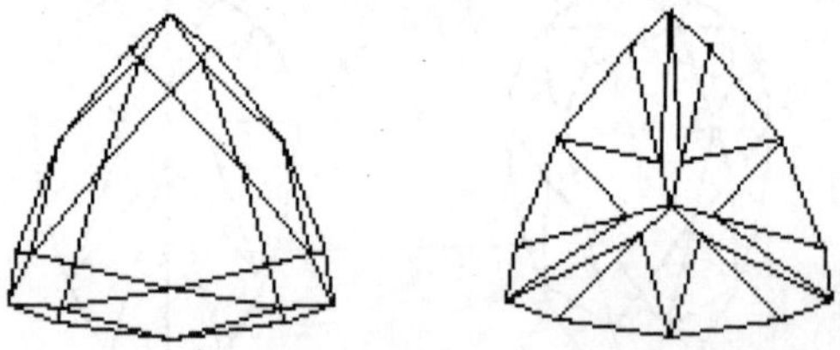

具圆三角形腰棱的三角形明亮琢型

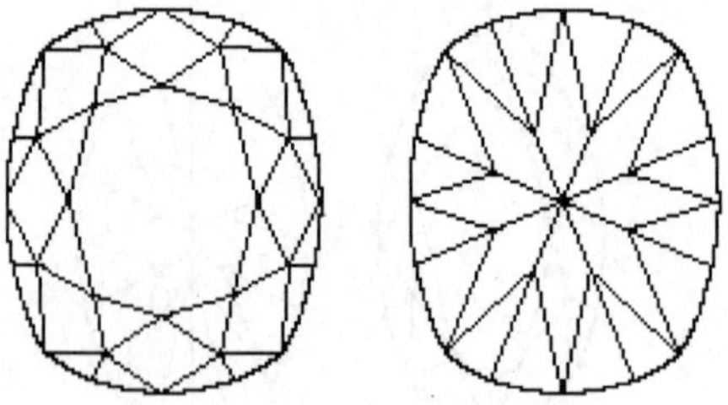

坐垫形明亮琢型

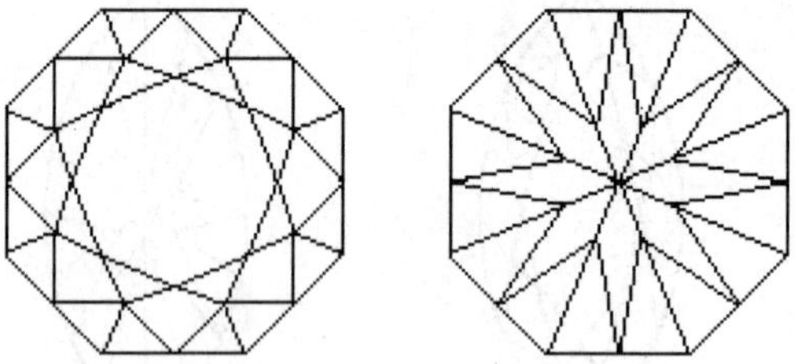

八边形明亮琢型

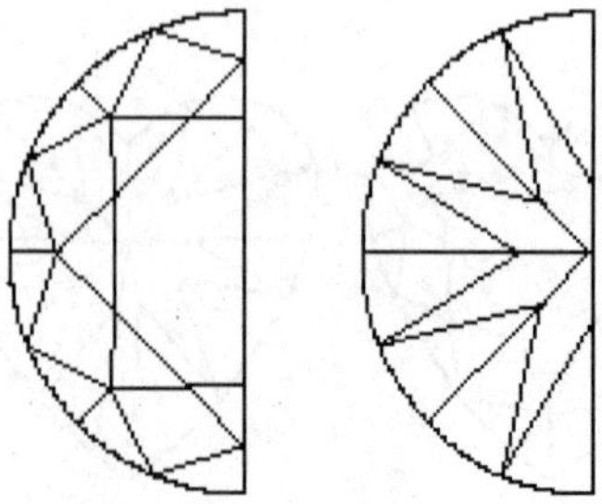

月亮形

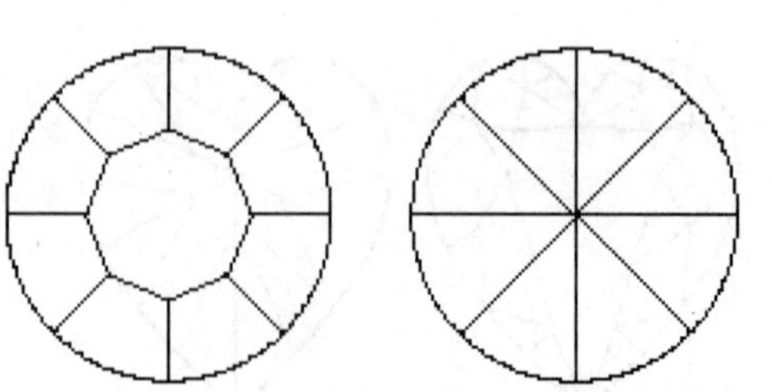

现代单琢型

圆形明亮琢型
（版权所有）DTC

蛋形明亮琢型
（版权所有）DTC

梨形明亮琢型
（版权所有）DTC

心形明亮琢型
（版权所有）DTC

马眼形明亮琢型
（版权所有）DTC

方形明亮琢型
（版权所有）DTC

祖母绿琢型
（版权所有）DTC

玫瑰琢型和老式琢型
（版权所有）
The Stationary Office

桌琢型
（版权所有）
The Stationary Office

向日葵琢型
（版权所有）DTC

火玫瑰琢型
（版权所有）DTC

百日红琢型
（版权所有）DTC

阶梯琢型

图片由 Appraiser Tech 友情提供

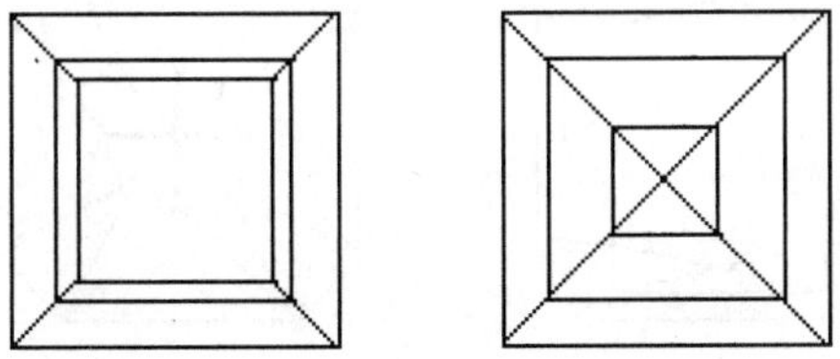

方形阶梯琢型

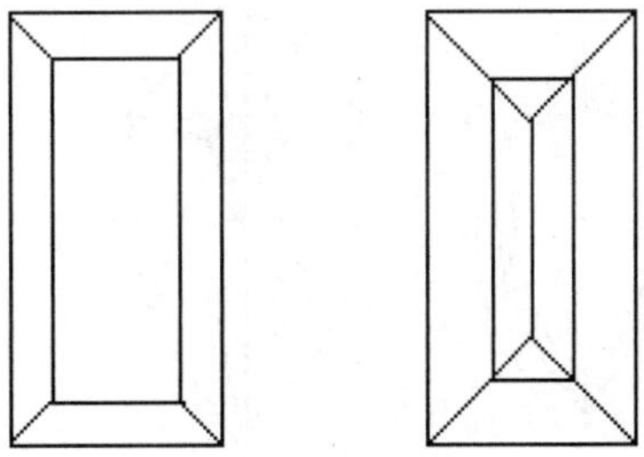

细长形琢型

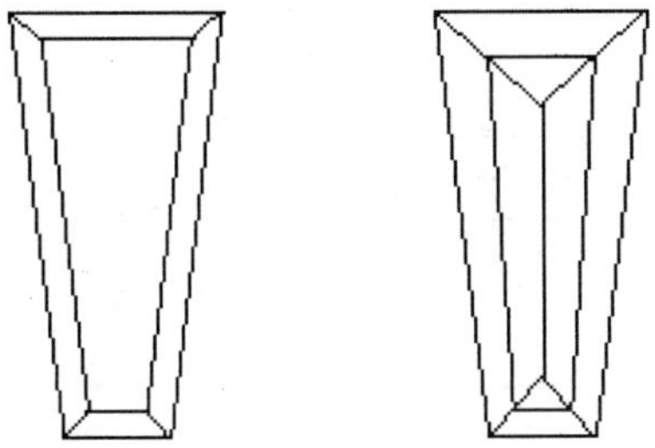

渐尖细长形琢型

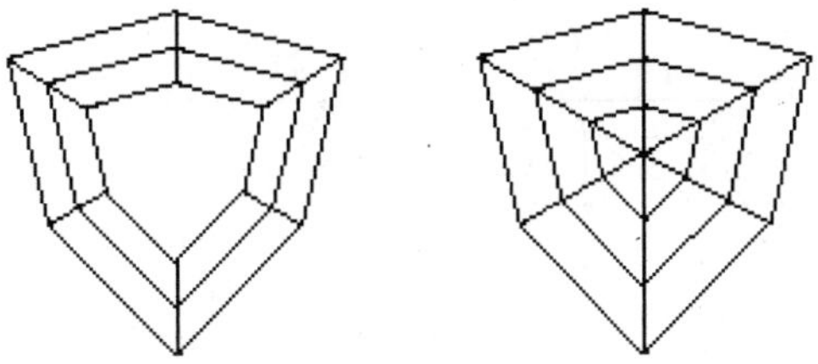

盾形阶梯琢型

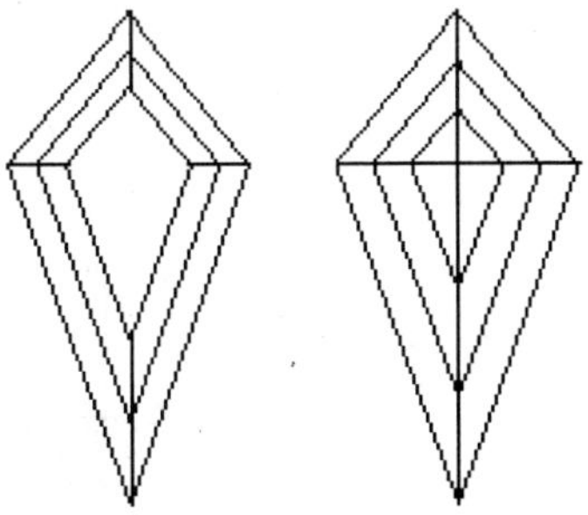

风筝形阶梯琢型

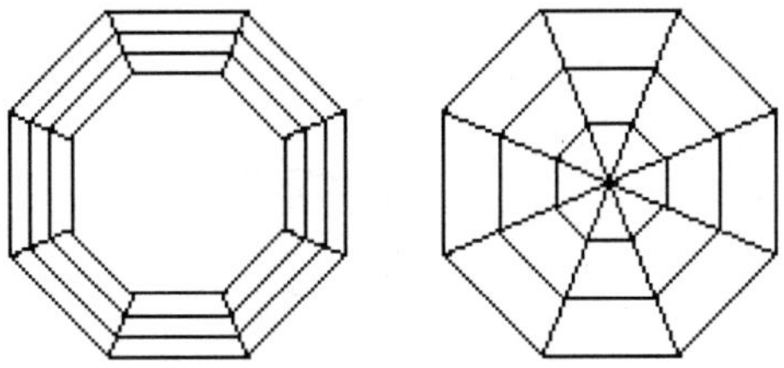

八边形阶梯琢型

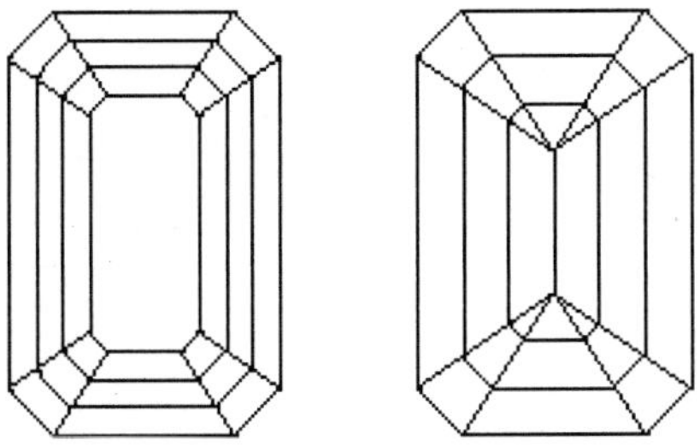

祖母绿琢型

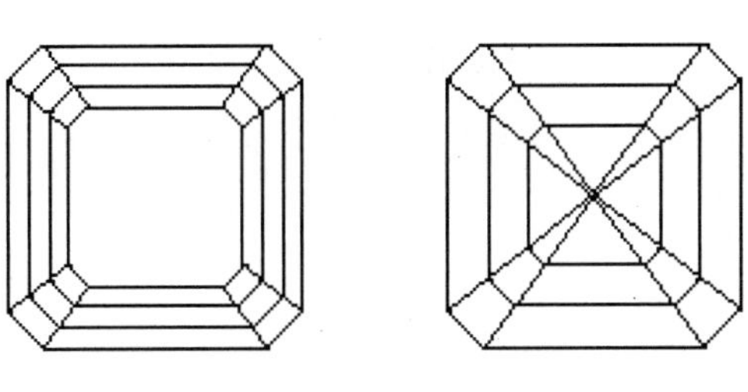

方形祖母绿琢型—Ascher 琢型

花琢型系列

图片由 Appraiser Tech 友情提供

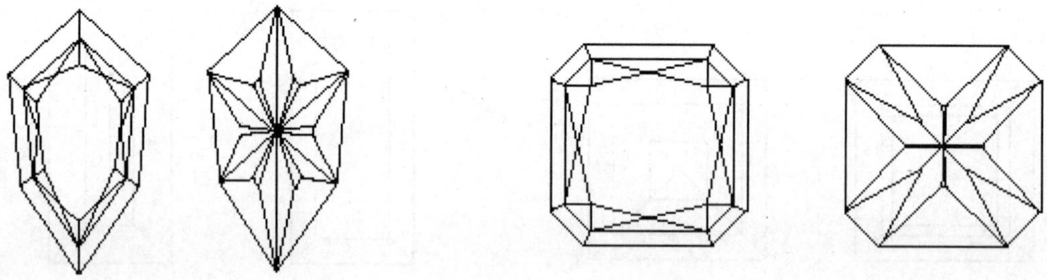

向日葵琢型的变化

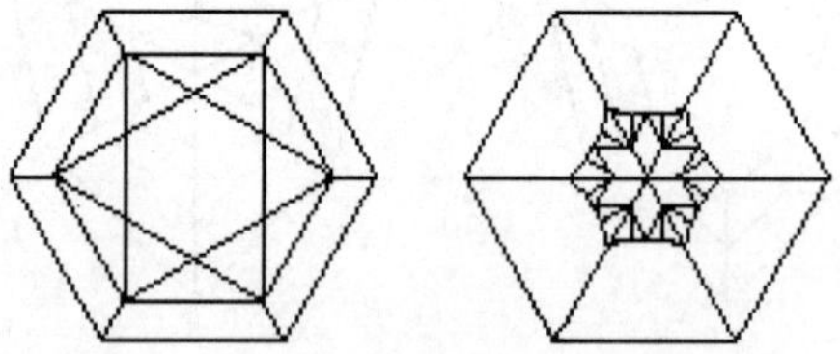

火玫瑰琢型

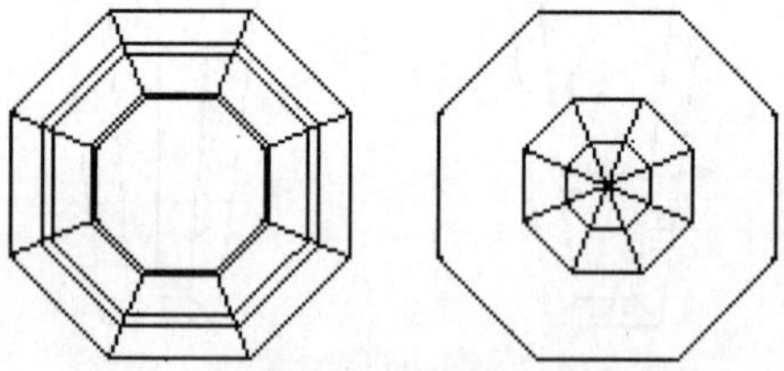

金盏花琢型

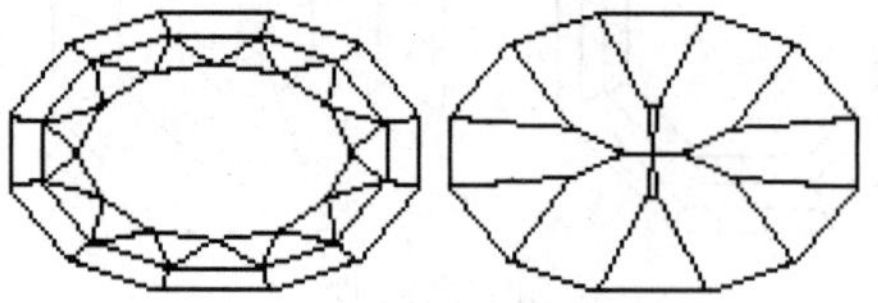

大丽花琢型

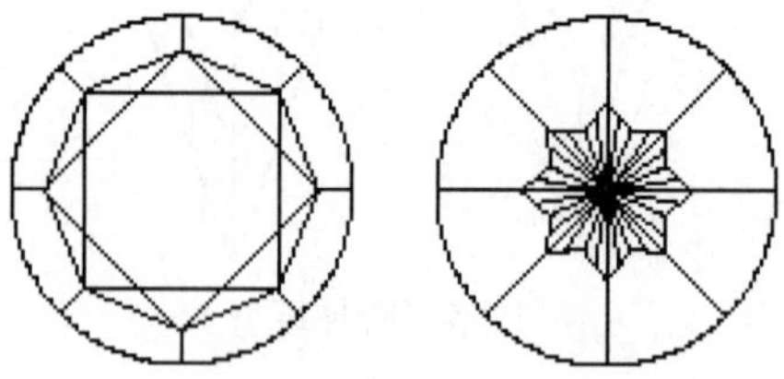

百日红琢型

其他/现代琢型

图片由 Appraiser Tech 友情提供

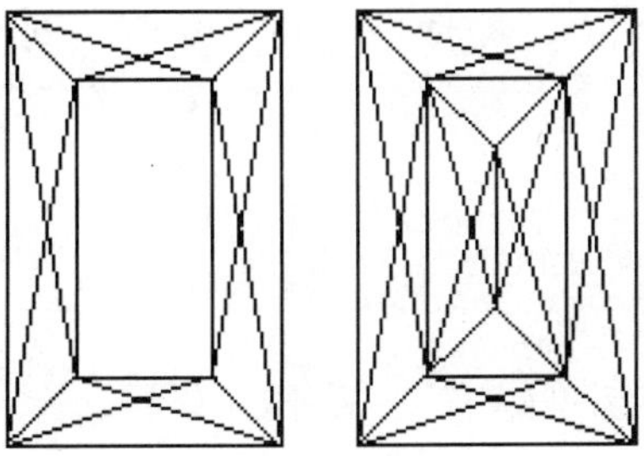

剪刀琢型

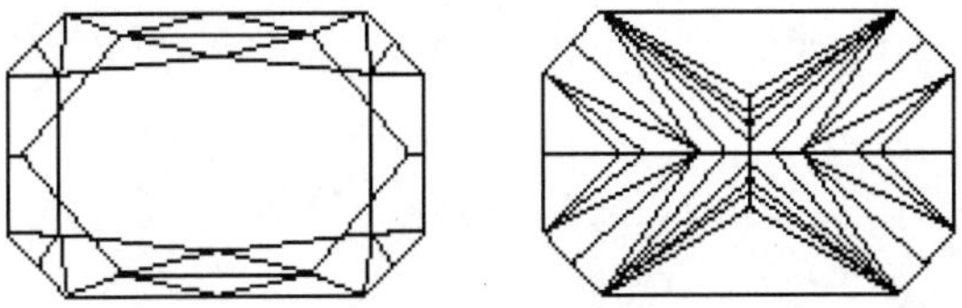

改型长方形明亮琢型，
实例包括 Phoenix 琢型

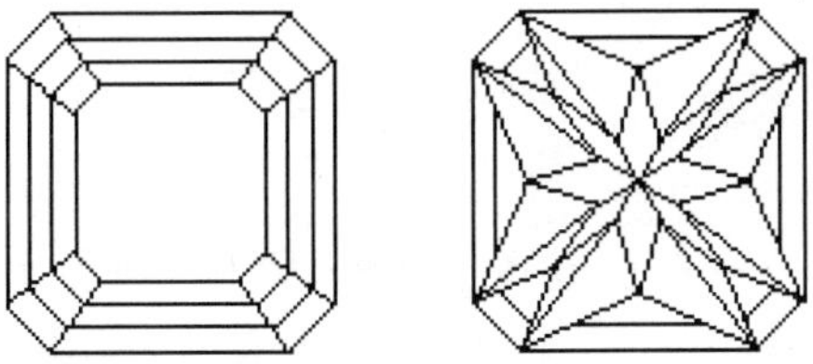

改型方形明亮琢型
实例包括 Lucére 琢型

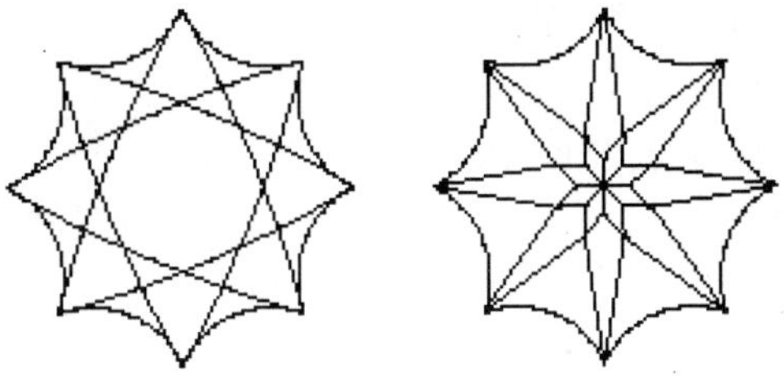

星琢型

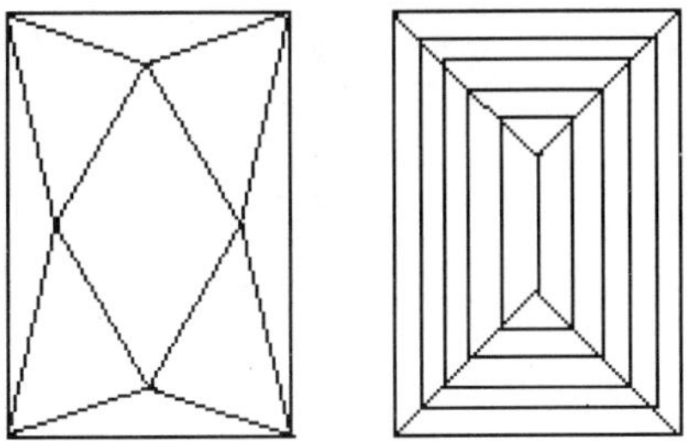

Tycoon 琢型

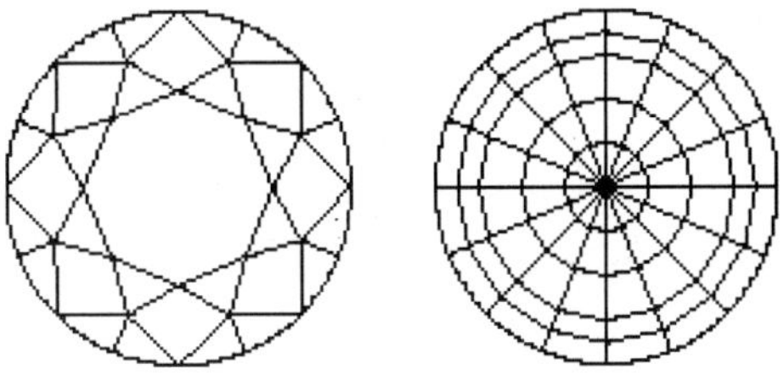

圆形混合琢型

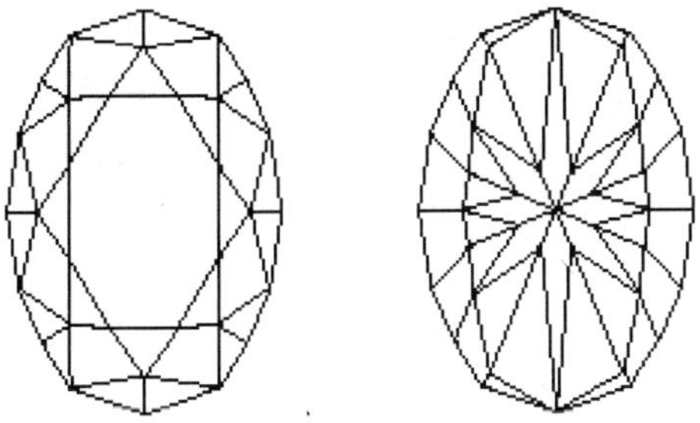

改型蛋形明亮琢型

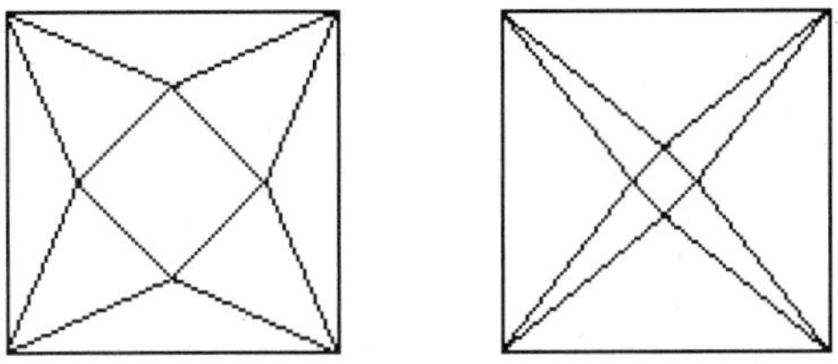

法国琢型

背景资料:

◆ 名钻

一些享誉多年的历史名钻已在前文中提到过。本章中我们将列出部分名钻。然而，在考试中学生不会被要求记住这些钻石准确的克拉重和年份，即便这些是已知的。列出这些名钻只是供参考。

光（明）之山(Koh-i-Noor)

最先提到是在 1304 年。这是来自印度的一颗蛋形琢型钻石，重 186 克拉。在维多利亚女王时代被重新切磨后重 105.60 克拉，现镶在王太后的皇冠上，与英国王室珠宝一道保存在伦敦塔博物馆。

库里南(Cullinan)

1905 年发现于南非的普列米尔矿，重 3 106 克拉，是已发现的宝石级钻石原石中最大的。库里南被切磨成 9 颗大钻和 96 颗较小的钻。最大的一颗重 530.20 克拉，梨形琢型，有 74 个刻面，镶在英皇的权杖上。次大的一颗重 317.40 克拉，坐垫琢型，镶在英皇的国家皇冠上。这两颗钻石都是英国王室珠宝的一部分，被保存在伦敦塔博物馆。

霍普(Hope)

重 44.52 克拉坐垫琢型的蓝色钻石，相信是来自印度。它是少见的 IIb 型钻石，在短波紫外光下发红光。现收藏于美国华盛顿的斯密森博物馆。

摄政王(Regent)

最初的名称是 Pitt 钻。这是一颗产自印度的重 140.50 克拉的坐垫琢型钻石。原石重 410 克拉。它先卖给了 Orleans 的君主，后于 1717 年又卖给了法国的摄政王，成为法国王室珠宝的一部分。现陈列于罗浮宫博物馆。

桑西(Sancy)

桑西钻是罗浮宫博物馆收藏的另一颗钻石，重 55.23 克拉，双玫瑰琢型。曾经是英国

第十一章　钻石琢型的历史

和法国王室珠宝的一部分。

伊利加 (Eureka)

伊利加钻是首次真正在南非发现的钻石，时间大致为 1867/1868 年。准确的日期不清楚，因为有几种不同的说法。原石重21.25克拉，切磨成坐垫琢型，重10.73克拉，带黄色调。

南非之星 (Star of South Africa)

1869 年由一位叫 Swartboy 的牧羊人拣到的重 83.50 克拉的钻石晶体。正是发现这颗钻石后掀起了南非的钻石风暴。切磨后的钻石称"南非之星"，蛋形琢型，重 47.69 克拉。

德累斯顿绿 (Dresden Green)

德累斯顿绿现收藏于德国德累斯顿的绿色宝库 (Green Vaults)，该钻石为天然绿色，重 41 克拉，梨形琢型。它可能是产自印度的戈尔康达，18 世纪 20 年代到了欧洲。

沙赫 (Shah)

该钻石来自印度，重 88.70 克拉，部分抛磨，浅黄色，上面刻有三位过去拥有者的姓名。现存俄罗斯克里姆林宫。

第凡尼 (Tiffany)

来自南非的金黄色坐垫琢型钻石，重 128.51 克拉。据纽约第五大街著名珠宝商命名。

百年纪念 (Centenary)

改型心形琢型钻石，重 273.85 克拉，D 色级，内无瑕。有 247 个刻面，其中冠部和亭部刻面 164 个，腰部刻面 83 个。原石重 599 克拉，1986 年发现于南非普列米尔矿。

千年之星 (Millennium Star)

戴比尔斯千年之星是重203克拉的经典梨形琢型钻石，D色级，无瑕。原石产自扎伊尔，重 777 克拉。

金庆典（Golden Jubilee）

原石重 755.50 克拉，1986 年发现于南非普列米尔矿。金黄色的火玫瑰坐垫琢型，重 545.65 克拉。它是泰国人民为庆祝国王普密蓬登基 50 周年送给他的。

威廉森（Williamson）

瑰丽的粉红色钻石。原石重 54.5 克拉，1947 年发现于坦桑尼亚的姆瓦杜伊矿。该钻石以矿发现者 John Williamson 博士的姓命名。威廉森在伊丽莎白公主出嫁时将钻石送给了她。钻石为圆形明亮琢型，重 23.60 克拉，镶在花枝状钻石饰针上。

泰勒－布尔顿（Taylor-Burton）

这是一颗 D 色级、无瑕、梨形琢型的钻石，重 69.42 克拉。原石是 1966 年在南非普列米尔矿发现的，重 240.80 克拉。这是影星伊丽莎白·泰勒的第五任丈夫 Richard Burton 送给泰勒的。

第十一章 钻石琢型的历史

第十一章课程强化题

1. 什么是已知最早的钻石琢型？
2. 桌琢型最初出现于何时？
3. 以下所列的是什么琢型：

4. 马扎林琢型的另一名称是什么？
5. 单琢型最初出现于何时？
6. 什么琢型在 19 世纪引入机械化粗磨后发展起来？
7. 祖母绿琢型和细长形琢型有何区别？
8. 什么是“火彩”？
9. 什么是“鱼眼”？
10. 什么是方形明亮琢型更常用的名称？
11. 什么是 Ascher 琢型？
12. 什么比例范围被认为是理想的？

冠角		台宽	
亭角		冠高	
亭角			

第十一章家庭作业题

1. 概述现代圆形明亮琢型的发展过程。 (20 分)

2. 你如何评价钻石的切磨质量? (6 分)
   说明你需要观察什么。 (7 分)
   差的切工如何影响明亮琢型的外观? (7 分)

3. 解释下列术语的含义:
   (a) 玫瑰琢型 (8 分)
   (b) 阶梯琢型 (8 分)
   (c) 花系列琢型 (4 分)

4. 简述下列名钻,包括它们的某些特征:
   (a) 库里南钻 (4 分)
   (b) 霍普钻 (4 分)
   (c) 德累斯顿绿钻 (4 分)
   (d) 第凡尼钻 (4 分)
   (e) 威廉森钻 (4 分)

第十二章　钻石的销售渠道

目　录

第十二章　钻石的销售渠道

◆ 钻石的销售渠道（图 12-1）

在20世纪大部分时间里，特别是在1934年到1996年间，存在基本上为单一渠道的钻石市场，钻石商贸公司（Diamond Trade Company, DTC）掌握了世界钻石原石产量的 80%。DTC 是戴比尔斯的销售机构。

1996 年澳大利亚的阿盖尔矿开始独立于 DTC 销售自己的钻石原石。1997 年俄罗斯正式被认可为独立的钻石原石销售者。

到 2004 年前，DTC 掌握着钻石原石市场的 50% 左右。不经过 DTC 的钻石大部分是通过设在安特卫普的开放市场销售，包括来自澳大利亚和加拿大的钻石。

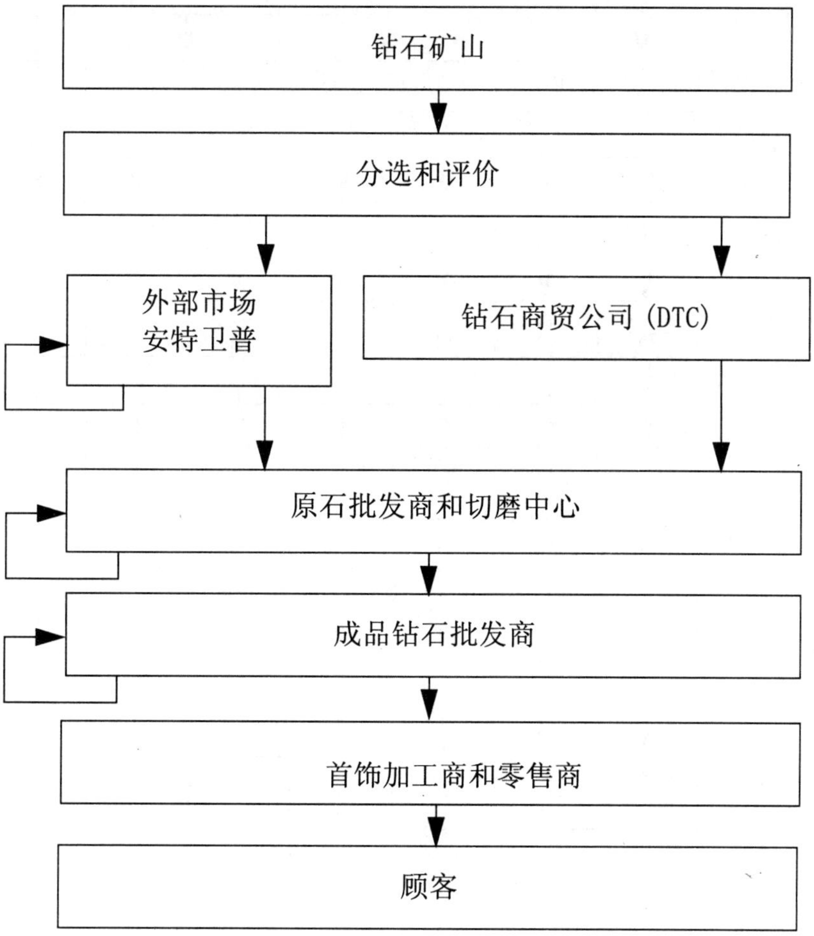

图 12-1　钻石销售渠道

背景资料：

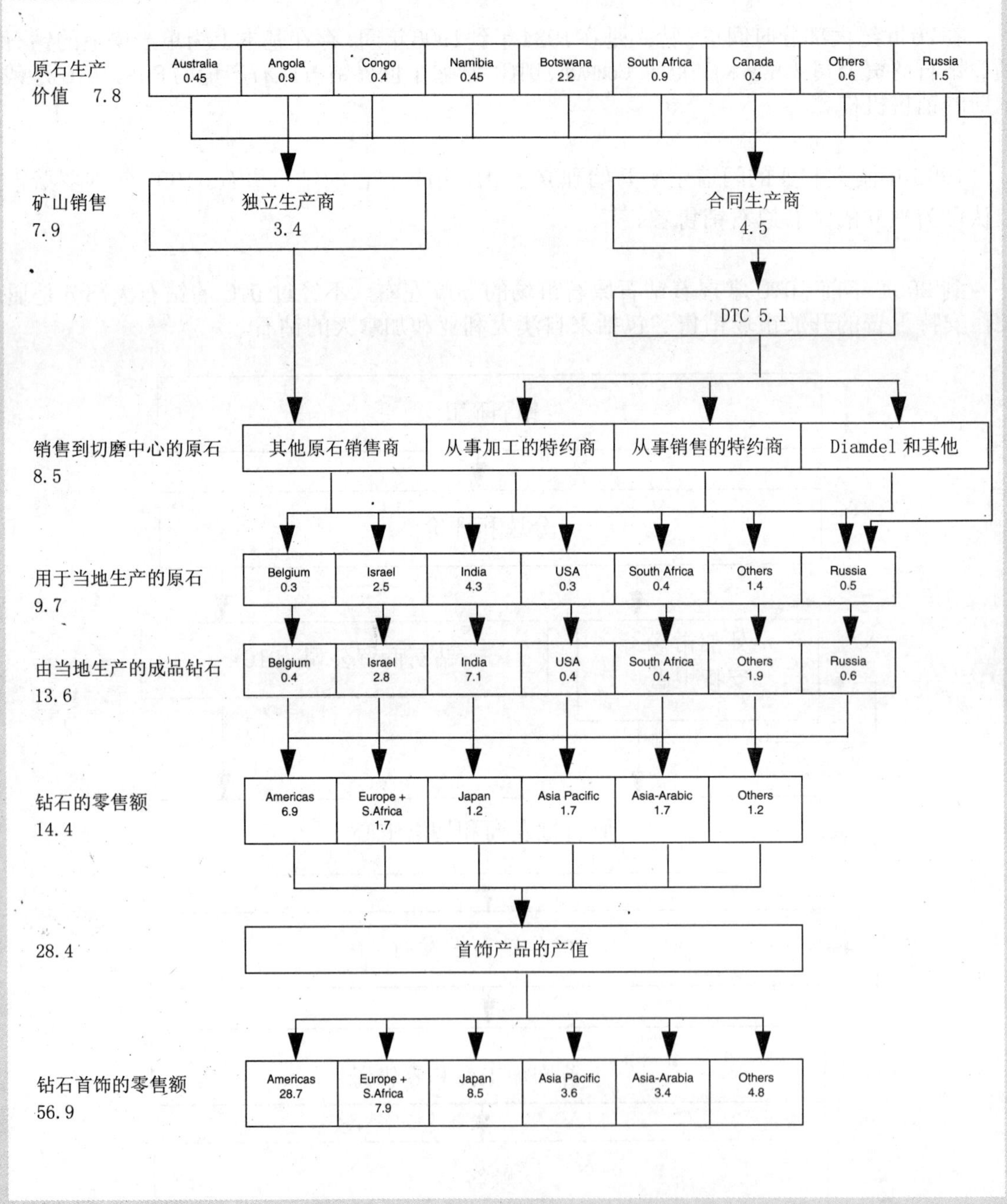

图 12-2 2002 年钻石销售额（单位为 10 亿美元）

第十二章　钻石的销售渠道

钻石销售示意图可加以扩展，以展示销售渠道每个阶段的销售量（图 12-2）。请注意，这只是作为背景资料提供，考试时不要求记住这些数字。数字是以 10 亿美元为单位，所根据的是 2002 年的资料。

◆　血腥钻石

国际钻石业对于产钻石国家的发展和经济福利是至关重要的。这些产钻石国家许多属于第三世界和发展中国家，譬如非洲国家。当管理得当、有法可依时，钻石能够提供用于基础和服务设施建设的资金。

然而，当这些重要的资源被用来支持动乱时，其后果是破坏性的。譬如，20 世纪 90 年代的塞拉利昂，反叛者控制了钻石产区并资助了反对得到国际承认的合法政府的战争。

通过实施金伯利程序，钻石业希望能阻止这些悲剧再度发生，同时能保护生产、加工和消费钻石的所有国家的利益。

♦ 金伯利程序

2002 年制定了金伯利程序，以阻止利用钻石来支持动乱。这是一种开具钻石原石产地证书的程序，它能从产地到加工厂对钻石实施追踪。

每单运出或进入协议国的钻石原石都要求有金伯利证书，每个证书要有专门的编号和说明该单货内容的资料。没有证书的货不准进入协议国。

金伯利证书只针对入境的钻石原石，当在国内销售时则不需要，但所有发票上要有“担保体系”(System of Warranties) 的申明。

世界钻石协会的“担保体系”申明要求原石和成品钻石的销售者在他们开具的所有发票中有如下肯定的陈述：*“开具发票的钻石是从合法来源购得，不涉及资助动乱并符合联合国的决议。销售者根据个人的了解和这些钻石的供应商所作出的担保，保证这些钻石与动乱无关。”*

要求钻石公司保存所开具的和所收到的全部发票的记录，以备有些被正式授权的政府机构希望据此确认他们是遵守了金伯利程序的。

这个担保体系从 2003 年开始实施，所有在此之前库存的钻石原石都要由适当的政府机构进行登记，以使货单能得到金伯利证书。

成品钻石的货单不要求有金伯利证书。

更多的细节和协议国名单可从 *www.kimberleyprocess.com* 查阅。

背景资料：

◆ 一些钻石矿业公司

我们可借助加拿大钻石销售渠道来考察一些主要钻石公司的相互关系。这个销售渠道是 2004 年初的，一些新矿山也包括在内（图 12-3）。

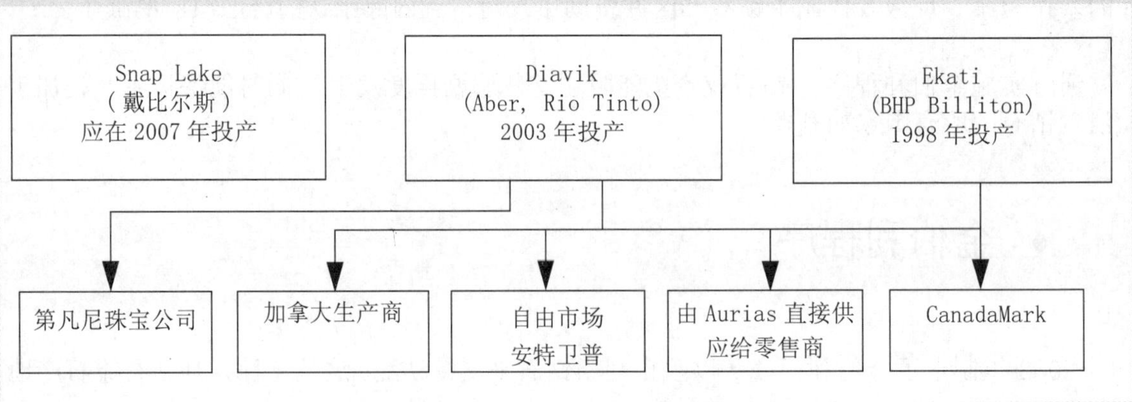

图 12-3　2004 年加拿大钻石销售渠道

为简单起见，以下的公司是按公司名称英文拼音的顺序排列的。

♦ ALMAZY ROSSII-SAKHA(ALROSA)

ALROSA Co. Ltd.（俄罗斯雅库特钻石公司）成立于 1992 年，是俄国最大的钻石公司。它的主要业务领域包括钻石的勘探、开采和销售。它的两个最大的矿山是 Udachnaya（成功）和 Jubilee（佳节）。

♦ BHP BILLITON

BHP Billiton 是一家全球性的资源公司。公司的主要业务是天然资源的发现、开发和转化。

该公司拥有加拿大 Ekati(阿卡提)钻石矿 80% 的股份并销售自己的 AURIAS 品牌钻石。它还在安特卫普设有市场推广机构。

♦ 戴比尔斯集团 (THE DE BEERS GROUP)

戴比尔斯成立于 1888 年，是世界上最大的钻石矿业公司。它从自己设在南非的矿山和与博茨瓦纳、纳米比亚、坦桑尼亚政府合作的矿山开采占全球 40% 的宝石级钻石。

戴比尔斯还与另一个大型矿业公司 Anglo American(英美公司)有密切关系。Anglo American 拥有戴比尔斯 45% 的股份。Anglo American 成立于 1917 年，是一个全球性的资源和矿业公司，其感兴趣的领域包括黄金、铂金、钻石、煤炭、铁和有色金属、工业矿物以及纸业和包装。

以下简要介绍戴比尔斯集团，它包括：

(1)De Beers Consolidated Mines（戴比尔斯联合矿业有限公司，南非）
(2)Debswana Diamond Company（博茨瓦纳）
(3)Namdeb Diamond Corporation（纳米比亚）
(4)De Beers Canada
(5)Diamond Trading Company (DTC, 钻石商贸公司)
(6)DTC Research (DTC 研究公司)
(7)Element Six

De Beers Consolidated Mines (DBCM)

DBCM 主要从事在南非的钻石开采，包括有
(1)Venetia（维尼提）
(2)Cullinan（库里南，原名普列米尔）
(3)Koffiefontein（科菲丰坦）
(4)Kimberley（金伯利）
(5)Namaqualand（纳马夸兰）
(6)Finsch（芬什）

(7) The Oaks（奥克斯）

这些矿山生产的钻石占南非钻石总产量的 90% 以上。

Debswana Diamond Company（博茨瓦纳）

戴比尔斯和博茨瓦纳共和国政府各占 Debswana 钻石公司一半的股份。它是博茨瓦纳最大用工单位和最大创汇单位。它包括如下矿山：

(1) Orapa（奥拉帕）
(2) Lethlakane（莱特哈坎）
(3) Jwaneng（杰旺年）

Namdeb Diamond Corporation（纳米比亚）

戴比尔斯和纳米比亚共和国政府各占 Namdeb 钻石公司一半的股份。它是纳米比亚最大的纳税户、出口商和非政府用工单位。钻石出口额占纳米比亚总出口额的 30% 以上。

Namdeb 钻石公司拥有 6 个矿山的开采权，主要集中在纳米比亚的西南部，从奥兰治河口沿纳米比亚海岸带分布并朝海延伸。

滨外带由戴比尔斯的纳米比亚海洋公司代表 Namdeb 钻石公司进行开采。

De Beers Canada

De Beers Canada（戴比尔斯加拿大公司）有两个预计在 2007 年投产的项目：

(1) Snap Lake 钻石项目，位于西北内陆区
(2) Victor 钻石项目，位于北安大略

Diamond Trading Company (DTC)

设在伦敦的 DTC（钻石商贸公司）是戴比尔斯集团的销售机构，它掌握了全球钻石原石的 50%。它既从戴比尔斯集团的矿山获得原石，也从世界其他地方的矿业公司按协议获得原石。

大钻单颗评价
（版权所有）DTC

在DTC分选钻石原石
（版权所有）DTC

在DTC按质量分选钻石原石
（版权所有）DTC

在DTC为看货会准备钻石原石
（版权所有）DTC

这里所示是具同等价值的3组钻石
（版权所有）DTC

第十二章　钻石的销售渠道

钻石原石经分选后掺合成供销售的混装货并提供给看货会的特约商。特约商是钻石原石批发商或钻石加工厂主。他们大都来自安特卫普、特拉维夫、孟买、纽约和约翰内斯堡。看货会每年在伦敦和约翰内斯堡举行 10 次，以伦敦看货会的规模最大。

按照 DTC 的“精选供应商”的销售和市场促销战略，通过提供更为面向顾客的服务，使其成为精选的买主。

其重新定向战略的一部分就是实施缩短销售渠道的计划。这就是说，DTC 将减少库存并使原石能在更短时间内从矿山到达消费者手中。

总而言之，尽管戴比尔斯集团依然对钻石市场有重要影响，但已不再是唯一的控制力。DTC 通过单一渠道控制钻石供应和需求的传统观念正在改变。

背景资料：

DTC 还在英国的 Maidenhead 设有研究中心。DTC 研究中心是戴比尔斯集团实验室系列的组成部分，从事于开发一系列与钻石有关的工艺，从设计和生产用于分选钻石原石的机械到鉴定合成钻石、处理钻石和钻石仿制品的仪器设备。

Element Six

世界钻石中只有 40% 是用于首饰，其余 60% 则用于工业。Element Six 公司是戴比尔斯集团从事工业钻石的机构，它提供高质量的磨料和工业钻石，既有天然的，也有合成的。

合成钻石既有单晶质的，也有工业用磨料和非磨料的多晶质材料。合成方法包括高压高温生长和化学气相沉淀（CVD）。这已在第六章中介绍过。

Element Six 公司在爱尔兰、瑞士、荷兰、南非和英国有处理和加工设施，在南非和英国有研究实验室。

♦ RIO TINTO

Rio Tinto 公司是全球性的资源和矿业公司，主营矿物和金属。主要产品是铝、铜、钻石、煤炭、铀、金、工业矿物（如硼砂）和铁矿石。

Rio Tinto 公司的钻石产业包括其在澳大利亚、加拿大和津巴布韦的股份及设在比利时和印度的钻石销售机构。

Rio Tinto 拥有并经营西澳大利亚的阿盖尔矿，还拥有加拿大西北内陆区 Diavik. 钻石矿山 60% 的股份。

加拿大安大略省多伦多的 Aber 钻石公司拥有 Diavik 钻石矿山另外 40% 的股份。而有趣的是，第凡尼珠宝公司又拥有 Aber 钻石公司 14% 的股份，并在加拿大有加工厂，切磨他们自己的钻石。

◆ 钻石原石分选

分选钻石原石所根据的是：

(1) 大小；
(2) 形状 / 式样；
(3) 质量（净度）；
(4) 颜色。

譬如，设在伦敦的 DTC 主要办事机构将钻石划分为几千种不同的等级。最初的分选大部分是用分选机进行的，只是最终分选用手进行。

分选室从矿山收到的成包的货称为 “原矿”，它包括了矿山所生产的从宝石级的到低等级非宝石级的钻石。分选的第一阶段就是把混装货分成宝石级和非宝石级钻石。

大小

将宝石级钻石按大小分成若干等级。现在已能用机械自动完成。

(1) 超大钻 (Specials)：重量超过 10.80 克拉的钻石从混装货中取出并单个评价；
(2) 大钻 (Large goods)：重量在 2 克拉到 10.80 克拉之间的钻石；
(3) 格令钻 (Grainers)：重量在 0.75 克拉到 2 克拉之间的钻石；
(4) 小钻 (Smalls)：重量小于 0.75 克拉的钻石。

(1 克拉 = 0.2 克，见第十三章)

第十二章　钻石的销售渠道

形状/式样

晶体形状，也叫式样，对于钻石原石是重要的，因为它有助于确定切磨款式和可能的成品率。成品率是成品钻石的重量与抛磨前原石重量之比，用百分数表示。

一些术语用来描述原石的形状：

（1）正形（Stones）：形状完好的晶体；
（2）有形（Shapes）：规则到稍变形的晶体；
（3）劈钻（劈开片，Cleavage）：不规则状破裂的晶体（也见下文的不规则碎块）；
（4）三角薄片双晶（Macle/Maccle）：通常呈三角形的双晶体；
（5）扁平片（Flats）：薄而平的晶体；
（6）可锯形（Sawable，Z）：抛磨前需锯开的晶体。这些晶体可加工出2个或更多个成品钻石，其成品率通常高于可制形；
（7）可制形（Makeable，MB）：这些原石只能加工成一颗成品钻，不需要先锯开；
（8）不规则碎块（Chip）：小的不规则的晶体碎块；
（9）需劈开加工的钻石（Clivage）：加工前需先劈开的晶体。

质量

钻石原石的质量（quality）与成品钻石的净度（clarity）这两个术语有相同的含义。确定原石的质量就是放大检查钻石中影响切磨和最终价格的包裹体（图12－4）。

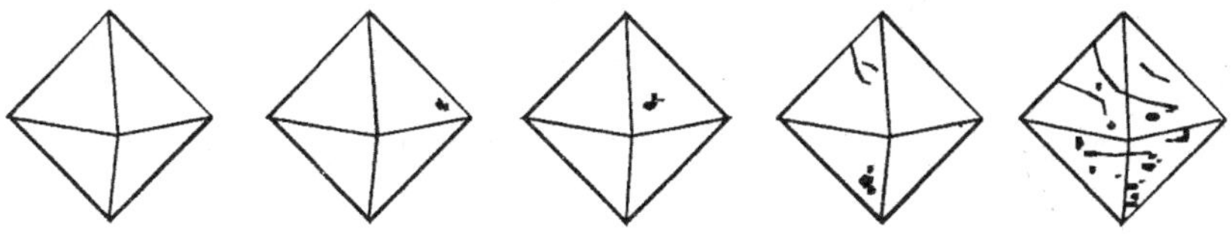

图12－4　原石的质量：从洁净到重瑕

颜色

每个质量等级再按颜色从无色到带明显黄色调分为若干等级（图12－5）。对带绿或褐色调的钻石以及彩色钻石也以同样的方法分级。

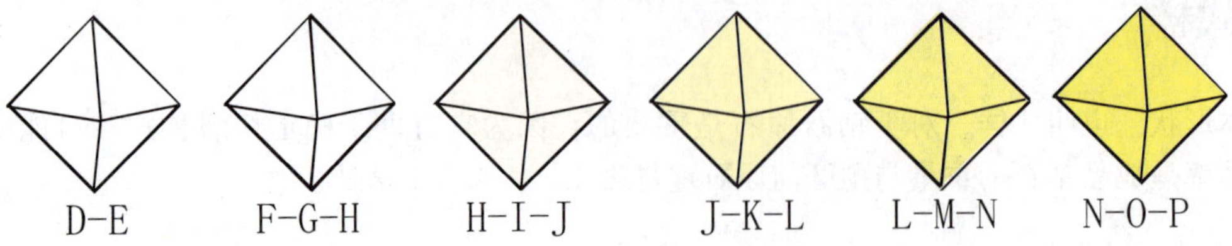

图 12-5 颜色

♦ 定价

也和其他大公司一样，DTC 有自己的不断更新以反映现行市场状况的定价手册。

如果能够计算出从原石加工出预期颜色和净度的成品钻石时的成品率的话，还可根据成品钻价格指南来计算成品钻的大致价格。然而，这时必须把加工成本考虑在内。

◆ 切磨中心和钻石交易所

现今世界上有 4 个主要的钻石切磨中心：

(1) 纽约——大部分是大钻；
(2) 安特卫普——大部分是中等大小的货，但能加工所有尺寸的；
(3) 以色列——机械切磨，花式琢型；
(4) 印度——小的和低质量的货。

钻石也在许多别的国家切磨，远东一些切磨中心的重要性正与日俱增。

♦ 纽约

美国的钻石切磨业起源于 19 世纪 80 年代的波士顿，后来很快就转移到了纽约。20 世纪 30 年代，许多来自欧洲的移民在曼哈顿商业区和住宅区之间靠近洛克非勒中心的地段建立了切磨厂。现在那里的劳动力很贵，加工较小的钻石从经济上不合算。那里切磨工不多，切磨的钻石数量也不大，但所加工的钻石因其质量和尺寸而在国际市场上占有重要地位。

第十二章　钻石的销售渠道

♦ 安特卫普

从 1500 年开始安特卫普就已是起主导作用的钻石贸易中心。19 世纪 70 年代和 80 年代，由于此前加工店的停滞和这时南非钻石流入造成的市场饱和，导致了钻石业的巨变。1893 年钻石俱乐部的成立很快就吸引了世界各地的零售商。第一次世界大战使贸易中断，但前比属刚果发现钻石又使商贸得以扩展。到 1930 年前，有 27 000 名工人在安特卫普钻石业工作。现今的人数已少了许多。

♦ 特拉维夫

钻石业是在第二次世界大战中建立的并在以色列国成立后开始繁荣。当时尚缺乏经验的钻石业得到了政府的慷慨支持。引入了流水作业法。缩短了生手的培训时间，因为他们只需学习和精通一个环节。付给他们计件工资。1968 年在特拉维夫东北的拉马特甘成立了钻石交易中心。该中心是小钻和花式琢型钻最主要供应者。

♦ 孟买

印度作为钻石切磨中心已有几个世纪，但在第二次世界大战后才随着钻石贸易公司于 1949 年的成立得以扩展。现今的成功要归因于低廉的劳动力，这使得印度有可能加工其他中心无利可图的小的和低质量的钻石。孟买是主要的销售中心，而大部分钻石是在北面古吉拉特的家庭作坊中加工的。这些小作坊只需小的投资和简单的设备。

其他钻石切磨中心还有俄罗斯、泰国、斯里兰卡、中国和非洲。

♦ 成品钻石市场

切磨后的钻石直接供应给了首饰生产商或进入成品钻市场。

成品钻的 5 个贸易中心是：

(1) 安特卫普；
(2) 纽约；
(3) 以色列；

(4) 印度;
(5) 香港(由于其自由港地位)。

钻石从矿山到零售商要经过很长的旅程,不只是多次倒手,而且要经过许多国家。

大部分钻石贸易是通过钻石交易所或钻石交易中心。这是销售商们可以聚在一起比较安全地做生意的地方。

安特卫普是唯一有 4 个交易所的城市,它既销售原石也销售成品钻。大多数城市只有一个交易所。进入交易所有严格要求。交易所在其成员中起管理者的作用,它能调解争端而不经过法庭。国际钻石交易所联合会(World Federation of Diamond Bourses, WFDB)代表世界上所有成员的利益。任何成员只要违反了一个交易所的规则,将会被除名而且不能再进入世界范围内联合会所属的任一交易所。

第十二章　钻石的销售渠道

第十二章课程强化题

1. 说出除戴比尔斯外另 3 家重要的钻石公司。
2. 说出戴比尔斯联合矿业公司所管辖的 3 个矿山。
3. 戴比尔斯下属的工业钻石部门叫什么？
4. 当检查钻石原石时哪 4 个指标是重要的？
5. 什么是劈钻？
6. 什么是需劈开的钻石？
7. 超大钻的尺寸范围是多少？
8. 主要的切磨中心位于哪里？
9. 主要的成品钻石市场位于哪里？

第十二章家庭作业题

1. 简单解释下列术语的含义：
   (a) 钻石的销售渠道；　　(5 分)
   (b) DTC；　　(5 分)
   (c) 钻石交易所；　　(5 分)
   (d) 原石的质量。　　(5 分)

2. 讨论不同切磨中心的地理位置和重要性。　　(20 分)

3. 简单解释下列术语的含义：
   (a) 原矿；　　(5 分)
   (b) 可制形；　　(5 分)
   (c) 可锯形；　　(5 分)
   (d) 金伯利程序。　　(5 分)

第十三章 钻石分级、估价和首饰中的钻石

目 录

第十三章　钻石分级、估价和首饰中的钻石

◆ 钻石的 4C

成品钻石的价值是根据被称为“4C”的 4 个要素来评价的：

颜色 (Colour)	颜色的饱和度：这或是指相对“白度”，或是指彩色的珍稀和受喜爱程度
净度 (Clarity)	包裹体的相对稀少程度
切工 (Cut)	切磨的款式和质量
克拉重 (Carat weight)	钻石的重量

在**《钻石分级手册》**中讨论了钻石的分级，其所包含的资料是理论课程的重要组成部分。

这里我们重复一下**《钻石分级手册》**中的某些内容。

♦ 克拉重

“克拉 (carat)”一词来源于地中海沿岸所产的一种洋槐树 (*Ceratonia siliqua*) 的名称。这种树的干种子具有非常稳定的大致为 1/5 克的重量，因而曾被商人用作宝石的重量单位。裸钻的重量以克拉为度量单位。

克拉用“ct”表示

1 ct = 0.2 克
5 ct = 1 克

严格地讲，应称为公制克拉，现以用于世界各地几乎所有的宝石称重。

为度量居间的重量，1 克拉被划分成 100 个分 (point，简写为 pt)。

1.00 ct = 100 pt
0.50 ct = 50 pt
0.01 ct = 1 pt

重量大致在 0.20 ct 以下的小的钻石常称为 “小钻”（“melee” 或 “mêlée”），它们通常不是单颗而是成包销售。

克拉重对价格的影响

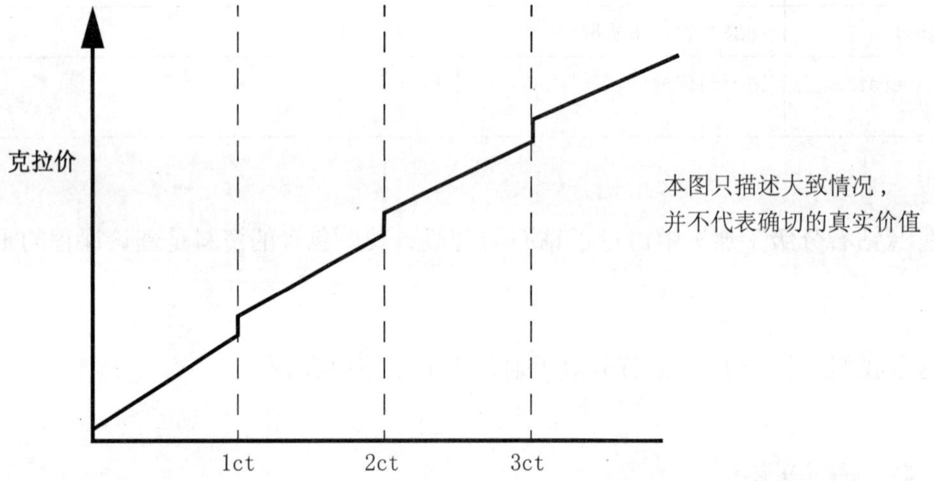

图 13-1 价格随克拉重的变化

通常提供的是钻石每克拉的价格。在所有其他要素，即颜色、净度和切工都相同情况下，克拉重越大，价格越高。然而，正如图 13-1 所示，存在某些能导致价格跃升的“称心的”重量。这些绝妙的重量是 1ct、2ct、3ct 等。重 0.95ct 的钻石的每克拉价低于同等质量（颜色、净度和切工）但重 1.01ct 的钻石。同样原则也适用于 1/4 克拉和半克拉的钻石，但它们对价格跃升的影响不那么显著。

已镶钻石的重量估计

已镶宝石材料的重量估计是评价和估价的有用技巧。对于任何已镶的宝石材料，精确的重量是无法获得的。然而，通过度量和借助于某些公式可求出大致的重量。

大多数圆形明亮琢型钻石是按标准比例加工的（见第十一章中关于理想比例）。譬如，大多数 1.00ct 的圆形明亮琢型钻石的腰棱直径为 6.4 mm 左右，而高度为 4.0 mm 左右。尺寸和重量的相互关系可用来估计已镶圆形明亮琢型钻石的重量。

注意：比例和切磨款式将影响钻石的重量。

关于重量估计在《钻石分级手册》中有更详细的说明。

◆ 颜色

大多数成品钻石是根据其少色程度进行分级的。

如果一颗钻石显示出比另一颗同等重量、净度和切工的钻石有较好的颜色，即颜色较浅，那它的价值将较高。如果钻石具有明显和令人喜爱的颜色，它被称为彩色钻石（彩钻）。彩色钻石有自己的评价尺度，主要是根据其颜色的深度而不是其少色程度。

尽管大部分成品钻石看上去是无色的，但其中大多数实际上均带黄色调。这一颜色范围曾被称为开普系列。之所以这样称呼，是因为当初无色至淡黄色钻石大都发现于南非的开普区。钻石也有带别的色调的，如褐色、灰色和绿色调。

色级

每个色级都代表了一个颜色变化范围，而不是只代表颜色系列中的一个点（图 13－2）。

精确的色级是靠把钻石与称为比色石的一系列预先经过分级的颜色比照石进行比较获得的。这些比色石应至少重 0.5 克拉左右，有好的切磨比例，为黄色系列（而不是褐色系列），无荧光或只有可忽略不计的荧光，具刻面或抛光腰棱，不含有色的、黑色的或别的能带来干扰的包裹体。

为精确进行钻石的颜色分级，你需要：

（1）一套颜色比照钻石（比色石）；
（2）合适的光源；
（3）中性的分级环境；
（4）经验。

钻石比色石并非任何地方或任何时候都能有，而且价格昂贵。作为获得大致色级的一个替代办法是使用一个等同日光的光源和一个白色纸卡。《钻石分级手册》中对此方法有更详细的说明。

GIA	CIBJO	总的外观＊
D	Exceptional White ＋ （EW＋） 极白 ＋	台面朝上无色 台面朝下无色 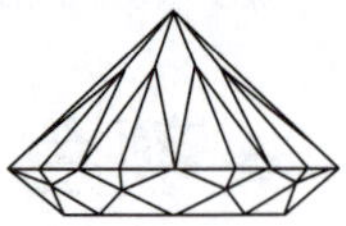
E	Exceptional White（EW） 极白	
F	Rare White ＋（RW＋） 优白＋	台面朝上无色 台面朝下无色，但不如前者明亮 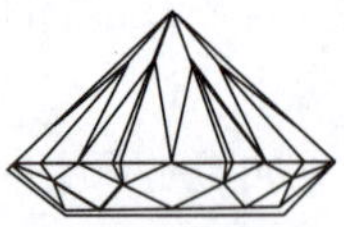
G	Rare White（RW） 优白	
H	White（W） 白	台面朝上无色 台面朝下有极轻微色调 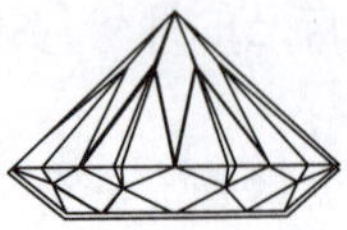
I J	Slightly Tinted White（STW） 较白（微黄白）	台面朝上有极轻微色调 台面朝下有轻微色调 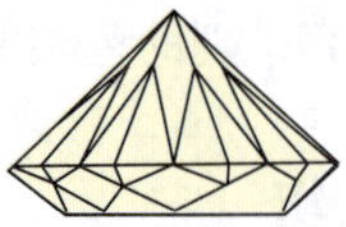
K L	Tinted White（TW） 次白（浅黄白）	台面朝上有轻微色调 台面朝下有明显色调 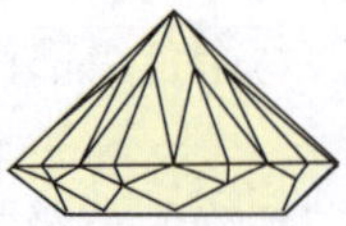
M ┆ Z	Tinted Colour（TC） 带色调	台面朝上有明显色调 台面朝下有极明显色调 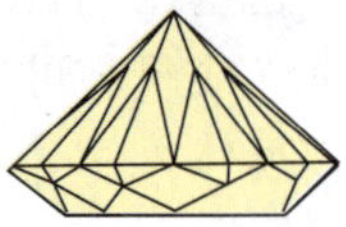
Fancy 彩色	Fancy Colour 彩色	台面朝上有特定颜色 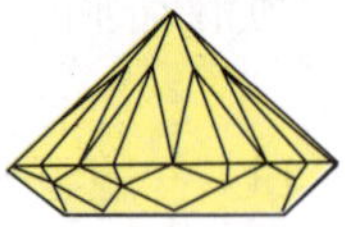

图 13－2 颜色等级

第十三章　钻石分级、估价和首饰中的钻石

比色石

广泛使用的是两个稍有不同的标准比色石组：

（1）GIA（美国宝石学院）的比色石组由9颗比色石组成，每颗比色石（用MS表示）代表该色级的上限。

（2）CIBJO（国际珠宝首饰联盟）的比色石组由7颗比色石组成，每颗比色石代表该色级的下限。

荧光

不同钻石对紫外辐射有不同反应。有些钻石呈惰性，完全不发荧光。然而，当钻石发荧光时，通常它在长波紫外光（LW　UV）下的荧光要强得多，呈蓝色辉光，强度从弱到极强。也有些钻石呈黄色、绿色、橙色和其他色的荧光。

蓝色荧光会掩盖钻石的黄色调，使钻石看上去会显示优于在无紫外光光源下的色级。因而，在进行钻石颜色分级时保证受控的光照条件是很重要的。

在长波紫外光下对钻石的荧光进行分级。按所观察到的荧光强度划分等级，共分出无、弱、中等、强和极强这样几个等级。

具高色级（譬如D或E色级）和VVS净度但有极强荧光的钻石，其价格视不同商家会有5%～15%的打折。反之，具低色级（譬如L色级）和VVS净度级的发荧光钻石，其价格会增加几个百分点。百分点的多少变化很大并取决于钻石本身、商家、具体情况和买主。

已镶钻石的颜色分级

即便是使用比色石也不可能对已镶钻石进行精确的颜色分级。

钻石的镶座会影响钻石的颜色，特别是当镶座的金属为有色的时。镶座上钻石周边有色宝石的颜色也同样会影响所感受到的钻石颜色。

尽管如此，通过把已镶钻石的台面朝着比色石的台面靠近并比较两颗钻石的相同部位（图13－3），还是可能对颜色作出评价。中性的背景和合适的光源很重要。

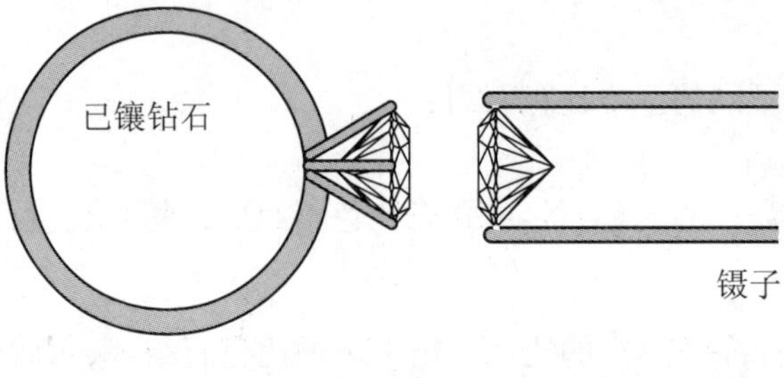

图 13-3　已镶钻石的颜色分级

使用 CZ 比色石进行颜色分级

CZ（立方氧化锆）是自 1977 年以来用于仿钻石的一种人造材料。一系列具不同饱和度的黄色CZ被用来替代供颜色分级用的比色石。其价格比一套钻石比色石要便宜得多。然而，当使用 CZ 比色石来与钻石比较时是无法精确确定钻石色级的。这是因为，不能保证所生产出的 CZ 有准确的颜色，也还因为，光在不同材料中的习性（如光泽、色散和折射率）不同。再者，CZ 的颜色饱和度会随时间出现变化。

彩色钻石（彩钻）

彩色钻石几乎能以所有的颜色或色调出现，包括黄色、橙色、褐色、蓝色、绿色、粉红色以及极少情况下的红色。

这些钻石在色调或饱和度上通常比 GIA 分级体系中的 Z 要深，也就是说，当台面朝上时显示明显的体色。它们通常是按颜色的强度分级，其价格取决于稀有程度、瑰丽程度和需求程度。当描述有色的钻石时，术语“彩 (fancy)”字可置于所描述的天然致色钻石的前面。要综合给出色彩、色调和饱和度。**《钻石分级手册》**中对此有更详细的说明。

♦ 净度

钻石的净度是指钻石**少含包裹体**（发现于钻石内部的特征）的情况，也在较小程度上指少含表面缺陷的情况。

净度由有经验的分级者用 10 ×放大镜在从“无瑕”到“重瑕”的尺度内分级。

各种无色和天然彩色钻石首饰
（版权所有）Hirsh London

第十三章　钻石分级、估价和首饰中的钻石

钻石内和钻石表面的分级特征是：

（1）内部特征：指完全封闭在钻石内的或从表面延伸到钻石内部的那些特征（即包裹体）；

（2）外部特征：现于钻石表面但未深入钻石内部的那些特征（即表面缺陷）。

这两类特征有如下细分：

内部特征

晶体（Crystal）：见于钻石内部的固体矿物包裹体，可以是不同的矿物，也包括金刚石（钻石）。钻石中的黑色包裹体常被误称为碳斑。虽然也有石墨包裹体，但比较少见。黑色包裹体更可能是不少于20种的其他矿物中的任一种。

针状体（Needle）：细长形的晶体，看上去像微细的棒。

被切割的金刚石包裹体（Knot 或 Naat）：被成品钻表面所切割的成分为金刚石（钻石）的晶体包裹体。因钻石晶面被抛磨，金刚石包裹体的轮廓显现于成品钻表面。

针点（Pinpoint）：非常细小的包裹体，10×放大镜下观察只呈细小点状。

云状物（Cloud）：针点或其他小包裹体的集合体，常具朦胧外观。

羽状体（Feather）：钻石结构中的破裂，形状像羽毛，也叫“gletz”。它可能与表面交切，也可能未延伸到表面。

解理（Cleavage）：钻石中的薄弱面。如果钻石曾经被劈过，它会显示带阶梯状标志的平的面。如果钻石有内部解理缝，或叫“初始解理”，这将是钻石中的潜在破损区。内部解理会危及钻石的耐久性，因而它对净度等级的影响要大于羽状体等。内部解理可在钻石中显示为平的稍带白色的面。

胡须（毛边，Bearding）：从钻石腰棱伸向内部的细小羽状体。这是由过激的粗磨造成。

结构现象(Structural phenomenon)：譬如“纹理”。这是不规则生长的证据。通常呈直的带。如果纹理是稍带白色的、有色的或反光的，将影响净度。双晶线是另一种结构现象。这是双晶两部分之间的边界或面。它们有时被称为晶结或晶瘤。贯穿钻石的结构现象可与抛光线区分开。后者是分布于表面的方向性特征，在不同刻面上呈不同方向。

缺口(Chip 或 Nick)：钻石中的一小部分破裂后留下的表面孔洞。当孔洞很小时，有时也称之为 nick（刮痕、疤痕、刮伤、刻痕）。因缺口延伸入钻石，故视为内部特征。而 nick 很小，可视为外部特征。

孔洞(Cavity)：钻石表面大的或深的角状的洞。

撞击痕(Bruise)：是钻石被撞击或冲击而产生的小坑。通常是紧靠表面之下形成细小的羽状体。

激光孔(Laser drill hole)：激光造成的细管。第七章关于处理部分对此有更详细的说明。

外部特征

原晶面(Natural)：这个术语是用来描述抛磨后保留下来的钻石晶体原始表面的一部分。如果原晶面凹入钻石，则称为“内凹原晶面”，它既是内部特征也是外部特征。

额外刻面(Extra facet)：添加的与通常刻面样式无关的小刻面。它们有时是用来掩盖表面缺陷或掩盖切磨中出现的相邻刻面未精确相交的错误。额外刻面大多见于亭部刻面紧靠腰棱之下的地方。

划痕(Scratch)：刻面上的表面损伤，可能是与其他钻石相接触的结果。

磨损的刻面棱(Abraded facet edges)：由磨损造成。常呈沿刻面棱的白色区。

抛光线(Polishing lines)：因抛光差或结构不规则而在刻面上出现的细的平行线，透明或稍带白色。

表面生长线(Surface growth line)：这是内部纹理的外部表现。它们与抛光方向无关。

烧痕(Burn mark)：因抛光过程中过热而造成的稍带白色的表面云状外观。

净度等级的影响因素

净度等级取决于5个因素：

（1）数量：包裹体的数量越多，净度等级就越低；

（2）大小：包裹体越大，钻石的亮度就越低，净度等级也越差；

（3）位置：包裹体越居中就越明显，净度等级也越差；

（4）明亮度：通常是包裹体的颜色越深，看上去越明显，净度等级也就越差；

（5）种类：譬如，在其他因素相同情况下，轻微云状物（一组极小的包裹体）对净度的影响要小于同等大小和位置的暗色的晶体包裹体。

钻石极少是无瑕的。对于每颗钻石，不论它是很小的还是大的，这5个因素都同等重要。显然，大的高净度钻石很少见，故其克拉价高于同一净度等级的较小钻石。

钻石的洁净（清洗）

钻石具强亲脂性，因而最基本的是在分级前从钻石上去除所有的油脂和灰尘。

10×放大：为何要10×放大？

放大10×，你能：
（1）看到钻石内部和表面的许多鉴定特征；
（2）避免更高倍数放大时易出现的影像抖动；

(3) 获得适当的视域;
(4) 保持钻石内部的充分聚焦(足够的景深),以便清晰地看到待测钻石的许多特征。

钻石分级总是在 10 ×放大镜下进行。只在高倍放大时才能看到的包裹体不影响钻石的净度等级。

10 ×放大镜还是显微镜?

与显微镜不同,10 ×放大镜轻便、便宜、可随身携带。所以,放大镜要通用得多,特别是对那些到处走动的买主或估价师。10 ×放大镜对于净度分级是足够的了。

所使用的 10 ×放大镜应是经过光学校正的,即不应有畸变和彩色边缘(图 13-4)。

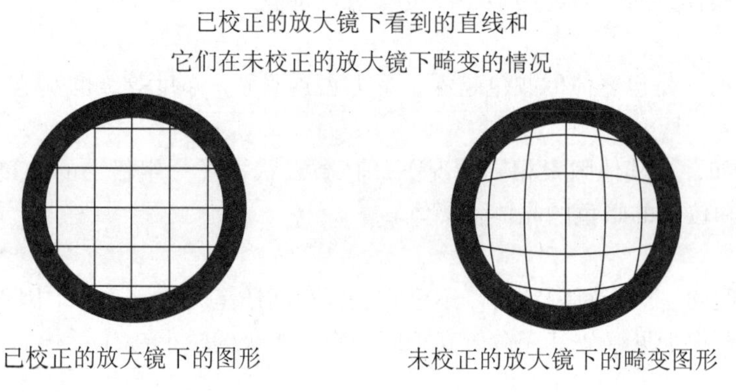

图 13-4 放大镜的类型

显微镜能让使用者一边观察钻石,一边写字和画图。钻石是用固定在显微镜底座上的镊子来夹持的,因而可以腾出手来做别的事。所有宝石实验室都是用双目实体显微镜(图 13-5)来检查钻石,但即使用显微镜,也只放大 10 ×。

第十三章　钻石分级、估价和首饰中的钻石

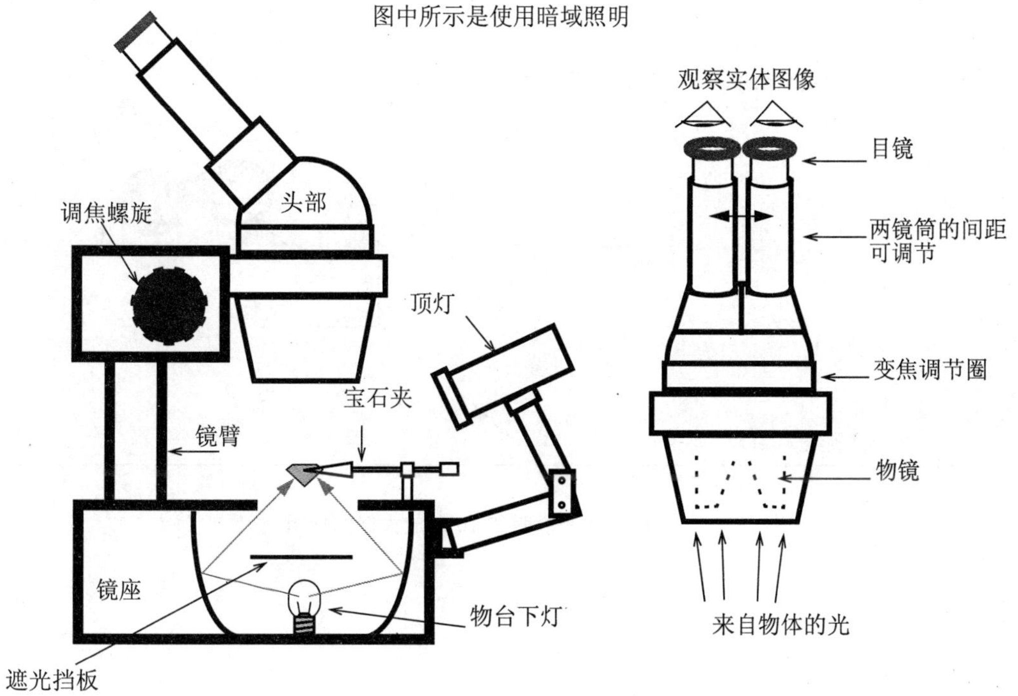

图 13-5　双目实体变焦宝石显微镜

照明

使用日光灯，这样可避免钨丝灯（台灯）产生的亮度和反射映像。

如若要观察钻石的表面，即观察它的外部特征，最容易的方法是使光从钻石的刻面反射并产生镜面效应。这通过把钻石夹持在光源下就可办到。

如若要观察钻石的内部特征，最理想的办法是如图 13-6 所示把钻石夹持在光束的边沿，这将保证大部分进入钻石的光从侧面穿过亭部，并对着较暗的背景照亮钻石的内部特征。

当使用显微镜时，要用暗域照明通过在灯的上方移动一块板子以阻挡直接照射。光从反射碗反射并绕过板子从各个侧面进入钻石（图 13-7）。

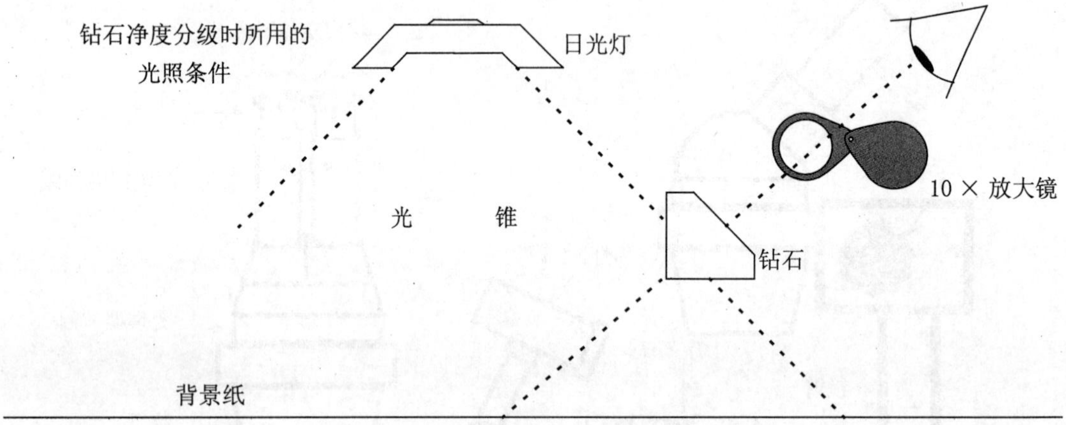

图 13-6　照明和 10 ×放大镜的使用

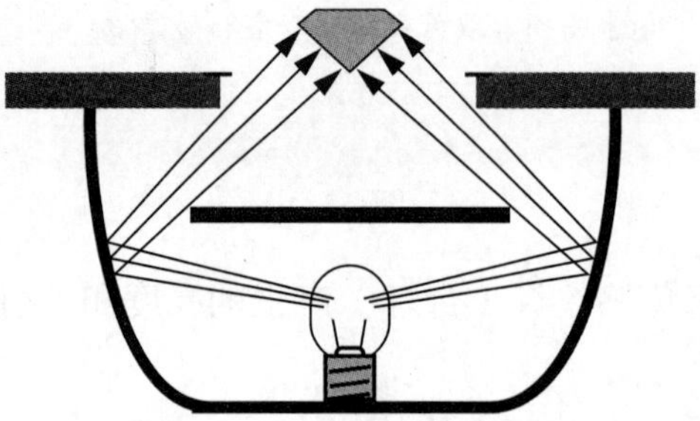

图 13-7　显微镜暗域照明

第十三章　钻石分级、估价和首饰中的钻石

净度等级(图 13－8)

GIA		CIBJO
Flawless（FL）　无瑕 Internally Flawless（IF）　内无瑕	不见包裹体或瑕疵 10×放大镜下不见包裹体，只有轻微的表面缺陷	Loupe Clean（LC） 放大镜下洁净
Very Very Slightly Included（VVS） 极轻微瑕 VVS1 VVS2	含微细的连有经验的分级者在 10×放大镜下也难于确定的包裹体 包裹体极难看到 包裹体很难看到	Very Very Small Inclusions（VVS） 极微小包裹体 VVS1 VVS2
Very Slightly Included（VS）　轻微瑕 VS1 VS2	10×放大镜下见小的包裹体，典型的是小的晶体、羽状体和云状物 包裹体难看到 包裹体有点难看到	Very Small Inclusions（VS） 微小包裹体 VS1 VS2
Slightly Included （SI）　微瑕 SI1 SI2	10×放大镜下有易见的包裹体 包裹体容易看到 包裹本很容易看到（用肉眼可看到）	Small Inclusions （SI）　小包裹体 SI1 SI2
Imperfect（I） 瑕（重瑕） I1 I2 I3	含 10×放大镜下明显的包裹体，当台面朝上时通常肉眼可看到 瑰丽或耐久性受一定影响 瑰丽或耐久性受严重影响 瑰丽或耐久性受很严重影响	Pique（P）　不洁 P1 P2 P3

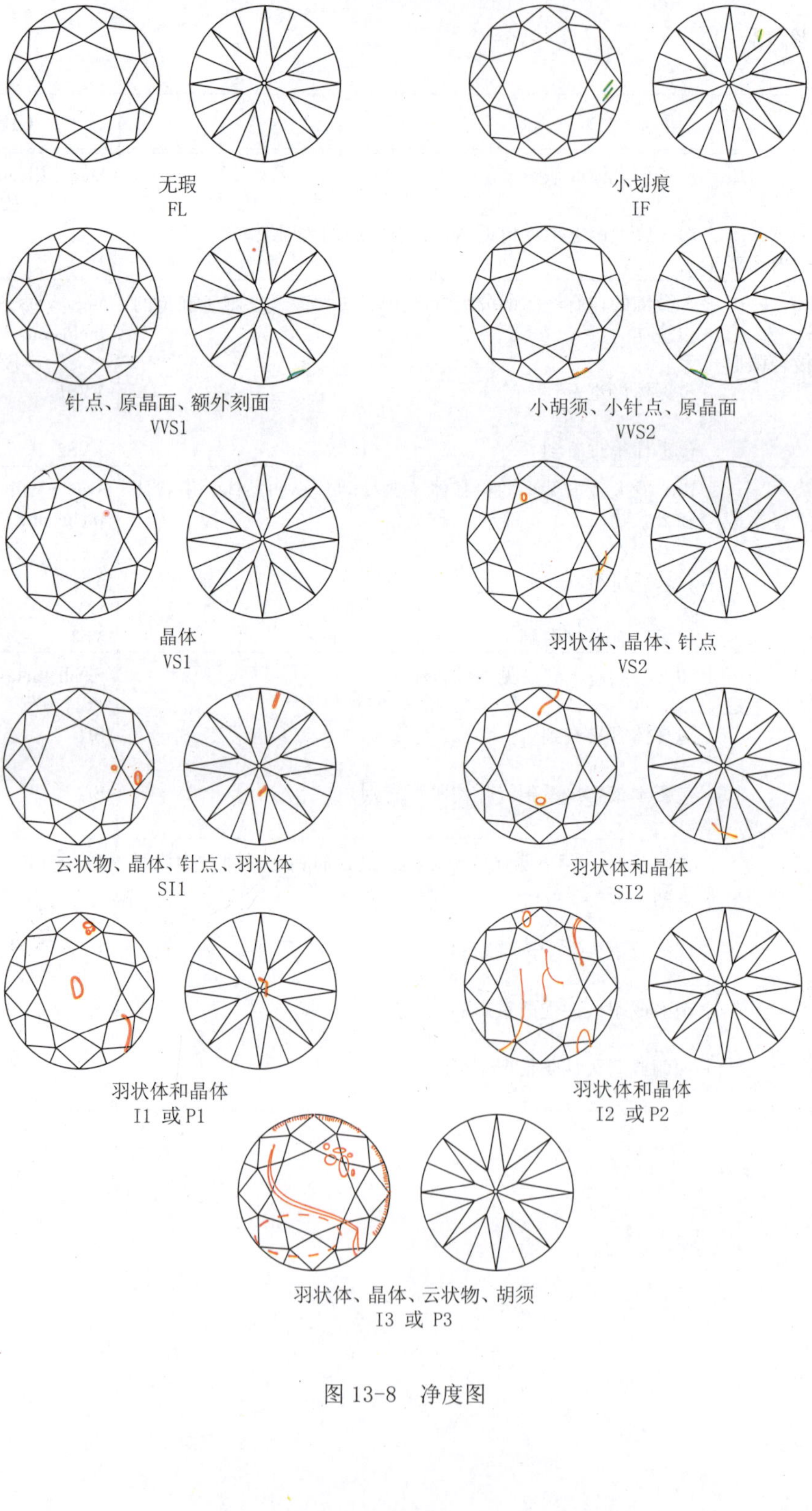
无瑕
FL
小划痕
IF
针点、原晶面、额外刻面
VVS1
小胡须、小针点、原晶面
VVS2
晶体
VS1
羽状体、晶体、针点
VS2
云状物、晶体、针点、羽状体
SI1
羽状体和晶体
SI2
羽状体和晶体
I1 或 P1
羽状体和晶体
I2 或 P2
羽状体、晶体、云状物、胡须
I3 或 P3

图 13-8　净度图

第十三章　钻石分级、估价和首饰中的钻石

已镶钻石的分级

对已镶嵌的钻石不可能做精确的净度分级，特别是已镶嵌的高净度钻石，譬如 VS1 或更高净度的。其原因是：

(1) 镶座能轻易地掩盖那些会影响钻石净度等级的包裹体；

(2) 镶座会影响分级者从各个方向清晰地观察钻石；

(3) 镶座会吸附尘埃使得较难看清钻石内部和钻石表面有什么。即便在清洗后，表面的尘埃依然是个麻烦，因为有些地方是难于清洗到的。

(4) 镶座会导致钻石中映像的混淆。

然而，为了估价，大致的分级还是需要的。等级的范围可以放宽到不限于一个等级，譬如可分级为 VS2/SI，这是以在已镶钻石中所能看到的为依据所估计出的等级。

♦ 切工

切磨质量

我们可按以下几项来描述切磨质量：

(1) 比例；
(2) 对称性；
(3) 抛光。

关于钻石琢型和切磨质量在 **《钻石分级手册》** 和本教程第十一章中已有说明。

切磨质量影响钻石的价格。切工优良的钻石与切工很差的相同钻石相比，其估价有可能高出 50%。顾客要在他们认为是重量、颜色、净度更重要还是切工更重要这两者之间作出选择，并在适合自己的价格范围内权衡。

钻石证书教程

◆ 证书

如今钻石、有色宝石和珍珠等越来越多的宝石是带实验室报告销售的。报告提供了关于是什么宝石的一个独立的报告，从而为消费者提供了一种保护。报告有助于商家的销售。然而，由卖方提供的报告看来缺乏独立性（第三方公正性），故应谨慎对待。

镶宝首饰的商业性估价或评估（见本章后文）当附有有鉴定资格的实验室所提供的钻石分级报告或宝石鉴定报告时，其可信度将提高。

查验报告

(1) 重要的是确认报告是出自配备了有经验的宝石学家的有声誉的独立实验室，譬如在CIBJO注册的英国宝石检测实验室。

(2) 要查验以确认报告是真的。报告上应会有一系列防伪标志。由英国宝石检测实验室提供的报告在紫外光下会显示横跨报告的VALID（有法律效力的）字样，还有作为附加特征的在皱纹纸上的金属安全箔和钢印。

(3) 要查验报告的日期。如果报告不是新近的，那么钻石就有可能在报告写成后受损、处理或重新抛光过，从而影响钻石的价格。

♦ 钻石报告

(1) 为提供精确的报告，钻石应是裸钻（未镶的）；

(2) 用克拉重、毫米为单位的度量以及切磨款式来描述钻石；

(3) 给出恰当的色级和净度等级；

(4) 比例、对称性、抛光和腰棱条件会使你知道钻石的切工如何；

(5) 紫外荧光——这一性质会影响钻石的价格。

第十三章　钻石分级、估价和首饰中的钻石

◆ 首饰中的钻石

所使用或选择的镶嵌类型取决于时尚或个人的偏爱。以下是最常见的一些镶嵌类型(图13-9)：

(1) 爪镶：这种常见的镶嵌类型可有尖的、圆的、平的或 V 字形的称为爪的金属支架。常见四爪或六爪的。但也有使用更多爪的，这取决于款式和所期望的效果。

(2) 包镶：在这种镶嵌中用金属带把宝石的腰棱包住。

(3) 槽镶：钻石被群镶在槽中，中间无金属分隔。条镶与槽镶相似，但有一个平行的金属条从两侧将每颗钻石固定住，钻石之间也有金属条。

(4) 密镶：在这种镶嵌中钻石靠得很近以至把镶座全盖上。

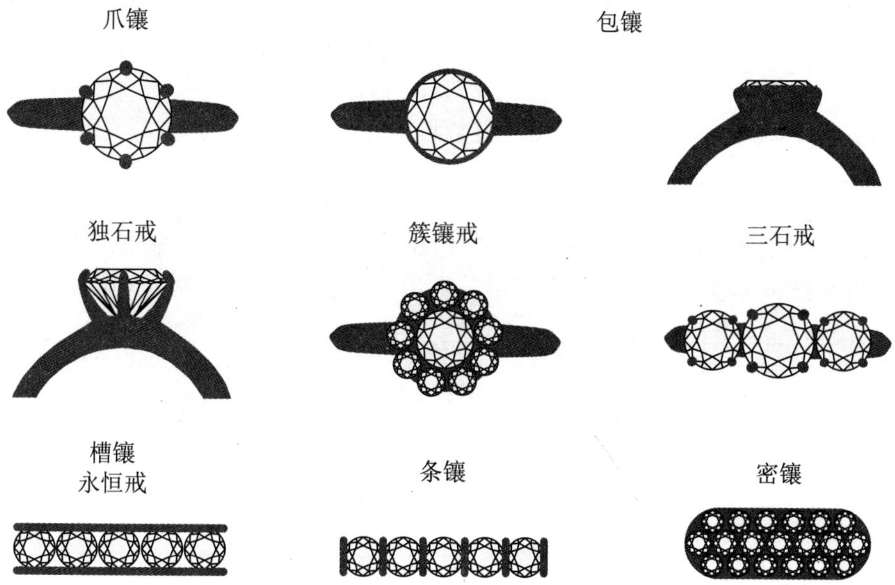

图 13-9　首饰中的镶嵌类型

首饰中常见的宝石配置：

(1) 独石戒：戒指上只镶一颗宝石。
(2) 三石戒：三颗宝石并排排列，中心石通常稍大于两颗边石。
(3) 簇镶戒：若干颗较小的宝石镶到一起，可能是环绕一颗较大的中心石。
(4) 永恒戒：宝石沿整个戒环镶嵌。当所镶宝石只占戒环周长一半时叫半圈永恒戒。

♦ 首饰用金属

首饰中使用各种不同的金属。用得最多的是银、金和铂。

背景资料：

银合金

银合金的纯度用千分含量值度量：

纯度
999
958（不列颠银）
925（史特令银）
800

金合金

金合金的纯度用千分含量值度量，或用 karat(k) 或 carat(ct) 值度量，但 karat 或 carat 在这里代表的是金合金的含金比例，与宝石的克拉重完全不是一回事。

karat(k)	纯度
24 k（‘fine gold’）	999
22 k	916
21k	875
18 k	750
15 k	625
14k	585
12 k	500
10 k	416
9k	375
8 k	333

第十三章　钻石分级、估价和首饰中的钻石

有各种金合金，使用的合金金属有银、铜和锌等。生产不同的金合金以提供各种颜色。银使合金的颜色变浅或带绿色调。铜使合金偏红色。白色金通常稍带灰色调或淡的米色，大都是含镍或钯（铂族金属的一员）或同时含两者。镍因会导致过敏反应，现已较少使用。钯白色金的价钱高，因而也用较便宜的合金金属如锰来替代。白色金通常电镀铑（铂族金属的一员）以产生硬的明亮的表面，同时将焊缝封盖。

铂

铂的纯度用千分含量值表示。现今在英国、欧盟和世界上其他许多国家采用的标准是950。这是铂与铱和钴的合金。铂／铱合金性质坚硬，从19世纪晚期就已开始使用，特别是用来镶钻石。铂钴合金较软，但很适合于浇铸。在美国，含850/1 000的铂和100/1 000的其他铂族金属的合金可描述为“铂”。

纯度
999
950
900
850

自20世纪初开始的铂在首饰业的应用着重于增加其强度。宝石可“埋”镶也可镶在更精巧但结实的镶托上。譬如许多小钻可很容易地一道镶在一件重量轻但形状复杂的首饰上。

成色分析和纯度印记

不同国家对于贵金属首饰的成色（纯度）标记有不同要求。在有些地方，生产商被允许使用一些特征的冲压标记；而在另一些国家，譬如在英国，除一些最轻的首饰外，所有的首饰都要由独立的成色分析机构进行测试和标记。如今激光刻字的使用越来越普遍，它使精致首饰在标记时受损的危险性降低。

♦ 镶宝首饰的处置

当接受要修理或估价的镶宝首饰时，有几件事要查看或考虑：

(1) 为开具收据，需要有对首饰的简单描述，譬如，可包括像“三石戒、镶有红色中心石和两颗较小的无色宝石”这样的描述。如果需要更详细的收据，则要确定是什么宝石，譬如，你面前的无色宝石是否是钻石。如没有把握，则要听取一下别人的意见。

(2) 宝石上是否有缺口、解理或划痕？首饰是否有破损？如发现有，应在收据上注明并告之顾客。

(3) 已镶嵌的宝石有无松动？它们会从镶座上脱落吗？

(4) 是否有能帮助辨别该宝石的明显的包裹体？如果有也应注明并向顾客指出。然而，这不应是对宝石的否定，而只是为事后能辨认确系同一颗宝石。

(5) 如果首饰是要修理，要检查会否有些宝石在修理过程中出问题，譬如，裂隙充填的钻石。如果有的话，要提醒顾客注意。

(6) 对于镶多颗宝石的首饰，要注明宝石的数量和大致的直径。

(7) 对于首饰中几颗较大的宝石，要有心计地度量它们的尺寸，以便返还顾客时可认定确系原来的宝石。

(8) 在某些情况下还要确定整件首饰以克为单位的重量。

(9) 所有的注释和说明都应在顾客离开办公室前向他们指出。把收据的顾客联单交给顾客作为交接的记录，要有顾客接受你们所陈述条款的签字。

以上所述并不完全，但这提供了需注意事项的一个总的概念。世界各地的珠宝商和评估师通常有自己的准则，其中大部分是涉及如何处置宝石和首饰的规则，以便使顾客放心并采取适当措施使顾客免受欺诈。

◆ 评估和估价

对一颗宝石或一件首饰的**评估**是许多因素的综合，包括评估者对宝石和首饰质量和款式的意见。进行大多数这类评估工作的目的是为了使评估者能对物品的价值形成一种意见。

与这些意见一道的还有应构成评估组成部分的对物品的客观和精确的描述，包括尺寸和任何必需的测试的结果。除宝石的名称外，还应有对宝石材料是否是合成的、处理的或拼合的说明以及金属镶座给观察带来的局限性。

对一颗宝石或一件首饰的**估价**是在商业和技术的了解和阅历基础上形成的对物品价值的意见。这种价值只对特定的评估目的和只在评估的时间和地点有效。法律的和其他方面的要求和限制在世界各地是不同的并随时间会有变化。

这是对评估工作的概略介绍，为的是说明它的重要性。估价对顾客和对物品的影响很大。当估价宝石和首饰时，千万不可忽略情感价值这个因素的重要性，但要记住，这个因素并不构成价值计算的一部分。

综合考虑所有这些因素，一个负责任的评估师会懂得全面和持续的宝石学教育作为评估工作基础的必要性。

可由于以下任一原因而进行估价，譬如：

(1) 为保险重置（理赔）而估价；
(2) 为转售或购买而估价（非公开或公开的市场）；
(3) 为遗嘱查验而估价或“公平市场价值”；
(4) 为贷款担保而估价。

有几种类型的估价，譬如“新重置价值”、“古物重置价值”和“复制品价值”。在评估师为客户解释了可提供的各种类型的评估和建议之后，客户应能够说明他所打算的估价用途，这将保证能提供最有效的估价结论。

客户应该明白，当地流行款式、重置的人工成本和当地货币的汇率会影响给出的估价。取决于地区或国家，按每件或每小时的价格或按最终价值的一个百分数付给评估师服务费。

不论是哪种类型的估价，评估师的**经验**和他们对材料和市场的**最新了**解是最基本的。

下面介绍几种类型的估价。要注意的是，估价的名称、类型和要求在不同地区是有变化的。

为保险而估价

对首饰的保险估价可以是新重置价值或古物重置价值，它们是根据每件投保品的零售重置价确定的，也包括任何相关的税。用精确的复制品来替代（理赔）投保品，其价格可能比想象的要高许多，所以应按复制价值估价。是否要求宝石有标准的形状和尺寸会影响宝石的重置价。特殊切磨的宝石可能要更贵些。

为转售或购买而估价

这种估价可能是复杂的，因为它取决于销售目的：可能是一般性的零售。这样一来就要评价所付的价或开出的价是否公平合理。有些地方把这种价值叫“市场现金价值”。有几个问题必须问清楚：

(1) 是要求估价的本人要买或卖吗？
(2) 是要从谁那里买或卖给谁？
批发商、零售商、公众？
(3) 是否他们愿意把物品卖给估价者？
(4) 是个人私下或朋友之间的销售吗？

为遗嘱查验而估价或“公平市场价值”

在某些地区，譬如在英国，这是以物品因拥有者去世等原因而在拍卖行强行拍卖时能售出的价格为基础做出的估价。在一些地区，有专门的“公平市场价值”体系用于遗产分授。

为贷款担保而估价

这是物品的最低实际价值。对于某些物品，给出的可能是变卖价。譬如，一件首饰如被认为以现有形式是无销路的，那它就可能要分成宝石和金属单独销售以赔偿贷款价值。

在不同国家出版的越来越多的专门著作中有关于首饰评价和估价的进一步的、更多的专门信息。强调对宝石学观察和测试应有充分了解是绝不过分的。

第十三章　钻石分级、估价和首饰中的钻石

在一些国家，特别是美国，有许多机构负责专业培训、鉴定、监控和评估服务。在英国，主要的被授权机构是英国金首饰商注册估价师协会。

◆ 钻石的估价

对于所有类型的估价，估价师的经验以及他（她）们对现行市场的了解都是最基本的。

当估价钻石时以下这些因素是必须考虑的：

(1) 重量
(2) 颜色
(3) 净度
(4) 切磨款式
(5) 切工
(6) 荧光
(7) 市场状况
(8) 美元汇率
(9) 克拉溢价
(10) 证书及其第三方公正性

首先要求对钻石按 4C 分级。一旦分级后就要给出估价。估价或是根据估价者对钻石价格的工作知识或使用钻石价格指南来完成。

◆ 价格指南

各种公司印制有钻石价格指南。最著名的一种是在纽约出版的**拉帕波特**（Rapaport）报价表，它有周报和月报两种，上面有圆形明亮琢型钻石和某些花式琢型钻石以美元为单位的克拉价指南。

除使用价格指南外，重要的是使用者要对钻石市场的现行状况有所了解。不论是使用哪个钻石指南，都需要知道表中所列钻石在当地的相关价格，并与表中的零售或批发价格相比较。有些指南给出的是零售价，有些给出的则是批发价。

所以，尽管钻石价格指南是有用的工具，但正如名称所示，它终究只是个指南。它不会告诉你一颗特定钻石的具体价格。最好是把它们视为商贸中现行价格的指南，而不是决定钻石价格或价值的指南。

♦ 估价实例

评估公司

为保险而进行的估价

评估日期：2004 年 4 月 6 日

顾客姓名：
女士、先生

Ref.：样品
金属市场：金— 423.35 美元，铂—851.00 美元
1.00 英磅 = 1.846 70 美元（1 美元合 0.541 51 英镑）

一览表

戒指 - 钻石独石戒

描述：现代的白色贵金属戒指镶座，上面是用三双头爪镶的一颗梨形钻石。它高凸于垂直分叉的张开的戒环肩部 。肩部的上部各有一颗细长形钻石并镶在统一的镶座上。镶在重的素面抛光的一端稍尖的戒环上。

钻石的主要参数：

形状、琢型和尺寸：	梨形明亮琢型；11.26 × 7.01 × 4.26 mm（估计长度）
克拉重：	2.12 ct（实际陈述；计算确认）
质量评价：	颜色 - I/J，净度 -VS1/2
评价的比例 / 修饰	好 + / 很好
荧光：	轻微（长波紫外光）

图例：
羽状体 ∫

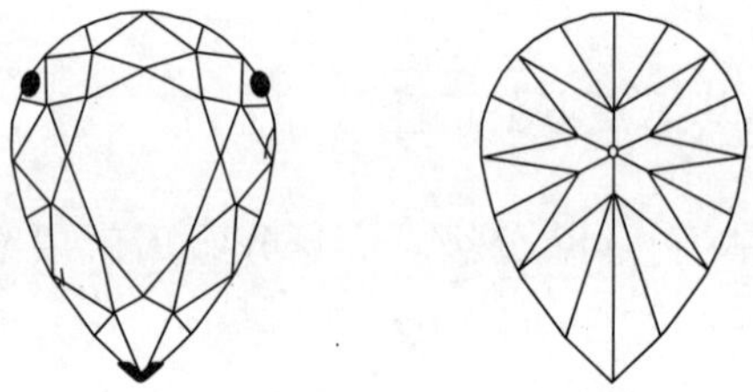

细长形琢型钻石的资料：

形状琢型和尺寸：	2 颗直的细长形琢型；4.69 × 2.85 × 2.20；4.60 × 2.75 × 2.15 mm
总克拉重（2）：	0.70 ct（计算的）
质量评价：	颜色 - G/H，净度 - VS;VS2/SI1

戒托资料：

贵金属分析：	无标记；评估为 18K 金
总的度量：	毛重 (g) - 11.4，戒指尺寸 - c. I1/2, (mm)- 12.50 × 7.30 × 5.75，戒环（mm）-3.70 × 1.60
条件：	新的
加工工艺：	浇铸的

评估说明：根据指令，最终价值反映的是以相当物品同等置换上述物品所需的英国平均零售价。颜色、净度和切工的评价是评估者对已镶钻石的评价意见；顾客未把钻石从镶座取下，未做裸钻检查。

新重置价值：£20 000.00

评估者签章

上表所提供的实例只是作为一个指南。该实例由英国 Gem-Ro Associates Ltd. 友情

提供。

◆ 维护保养

尽管钻石是已知最硬的材料，但它可轻易地被其他钻石刻划。由于这个原因，不论何时都有必要劝告顾客小心地放置钻石首饰，不要把它与其他钻石首饰放在同一首饰盒中。这不仅可避免损伤钻石，而且可避免损伤同一首饰盒中其他较软的宝石材料和金属。

尽管钻石很硬，但它是脆性的，受到重击会破裂。应劝告顾客在任何可能导致损伤的活动，如厨房刷洗、运动或重体力劳动前把首饰取下。

在浸入刷洗水之前把首饰取下的另一个原因是钻石有强亲油脂性。钻石的一个不寻常特性是斥水。若将一滴水滴在钻石表面，它将保持滴状，就像一滴水滴在蜡烛上一样。然而，这一特性也意味着油脂容易附着在钻石表面，使钻石表面变得暗淡。若顾客佩戴时把它放置在手膏等化妆品上，就会发生这种情况。

用软牙膏和柔和的洗涤剂清洗钻石可确保钻石尽可能的明亮。清洗后要把洗涤剂完全冲洗掉。清洗钻石时必须小心，一定不要将首饰在打开塞（盖）的水池里清洗。

钻石首饰可在超声波清洗器中清洗，但发现有裂隙充填标志的钻石则不可。如果对要清洗的首饰或首饰中的任何宝石、钻石或别的什么东西的耐久性有疑问的话，声誉好的珠宝商或宝石学家应向顾客提出忠告。

应检查首饰以确信夹持钻石的镶爪或镶座未被磨平，钻石未松动。曾经听说有钻石只靠油泥固定的情况，清洗会导致钻石从镶座脱落。

对于古代首饰以及底部密封镶的首饰，在清洗前要请教该如何清洗。

第十三章课程强化题

1. “分”和钻石的重量有怎样的关系？
2. 小钻 (melee) 是指什么？
3. CIBJO 的优白 (Rare White) 相当于 GIA 的什么色级？
4. 为获得精确的色级需要哪 4 个条件？
5. 如何描述彩色钻石的颜色？
6. 净度是指钻石少____________的程度 。
7. 什么是云状物？
8. 净度分级需要用多大的放大倍数？
9. 包镶的另一个名称是什么？
10. 什么是半圈永恒戒？
11. 纯度 999、750 和 585 相当于什么 K 值的金？
12. 说出 3 种不同类型的估价。

第十三章家庭作业题

1. 简单解释下列术语，说出它们的用途：
   (a) 价格指南；　(5 分)
   (b) 公制克拉；　(5 分)
   (c) 钻石报告；　(5 分)
   (e) 保险估价。　(5 分)

2. 什么是 4C，它如何影响价格？　(20 分)

3. 要求你对一个钻戒重新估价。一个零售商曾经在 1991 年做过评估，给出了如下文字描述：“18K 金独石钻戒，重约 2 克拉”并估了价。
   (a) 说明你现在该如何对这个钻戒估价。在你的回答中应包括你和客户的讨论要点，你的估价程序和注意事项。(8 分)
   (b) 说明你要考虑的分级标准。(6 分)
   (c) 讨论原有的估价文字说明有否带来局限性和潜在问题是什么？ (6 分)

第十四章　钻石仿制品

目　　录

第十四章　钻石仿制品

◆ 钻石仿制品

许多宝石材料和拼合石被用来仿其他的宝石材料，但不具有所仿材料的化学和物理性质。

> **宝石材料的仿制品**
> **是用来仿其他宝石材料效应、颜色和外观的天然或人造材料，它们不具所仿材料的化学和物理性质。**

♦ 钻石仿制品

立方氧化锆(CZ)是现代首饰中最常见的钻石仿制品。作为钻石替代品也见于较老的首饰中。

仿制品	成分	性质	年代	成因
立方氧化锆(CZ)	人造的 稳定化的立方晶系的二氧化锆	各向同性 硬、脆性、强光泽 便宜且来源充足	始于20世纪70年代中期	壳熔法：在内衬CZ的坩埚内重结晶
人造玻璃宝石	人造的铅玻璃	各向同性 色散、软、中等光泽 便宜且来源充足	始于古代	熔化，退火或不退火；可铸模或切磨
合成莫依桑石	碳化硅	各向异性 非常硬和韧，对热导仪有误导性反应，用放大镜易识别，高色散，高DR 不像CZ那么便宜，但可广泛生产	始于20世纪90年代晚期	高温蒸气冷凝法
锆石	天然的硅酸锆	各向异性 高DR，硬但非常脆，强光泽和色散 广泛产出，古代和现代	始于古代	天然宝石热处理成无色
合成刚玉	氧化铝	各向异性 非常硬和韧，低色散，中等光泽 便宜且来源充足，常见	始于20世纪的早期和中期	各种方法，包括维尔纳叶焰熔法和晶体提拉法
合成尖晶石	镁铝氧化物			

仿制品	成分	性质	年代	成因
合成石英	二氧化硅	同上 中等硬度	同上	水热法
YAG	人造的 具石榴石结构的钇铝氧化物	各向同性 硬，强光泽 曾用商品名是“Diamonair”	始于20世纪60年代	晶体提拉法
GGG	人造的 具石榴石结构的钆镓氧化物	各向同性 不是很硬，常稍带褐色调，强光泽	始于20世纪70年代初	晶体提拉法
钛酸锶	人造的 锶钛氧化物	各向同性 中等硬度，高色散和光泽 现已不多见	始于20世纪50年代初	维尔纳叶焰熔法
合成金红石	二氧化钛	各向异性 极高色散，从不会是完全无色的，强光泽，低硬度 很少用	始于20世纪40年代末	维尔纳叶焰熔法

本章末尾的一章表中给出了上述材料的光学特征和其他鉴别特征。

立方氧化锆

立方氧化锆（CZ）是氧化锆的一种形式，其中添加有稳定剂。不论是作为钻石的仿制品，还是就作为廉价首饰中的人造宝石，它都是很常见的。可生产出各种色彩的有色立方氧化锆。对于未经训练的眼睛或只靠肉眼，特别是在无良好照明情况下，无色立方氧化锆看上去和钻石非常相像。CZ是用壳熔法生产的。

背景资料：

在正常温度下，纯氧化锆以单斜晶系晶体结构存在。在合成过程中，当晶质粉末熔化时，加入作为稳定剂的氧化物，如氧化钙。这些稳定剂使CZ保持了在极高温度下的立方晶系晶体结构，即使晶体冷却后也依然保留为立方晶系而不会转变为非宝石级的单斜晶系晶体结构。

由一圈水冷管围成的坩埚称为“壳”。粉末混料放在壳中，从环绕金属管的感应圈发

钻石亭部上的原晶面
（版权所有）Gem-A

钻石的尖锐刻面棱和粗磨腰棱
（版权所有）Gem-A

CZ的圆化刻面棱和研磨腰棱
（版权所有）Gem-A

CZ（左）和钻石（右）中见到的透视效应
（版权所有）Gem-A

钻石中的胡须
（版权所有）Gem-A

钻石中发现超过20种矿物包裹体
（版权所有）Gem-A

合成莫依桑石中见到的典型针状包裹体
（版权所有）Gem-A

透过钻石台面看到的单折射
（版权所有）Gem-A

透过钻石冠部主刻面看到的单折射
（版权所有）Gem-A

合成莫依桑石中见到的典型针状包裹体
（版权所有）Gem-A

透过合成莫依桑石台面看到的双折射
（版权所有）Gem-A

透过合成莫依桑石冠部主刻面看到的双折射
（版权所有）Gem-A

出的高频或微波辐射加热插在粉末料中的金属锆。金属催化了熔化过程，加热使氧化锆的温度达到 2 700°C 以上。当氧化锆熔化时，壳依然内衬一层较冷的立方氧化锆，它起了耐热衬里的作用，没有它，金属管将在高温下熔化。在冷却过程中，柱状的立方氧化锆晶体从壳的底部朝熔体方向生长。将立方氧化锆在空气中重新加热退火几个小时，直到晶体中的内应变释放（图 14-1）。

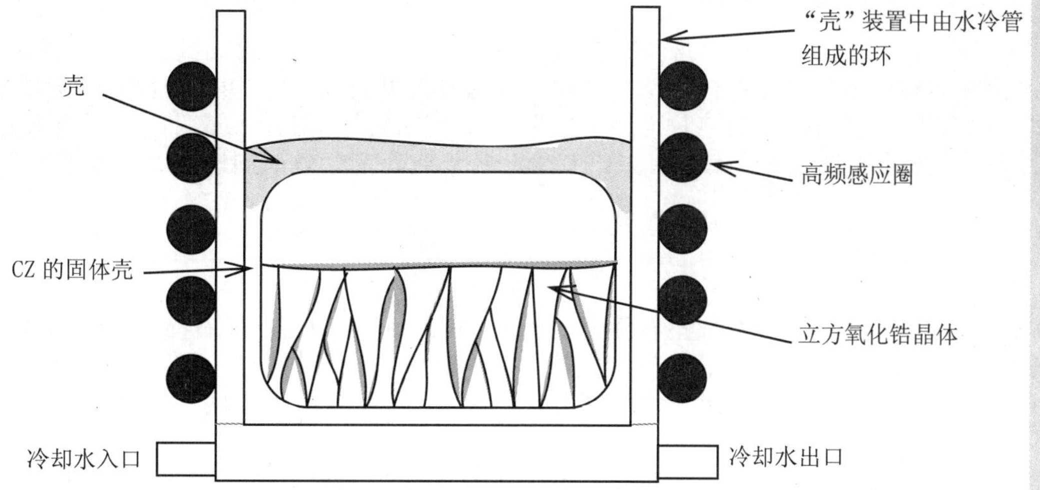

图 14-1　“壳熔法”生产立方氧化锆

用 10 ×放大镜进行简单的观察，可根据圆化的刻面棱、缺口及撞击痕等特征区分出立方氧化锆。如果腰棱像经常所见是经过研磨的，将看到研磨痕。加钙的立方氧化锆通常在短波紫外光下发弱到中等强度的橙—黄色荧光。通常用热导仪和反射仪可把立方氧化锆和钻石区分开。与钻石不同，立方氧化锆不透 X 射线。

合成莫依桑石

合成莫依桑石是作为一种具宝石质量的碳化硅来生产的。一般的作为磨料的碳化硅，即所谓的金刚砂，是大家早已熟悉的。具宝石质量的单晶的生产是一个极高温的气相转换过程。

背景资料：

在生产宝石级莫依桑石晶体的过程中，碳化硅粉末在真空和加氩气条件下加热到2 300 °C。随温度的升高，碳化硅在熔化之前就已分解并蒸发。蒸气穿过可渗透的石墨并在2 200°C温度下再沉淀在转动的、具所要求晶体结构的籽晶上。这样一来就形成了宝石级莫依桑石的棒或梨晶。现今的生产过程的细节尚未公开。

碳化硅以多种可相互替代的密切相关的晶体结构存在。它们的正确叫法都是莫依桑石。宝石级的品种具六方对称结构。它们有明显可见的双折射（DR）。目前尚无大量生产的立方晶系莫依桑石即便很纯时也总是会吸收白光光谱的一部分，产生特有的深黄色。立方晶系莫依桑石是理想的仿钻材料。与钻石一样，它是光学各向同性的，无双折射。

在宝石学文献中把莫依桑石称为“合成的”，这是因为在陨石撞击爆炸的岩石中有它的天然矿物对应物。然而，因没有宝石质量的对应物，故尽管从严格的矿物学角度使用术语合成的，但宝石本身从宝石学角度可认为是“人造的”。所以两个术语都是对的。

宝石级莫依桑石的光学各向异性可从其明显的双折射（DR）体现出。 当切磨莫依桑石时，使台面垂直于其光轴方向。这样一来，当透过台面直接向下看时，双折射就不易看出。然而，一旦将宝石稍向侧面倾斜，用 10 ×放大镜可容易地看出有双折射。如果在宝石的亭部能看到双圈的台面映像，也说明有双折射（你可从**《钻石分级手册》**中得到指南和建议）。

其他仿制品

玻璃和锆石仿制品很容易识别，它们分别有几个用 10 ×放大镜和合适的照明时能看到的特征（ 见 **《钻石分级手册》**）。有些玻璃不是简单地通过铸模成型，而是通过切磨和抛光。偶尔有些是质量很高的，包括有些加工成像老式琢型的钻石，甚至还稍带黄色调。但它们的内部和外部特征使得用 10 ×放大镜能快速地鉴别它们。合成的无色蓝宝石、尖晶石和石英都是便宜的不令人信服的仿制品。不过它们广泛应用于服饰首饰中，或是直接用作仿制品，或是作为廉价的替代品。它们的光学性质为鉴别提供了许多线索。

前表中所列的最后 3 种材料现在已很少用作钻石的仿制品。然而自 20 世纪 50 年代和以后还是出现在首饰中。在二手首饰，特别是（但不仅是）较便宜的首饰中应怀疑有它们以及其他仿制品存在。

第十四章　钻石仿制品

♦ 拼合石：钻石二层石

拼合石也偶尔用来仿钻石。术语“拼合石”用于描述任何由两个或更多个部分粘结到一起所组成并给人以单颗宝石印象的那些宝石。

拼合材料
是由两个或更多个天然或人造材料靠人工组合成的
并给人以单颗宝石印象的材料。

钻石的拼合石仿制品大多数是二层石，它由两个部分组成。有些二层石由天然钻石的冠部和便宜人造材料的亭部组成（图 14-2)。冠部显示某些正确的光学特征和包裹体。不细心的检查会使观察者认为已无进一步检查的必要。

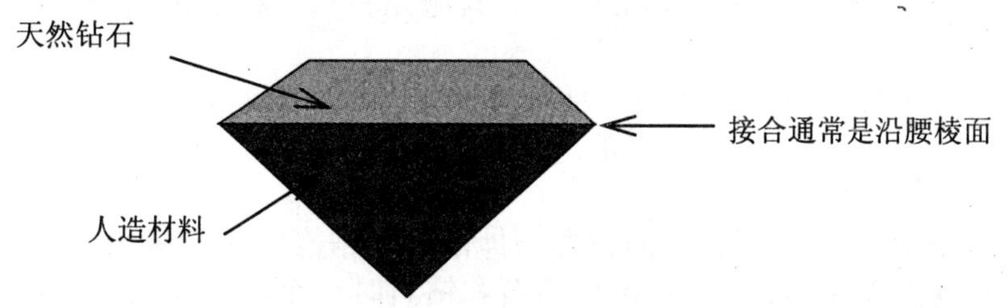

图 14-2　二层石仿钻石

两个部分都由切磨的天然钻石组成的拼合石并非严格意义上的仿制品，它们只是仿了钻石的尺寸。尽管这种情况很少见，但很有欺骗性。

♦ 仿制品的检验

钻石的高折射率、高色散、高反射率和极高的硬度都使钻石具有与众不同的外观，在设法区分钻石及其仿制品时记住这一点是很有益的。10 × 放大镜通常是检验“镶钻”首饰的最佳工具，而紫外荧光则是同时检验许多宝石或首饰的有效办法。在紫外荧光检验后如有需要再进行单颗宝石的测试。如果具备无光（暗室）条件，便携式紫外灯对分选成包的宝石是有用的。

在阅读下文关于钻石仿制品鉴别特征的细节之前和过程中，请回过头去看本教程的第四章。

◆ 观察特征

♦ 硬度和磨损

钻石是已知天然材料中最硬的。所以，钻石的磨损标志要比仿制品少得多。其高硬度使切磨的精确度，即刻面棱的锐度和完美的抛光都能保持几个世纪。大多数仿制品则在使用一段后即便还是新的也将显示穿戴和磨损的标记，其刻面棱不会有钻石中所见的锐度。虽然合成莫依桑石这个最新的钻石仿制品的硬度为91/4 且耐久性很好，但其刻面棱和抛光也不如钻石那么好。不过与 CZ 相比，其抛光和刻面棱还是更多地像钻石。

钻石可因猛烈敲击而受损，导致腰棱上的 V 形缺口以及初始解理。钻石还可被其他钻石刻划。环绕矿物包裹体还可能出现由结晶过程的内应力而导致的初始解理。

小的像嘴啃过的贝壳状断口典型地沿成品锆石的刻面棱出现，而刻面的中心则是非常平坦的。这是用 10× 放大镜区分锆石和钻石时一个非常有效的观察，对尺寸很小的宝石可能也适用。

♦ 腰棱

成品钻石的腰棱可有原晶面，这是粗磨后遗留下的钻石晶体原始表面的一部分。CZ 的腰棱是研磨的，其外观不同于钻石的粗磨腰棱。虽然两者都具粗糙外观，但质量不同，CZ 的腰棱可显示研磨痕。大多数合成莫依桑石具抛光的腰棱，但仍应仔细检查。如有原晶面存在，它有助于区分钻石和合成莫依桑石。

♦ 光学特征、“火彩”和切工

钻石的高反射率和高折射率导致了金刚光泽。圆形明亮琢型钻石切磨成具光学正确比

第十四章 钻石仿制品

例以最大限度展示其光泽、亮度和火彩（色散）效应。

对于切工好的圆形明亮琢型钻石，一个简便的检测方法是把钻石台面朝下放在打印有点的纸上。钻石由于全内反射将使其下方的图像不能透过，而大多数仿制品则能显示这些点。这一测试只适用于切工好的圆形明亮琢型钻石，老式琢型不必尝试！然而，并非所有仿制品都显示这一效应。譬如，钛酸锶、合成金红石和合成莫依桑石均有高于钻石的折射率 (RI)，也不能让图像透过。但所有这 3 种仿制品的色散值均高于钻石，而且钛酸锶和合成金红石的火彩显著，肉眼即可容易地看出。

注意如果用偏光镜来检查宝石是单折射还是双折射的，钻石应透过侧面检查。这是因为，一个切工好的圆形明亮琢型钻石，当台面朝下或朝上时，全内反射将妨碍任何光线透过钻石被看到。

♦ 双折射

钻石是单折射材料。这就意味着不论光从何方向进入钻石并折弯（折射），将始终保持为单一光线。锆石、合成莫依桑石和另一些仿钻材料是双折射材料。这就意味着当光进入宝石时不仅折弯而且分解成两条光线。在锆石、合成莫依桑石这样一些高折射材料中，双折射可用 10x 放大镜检测出。透过宝石看另一侧，将看到刻面棱、灰尘或划痕的重影（图 14-3）。

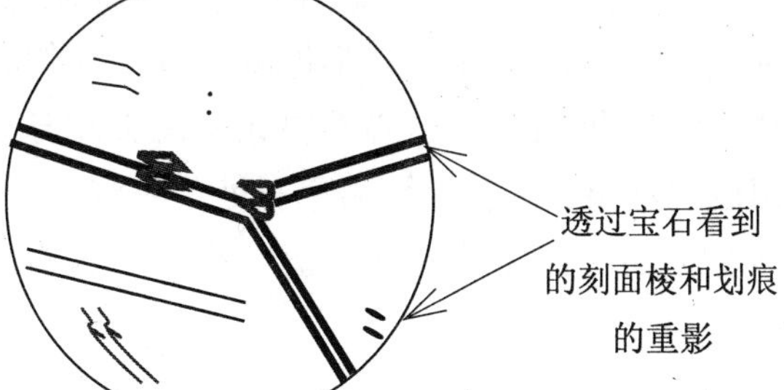

图 14-3 双折射

注意：在莫依桑石和锆石中，由于惯用的切磨方向，直接透过台面朝下看时可能看不到双折射，但透过冠部主刻面（风筝面）和其他刻面则通常容易看到。在合成莫依桑石中，虽然透过台面观察时看不到亭部刻面的双折射，但可看出台面反射映像是双的，这提供了双折射的证据。

◆ 检测工具

♦ 紫外荧光

当置于紫外光（UV）下时，某些材料会发光。当把一个白色物品譬如一张纸放在验钞机下，或当穿白色T恤衫活动在使用紫外灯的俱乐部时，可看到这种效应。当检查宝石的紫外光效应时，我们使用两个特定的波长：波长为253.7 nm的短波（SW）和波长为365.0 nm的长波（LW）。将待测材料放在紫外灯下并观察其荧光色。在下文的表中列出了仿制品典型的荧光色。

这种测试对镶有若干无色宝石的首饰是很有用的，因为没有两颗钻石会发出完全相同的荧光。天然钻石荧光效应的典型变化是从惰性，即无反应，直到强蓝色或黄色，且长波下的荧光强于短波下。反之，在镶仿钻材料如合成尖晶石的首饰中，所有宝石均显示相同强度和颜色的荧光。

♦ 热导仪

热导仪是主要设计用于将钻石与其仿制品区分开的一种小的便携式仪器。钻石的导热性高于除合成莫依桑石外的各种仿制品。热导仪的金属尖端含有一个用于与待测宝石表面相接触的微型加热元件。控制盒中的电流可检测出当接触钻石时金属尖端温度的显著下降。大多数其他宝石不论是天然的或人造的，都检测不到同样的温度下降。所以，可将热导仪标定以区分钻石和所有这些仿制品。小心不要让金属尖端与宝石的金属镶座相接触，因为金属会给出与钻石相似的结果。还应使待测宝石处于室温，没有因超声波清洗而变暖。应注意定期检查仪器的标度，还应在测试刚玉（蓝宝石）时检查标度，因为该矿物能给出骗人的读数。

如果在热导仪上得出正面的结果，该宝石要进一步检查以确定不是合成莫依桑石。

♦ 反射仪

宝石的光泽可描述为金刚光泽、玻璃光泽或树脂光泽等。光泽在很大程度上取决于入射光从表面反射的程度。反射仪是一种用于检测表面反射能力的便携式仪器。该仪器使用红外光发射二极管（LED）作为入射光源。通过检测和标定由宝石表面反射的光量来确定表面的相对反射能力。反射仪的主要用途是检测钻石和折射率高于标准折射仪大致1.3～1.8读数范围的钻石仿制品。有些反射仪的测试下限较低，可用于检测其他宝石。由于宝石的光泽或反射力会受到灰尘、油脂和表面瑕疵的影响，当使用反射仪时一定要保证所测的宝石表面是平的、洁净的、无划痕的。反射仪既不能给出如折射仪那样精确的读数，也不能像折射仪那样提供大量的信息，但它测折射率的范围较宽。

大多数钻石仿制品的反射率低于钻石，但合成莫依桑石是个例外，它通常高于钻石。合成莫依桑石可通过处理而具有与钻石相同的折射率（RI），故反射仪只能用作一种指南。

无论何时都不要把怀疑是钻石的宝石放到标准折射仪上，因为这会严重损伤质地软的玻璃棱镜。

♦ 莫依桑石检测仪

由C3公司生产的“590型检测仪”利用的是钻石和莫依桑石在光谱紫外区的不同性质。该仪器应与热导仪配合使用。只是当热导仪提供可能是钻石的正面结果时才使用莫依桑石检测仪。

更为流行的一类莫依桑石检测仪是利用了莫依桑石的导电性。钻石中除含硼杂质的蓝色钻石外是不导电的，而莫依桑石尽管并非所有的都具同等的导电性，但大多数有可检出的导电性。还发现，如在测试过程中把那些测不到导电性的合成莫依桑石置于长波紫外光下，可诱发出导电性。

有些检测仪器兼有测导电性和导热性的功能，成为一种更完备的仿制品检测仪。

重要说明：不论何时都应首先使用10×放大镜观察宝石，因为这能提供大量信息。

一些常见钻石仿制品的比较

材料	光泽	色散	RI	DR	SG	硬度	紫外荧光
钻石	金刚光泽	0.044	2.42	无	3.52	10	变化的 惰性到强蓝或黄色 LW 下较强
合成金红石（少见）	明亮玻璃光泽	0.330	2.61～2.90	0.287 很强	4.25	6½	惰性
钛酸锶（少见）	明亮玻璃光泽	0.190	2.41	无	5.13	5½	惰性
立方氧化锆 (CZ)	明亮玻璃光泽	0.065	2.17	无	5.56～6.00	8½	SW 下弱黄一色 变化的
合成莫依桑石	明亮玻璃光泽	0.104	2.65～2.69	0.043 强	3.22	9¼	变化的
钇铝榴石 (YAG)	明亮玻璃光泽	0.027	1.83	无	4.58	8½	无到弱橙色
钆镓榴石 (GGG)（少见）	明亮玻璃光泽	0.045	1.97	无	7.00～7.09	6½～7	SW 下橙色
锆石	明亮玻璃光泽	0.039	1.92～1.98	0.059 强	4.7	7½	无到弱黄色
人造玻璃宝石	玻璃光泽到暗淡玻璃光泽	0.016～0.050	1.4～1.7	无	2.00～6.00	5	变化的 SW 下可能较强或呈惰性
合成尖晶石	玻璃光泽到明亮玻璃光泽	0.020	1.727	无	3.63	8	SW 下浅蓝绿白色
合成刚玉	明亮玻璃光泽	0.018	1.76～1.77	0.008 轻微	4.00	9	无到弱
拼合石（可能是各种材料的）	性质随所用材料而变化 用 10× 放大镜能看到结合面						

第十四章　钻石仿制品

第十四章课程强化题

1. 什么仿制品从古代就已使用？
2. 什么仿制品现在使用最多？
3. DR 是指什么？
4. 什么是拼合石？
5. 什么时候可以使用 “透视” 测试方法？
6. 在钻石腰棱上你会看到什么在 CZ 中看不到的特征？
7. 在 CZ 腰棱上你会看到什么在钻石中看不到的特征？
8. 大多数仿制品在 ___ UV 下的荧光强于在 ___ UV 下的荧光 。
9. 说出两种具高双折射的钻石仿制品。
10. 说出两种色散高于钻石的钻石仿制品。
11. 什么钻石仿制品当用热导仪检测时会给出正面结果？
12. 什么别的仪器能用来检测第 11 题中涉及的材料？

第十四章家庭作业题

1. 只用 10 ×放大镜你如何区分钻石和它的仿制品？ (20 分)

2. (a) 一包内有如下 3 种无色的圆形明亮琢型宝石，直径都是 6.5mm:
   (i) 钻石；
   (ii) YAG；
   (iii) 天然锆石。
   使用克拉秤，你如何区分这 3 种宝石？解释你的回答。 (12 分)
   (b) 哪些其他测试能用来确定这是什么材料？ (8 分)

3. 什么是 CZ? (4 分)
   简述如何生产 CZ。 (9 分)
   比较钻石、CZ 和合成莫依桑石的性质。 (7 分)

第十四章　钻石仿制品

《钻石证书教程》总复习家庭作业题

你应该在再次阅读本教程前言一章关于考试技巧的忠告后才开始完成这个作业。（每道题是 20 分。你应在不使用教程情况下用 3 小时完成本作业。）

* 总共回答 6 道题 *

回答1、2、3 和4 题:

1. (a) 对比钻石、合成莫依桑石和立方氧化锆的具有宝石学意义的物理性质。(10 分)
   (b) 描述能用于确定一颗刻面宝石是钻石还是合成莫依桑石或立方氧化锆的各种方法。(10 分)

2. (a) 描述合成钻石如何在高温和高压下生长。 (6 分)
   (b) 什么是合成钻石中常见的主要杂质？这种杂质通常以什么形式存在于钻石中？在高温高压生长钻石过程中应采取哪些步骤以使这种杂质的含量降到很低？(6 分)
   (c) IIb 型钻石是如何生产的？它的特性是什么？你如何区分 IIb 型天然钻石和 IIb 型合成钻石？ IIb 型天然钻石有何宝石学意义？(8 分)

3. (a) 描述在从矿山到原石分级台过程中所进行的钻石提取和回收过程。不要描述开采过程。 (12 分)
   (b) 描述钻石原石如何分级 。(8 分)

4. 圆形明亮琢型是最流行的琢型。
   (a) 描述用于钻石的圆形明亮琢型的理想比例。(10 分)
   (b) 为何这种琢型会如此流行？　(5 分)
   (c) 描述明亮琢型在形状上的一些变化。 (5 分)

回答第5题或第6题（不要两题都答）：

5. (a) 简要说明下列天然未经处理的有色钻石：
   (i) 开普黄色 （3 分）
   (ii) 蓝色 （3 分）
   (iii) 褐色 （3 分）
   (iv) 粉红色 （3 分）
   (v) 带绿色表皮的 （3 分）

   (b) 描述如何能将 IIa 型褐色钻石处理成无色钻石。如果 Ia 型褐色钻石也以同样方法处理，你预期会出现什么颜色？ （5 分）

或

6. 解释下列术语的含义：
   (i) 折射率和反射率 （4 分）
   (ii) 临界角和全内反射 （4 分）
   (iii) 结晶习性 （4 分）
   (iv) 双晶 （4 分）
   (v) 荧光和磷光 （4 分）

回答第7题或第8题（不要两题都答）：

7. (a) **净度处理**最常用的方法是**激光处理**和**裂隙充填**。请解释这3个术语的含义。（6 分）
   (b) 在什么情况下会使用这些处理。 （6 分）
   (c) 这些处理会如何影响钻石的估价？ （4 分）
   (d) 这些处理有哪些你应意识到的可能的长期的优点和缺点？ （4 分）

或

8. 解释下列术语的含义：

   (i) 簇镶 （4 分）
   (ii) 特殊方法激光处理 （4 分）
   (iii) 鱼眼和钉帽 （4 分）
   (iv) 矿块崩落法 （4 分）
   (v) 胡须（毛边） （4 分）

附录 1

目　录

请注意：本附录中的内容不在钻石证书课程大纲内，只提供给学生作参考。

附录 1

◆ 度量单位

重量：

1 克 (g) = 5 克拉(ct)

1 ct = 0.200 g
1 分 = 0.01 ct
1 ct = 100 分

长度：

长度的标准国际单位是米(m)
1 m = 100 厘米 (cm)
1 cm = 10 毫米 (mm) = 10^{-2} m (1/100 米)
1 mm = 1 000 微米 (μm) = 10^{-3} m (1/1 000 米)
1 μm = 1 000 纳米 (nm) = 10^{-6} m (1/1 000 000 米)
1 nm = 10^{-9} m (1/1 000 000 000 米)

波长：

光波长度量的标准国际单位是纳米 (nm)
1nm = 10^{-9} m
1nm = 10^{-6} mm (1/1 000 000 毫米)
1nm = 10 埃 (Å)
(埃是原先用于度量波长的单位，现仍用于与 X 射线有关的研究中)

压力：

压力的标准国际单位是帕 (Pa)
1 巴 (b) = 10^5 Pa ~ 1 个大气压
1 吉帕(GPa) = 10^9 Pa = 10 000 b = 10 千巴 (kb)

反射定律和反射率

反射

反射受**斯涅耳反射定律**的支配：

1：光线的反射角等于它的入射角。

2：入射线、反射线和法线均位于同一平面内。

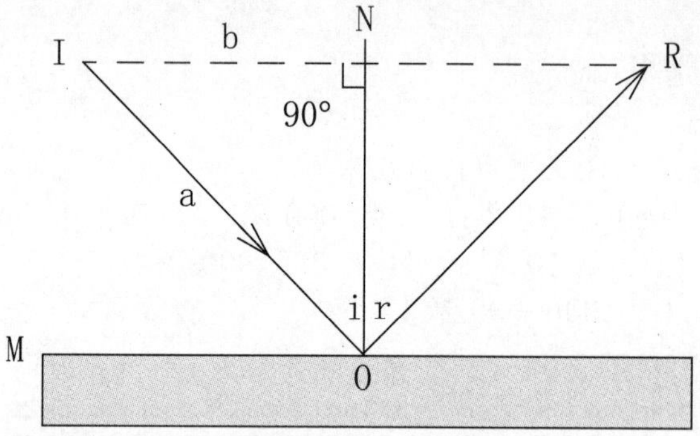

图附 -1　斯涅耳反射定律

入射角 (i) 和反射角 (r) 都参照一条称为法线 (NO) 的假想线来度量。法线垂直于反射面 (MP) 并交于入射点 (0)。入射点是入射线投到反射面上的点 (图附 -1)。

反射率

反射率可根据菲涅耳公式计算：

$$反射率 = \frac{(n - N)^2}{(n + N)^2}$$

式中：　n = 宝石的 RI

N = 周围介质的 RI (对于空气，N = 1)

附录 1

◆ 折射定律

提出反射定律的斯涅耳还提出了两条折射定律（图附 -2）：

> **1: 对任何两种相接触的给定介质及特定波长的波来说，入射角正弦与折射角正弦之比为一常数。**

> **2: 入射线、折射线和法线均位于同一平面内。**

一个角的正弦就是直角三角形中锐角与两个边之间的数学关系。

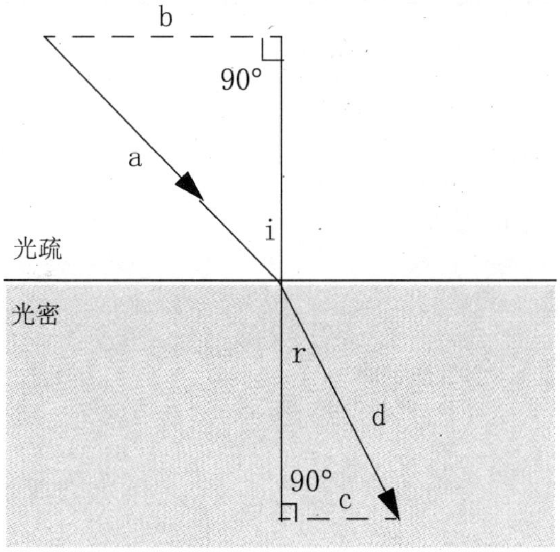

$\sin i=\frac{b}{a}$

$\sin r=\frac{c}{d}$

图附 -2　斯涅耳第一折射定律和入射角及折射角的正弦

入射角正弦与折射角正弦之间的比例关系对任何两种相互接触的给定介质来说是个常数。正是这个固定的比率给我们提供了度量折射率 (RI) 的依据。

♦ 折射率 (RI)

折射率 = $\frac{\sin i}{\sin r}$ （见图附 -2）

入射角的正弦 (sin i) = 两个边长之比 $\frac{b}{a}$

折射角的正弦 (sin r) = 两个边长之比 $\frac{c}{d}$

（注意，角的正弦的比率与角的比率不是一回事。）

折射率值等同于

$$\frac{\text{光在空气中的速度}}{\text{光在较致密介质中的速度}}$$

所以，光在介质中的速度越慢，介质的折射率越高。

附录 1

◆ 吸收光谱和光心

对于钻石的吸收光谱采用一定的代号：

N —— 发现于天然钻石（*N*atural stones）中的吸收带·
GR —— 与连续辐射（*G*eneral *R*adiation）有关的吸收
H —— 与热处理钻石（*H*eat treated stones）有关的吸收

不要求学生记住这些代号，但学生应该知道在第五章和第六章中列出的有关的吸收光谱：

天然色	颜色成因 / 吸收光谱
黄色	氮杂质以孤氮原子和集合体形式存在（ I 型） Ia 型 —— 415 nm 处明显吸收线（N3），415 nm 到 478 nm 的吸收带 Ib 型 ——光谱蓝区的吸收，有时在 503 nm 和 637 nm 有小的峰
褐色	塑性变形—— 503 nm 处的吸收
绿色	辐照产生的空穴—— 741 nm（GR1）处吸收线
蓝色	硼杂质（ IIb 型），不见明显吸收 高浓度的氢
粉红色和红色	可能由塑性变形引起 阿盖尔粉红色钻石有 50 nm、494 nm 和 415 nm 吸收线
处理色	
绿色	辐射损伤导致的 741 nm（GR1） 吸收；这也出现在天然绿色钻石中，给区分带来困难
蓝色	辐射损伤导致的 741 nm（GR1） 吸收
橙色、黄色和褐色	496 nm 和 503 nm 处吸收线，有些有 595 nm 处吸收线。如加热到 1 000°C 以上，595 nm 线将消失，在红外区 1 936 nm 和 2 024 nm 处出现 2 条新线
粉红色和紫红色	637 nm 处吸收线，595 nm 处较弱吸收线

下表给出一些代号和波长的分类细目，它只是供学生参考，不要求记住。

波长 nm	代号	说明 / 成因
2 024	H1b	该吸收在 Ia 型钻石经辐照和加热到 1 000°C 后出现 形成于当部分或全部的 595 nm 缺陷变得活动并与结合入氮的 A 集合体
1 936	H1c	该吸收在 Ia 型钻石经辐照和加热到 1 000°C 后出现 形成于当部分或全部的 595 nm 缺陷变得活动并与结合入氮的 B 集合体
741	GR1	出现在天然和处理（但未加热处理）的钻石中的连续辐射线 由带 4 个电子的空穴所导致
637	-	由氮 - 空穴导致，出现于 Ib 型钻石
595	-	I 型钻石中的吸收 ——在 275 ～ 800°C 进行的辐照和热处理，加热到 1 000 ～1 100°C 时消失
575	-	吸收发现于辐照和热处理的 Ib 型钻石中 据认为是孤氮 + 空穴所导致
503	H3	吸收发现于天然的和处理的钻石中 由氮 - 空穴 - 氮结构以及 A 集合体 + 空穴导致
496	H4	吸收发现于辐照和热处理的钻石中 由空穴 + B 集合体氮结构导致
478 ～ 415	N2	吸收发现于 Ia 型天然钻石中
415	N3	吸收发现于 Ia 型天然钻石中
波长 cm^{-1}		
1 282	A 集合体	替位式氮原子对， IaA 型
1 185	B 集合体	环绕 1 个空穴的 4 氮原子集合体， IaB 型
1 130	孤氮	单个的替位式氮原子，Ib 型

附录 2　自我评价

目　录

附录 2　自我评价

◆ 你最初的家庭作业

钻石证书课程的家庭作业题在每章的末尾。每道大题的满分值是 20 分。

在课程进行过程中，对资料的复习和理解是最基本的。

家庭作业题可涵盖前面一些章节的内容，而每章的强化题则只涉及该章的内容。

家庭作业题和强化题的内容可包含教程灰色框中的背景资料，然而这些内容不会出现在考试中。

在每章末尾，强化题放在家庭作业题之前。所有强化题的答案都在本附录中。

我们恳切希望你定期地完成强化题和家庭作业题，定期地参阅对复习的建议和关于答题注意事项的详细劝告。

所有这些建议都是来自考官和往届学生的反馈。所以，在你的学习过程中，它们对你要达到的目的特别有帮助。

你可使用在课程指南中详述的 5 点注意事项：

（1）读题
（2）关键词
（3）要点
（4）时间
（5）对象

1. 仔细读整道体，仔细重读整道题。在决定你的回答要点之前要阅读问题的所有部分。

2. 确定全道题的关键词。为确保你的回答能涵盖题目的所有方面，要确定关键词。确定和使用关键词也能帮助你不会浪费时间去回答题目所不要求的内容。而这恰恰是考试失败的主要原因，我们再怎样强调这一点都不会过分。

3. 由关键词引伸出要点。在草稿纸上快速地写出这些关键词所要求的标题或要点。

4. 对于每一部分要标出能用于答题的时间。对于前几个作业你可能要用 40 分钟到 60 分钟时间来回答每道题。随着你更加熟悉答题技巧，你的速度会加快。当你已确定要点后，你的回答就已基本准备就绪。检查一下有多少可供书写的时间，将时间分配给题目的不同部分。尽管更详尽的回答很有吸引力，但你不要试图再用更多的时间。在考试时每道题的平均时间是 30 分钟。

5. 确定答题对象，使用自己的语言。当你答题时，要始终注意你已列出的关键词和要点，并注意已用掉的时间。如果当你安排答题和书写时，你假设是写给一位朋友或亲戚看的，你就会注意提供主要的、明显的各点，而这正是题目所要求回答的，因而能得到主要的分数。

你越多地练习使用这 5 点注意事项，你就能越快和越容易地答题或准备报告。当临考前练习完整回答时，要把从读题到完成答题的时间缩短到每题 30 分钟到 35 分钟。

附录 2　自我评价

◆ 课程强化题答案

课程强化题放在课程每章的末尾。下面给出的是答案，这会帮助你检验你从该章获得的信息和达到的知识和理解。你可在再次复习每章之前或开始家庭作业之前先检查你对强化题的回答。

强化题的回答是很短和很有针对性的。不要求一般性的报告和叙述。你应尽可能快地回答所有问题，譬如用 10 分钟到 20 分钟时间。把没有把握或忘掉的地方先空下，而后再重新看教程相关内容。

要通过完成每章的强化题使自己做好充分准备。只是在自己完成强化题后再来看答案。

为能更充分理解每章的内容，我们非常希望你能遵循本附录一开头给出的关于准备作业方法的建议，然后回答问题。这样一来，你会对遵循这些建议更有信心。

这里给出的某些强化题答案是举例性回答，用 ** 表示。可有其他的答案。请阅读相关章节以确认有其他的答案。

第一章课程强化题和答案

1. 大多数宝石应具备的 4 个属性是什么？
   瑰丽、稀有性、耐久性、可接受性
2. 钻石最重要的古代产地是哪里？
   印度
3. 说出 19 世纪最重要的钻石发现。
   南非
4. 说出在第 3 题所回答的国家中发现的两个矿。
   ***** 金伯利、芬什***
5. 说出新近有重要钻石发现的那个国家的名称。
   加拿大
6. 说出第 5 题所回答国家中第一个投产的钻石矿山的名称。
   阿卡提

7. 说出独联体两个最重要的矿山。
成功和佳节

8. 说出 2002 年钻石产量按克拉重计的前 4 位国家。
澳大利亚、博茨瓦纳、独联体、刚果民主共和国

9. 说出 2002 年钻石产量按价值计的前 4 位国家。
博茨瓦纳、独联体、南非、安哥拉

10. 哪个矿以粉红色钻石著称？
阿盖尔

11. 说出第 10 题所问矿山的所在地和国家。
西澳大利亚的金伯利区

12. 哪个国家以滨岸钻石矿而著称？
纳米比亚

第二章课程强化题和答案

1. 构成地球内部的 3 个主要的层是什么？
地核、地幔和地壳

2. 说出存在克拉通的 3 个地区。
*** 加拿大、南非、巴西*

3. 说出克拉通下方天然储存钻石的大致最小深度？
~150km

4. 什么是同生包裹体？
与钻石一道生成的矿物包裹体

5. 地球内部含钻石的两种主要地幔岩是什么？
橄榄岩和榴辉岩

6. 已发现某些钻石的年龄不少于 30 亿年。 对 / 错
对

7. 给出次生矿床的两个实例。
*** 冲积的、海相的*

附录 2　　自我评价

8.　在下面这张河流示意图中指出什么地方会堆积钻石，什么地方水流最快。

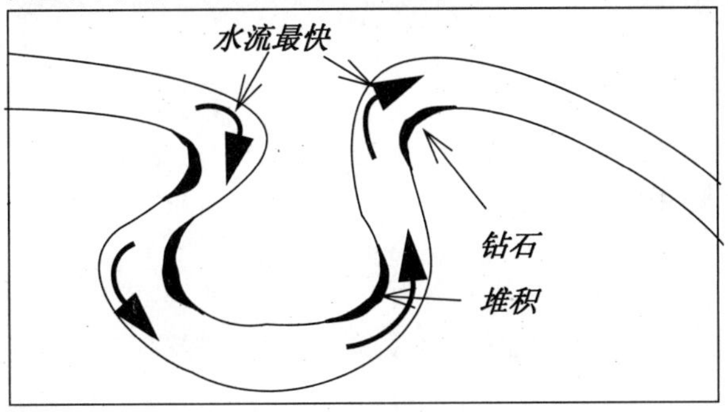

9.　说出最常见的含钻石的火山岩的名称。
金伯利岩

10.　说出两种指示矿物的名称。
***** 石榴石、钛铁矿***

11.　什么是矿床的品位？
每百吨矿石中钻石的克拉数

第三章课程强化题和答案

1.　缩写符号 C、N、B 代表什么元素？
C - 碳、N - 氮、B - 硼

2.　画出表示了电子和电子轨道的碳原子简图。

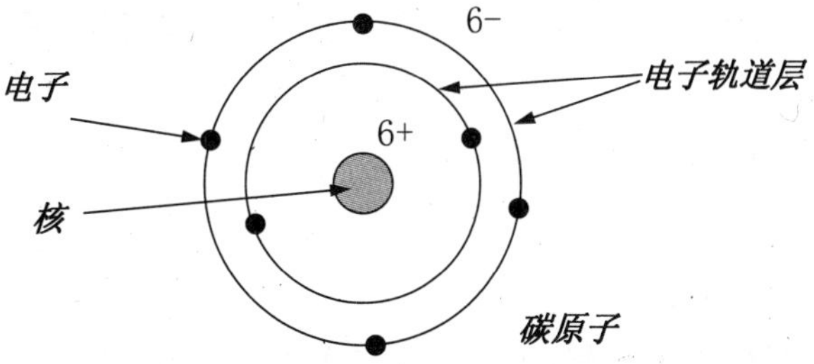

3.　钻石中出现的是什么类型的键合？
共价键

4.　说出碳的两种同质多象变体。
钻石和石墨

5. 钻石属于哪个晶系？
立方晶系

6. 给出这个晶系特征的对称性。
4 个三次对称轴

7. 画出这个晶系的基准轴。

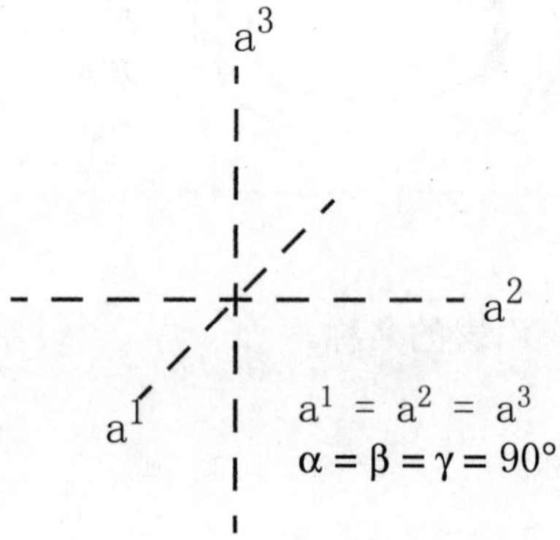

8. 说出钻石两个常见的习性。
八面体、十二面体

9. 什么是钻石的一种最常见的双晶类型？
三角薄片双晶

10. 下图中所示的生长样式叫什么？

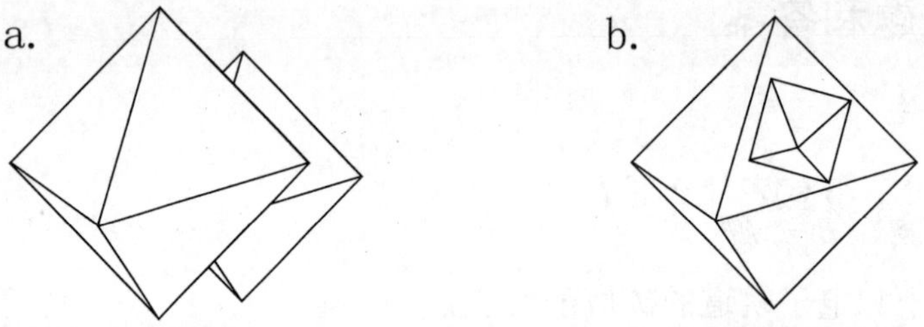

平行生长　　*多重生长*

11. 三角凹痕出现在什么晶形上？
八面体

12. 什么是黑钻石（黑金刚石）？
多晶质钻石和非晶质碳的韧性和致密的混合物

附录 2　自我评价

第四章课程强化题和答案

1. 钻石的耐久性是哪些性质的组合？
硬度、韧性和稳定性

2. 钻石的摩氏硬度值是多少？
10

3. 图中哪个是钻石最软和最硬的方向？

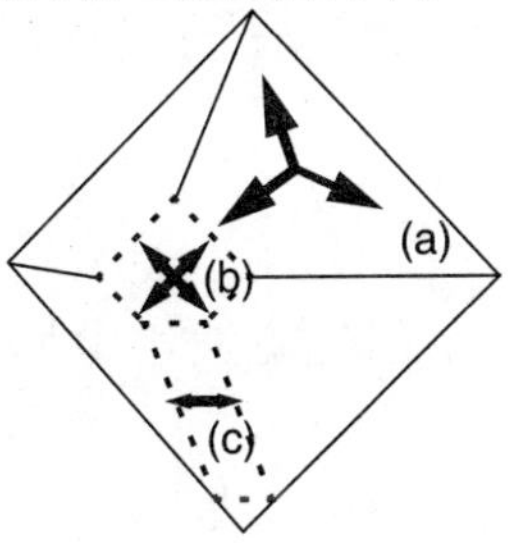

(c)——*最软*
(b)——*最硬*

4. 晶体中的方向性破裂叫什么？
解理

5. 晶体中的非方向性破裂叫什么？
断口

6. 1cc 任何材料的相对密度（比重）是通过比较它的重量与 1cc 什么材料的标准的 1g 重量获得的？
水

7. 纯钻石是绝缘体。　　对 / 错
对

8. 哪种钻石仿制品是导电体？
合成莫依桑石

9. 光在钻石中的传播速度是比在真空中快还是慢？
慢

10. 怎样才能产生偏振光？
*** 偏振滤光片*

11. 什么是用来描述钻石光泽的术语？
金刚光泽

12. 单个钻石可沿多少个方向劈开？
4 个

13. 钻石的折射率是多少？
2. 42

14. 钻石是单折射的（各向同性的）还是双折射的（各向异性的）?
单折射的

15. 说出利用反射率的仪器。这种仪器有何优点？
反射仪。测折射率的上限高于全内反射型折射仪（全内反射型折射仪是标准宝石学折射仪）。

第五章课程强化题和答案

1. 可见光和红外辐射是电磁波谱的两个部分。给出电磁波谱中另两种类型辐射的名称。
*** UV, X射线*

2. 我们说白光是由按一定顺序排列的6种颜色组成的，是哪些颜色？
红、橙、黄、绿、蓝、紫

3. 说出两种不同类型分光镜的名称。
衍射光栅式和棱镜式

4. 钻石有哪两种主要类型？什么是它们之间的主要差别？
I型－有氮，II型－无氮

5. 开普系列钻石属于什么类型？
IaAB型

6. 哪种类型的钻石有4氮原子集合体？
IaB型

7. 415nm吸收线的名称是什么？
N3

8. 我们常把哪种颜色与Ib型钻石联系到一起？
橙—黄色或金黄色

9. 所有天然蓝色钻石都是由硼致色的。对/错
错

10. 什么被认为是天然粉红色钻石的颜色成因？
塑性变形

11. 在天然粉红色钻石中预期会见到什么样的吸收？
560nm

12. 什么成色机制导致绿色钻石的颜色？
空穴色心

13. 如何解释纯IIa型钻石是无色的？

大带隙

14. 钻石最常见的荧光色是什么？

    蓝色

第六章课程强化题和答案

1. 合成钻石的化学成分是什么？
   碳——与天然钻石相同
2. 钻石是在何时首次合成的？是在哪里和由谁合成的?
   1953 年由瑞士 Allmanna Svenska Elektriska Aktiebolaget（ASEA）公司
3. 最常用的合成宝石级钻石的方法是什么？
   高压高温 ——HPHT
4. 生长合成钻石所需的压力和温度是多少？
   50 ～80 kb 和 1 350 ～1 600 ℃
5. 除第 4 题中给出的温度和压力条件外，为生长钻石还需要什么条件？
   溶剂触媒如铁或镍
6. 如温度和压力改变，什么特征会受到影响？
   晶体形状
7. 说出两种用于生产合成钻石的设备。
   *** 压带法和 BARS 装置*
8. 可生长出 3 种不同类型的合成钻石。哪 3 种类型？描述你预期会在每种类型中看到的颜色。
   Ib 型：橙—黄色，IIa 型 ： 无色， IIb 型 ： 蓝色
9. 在无色合成钻石中你预期会看到什么包裹体？
   金属溶剂和尘埃或“面包渣”包裹体
10. 在有色合成钻石中你预期还会看到什么包裹体？
    “砂漏”或“马耳他十字”色带
11. 在合成钻石中你预期会有什么样的发光样式？
    立方 - 八面体的
12. 什么是 CVD ？
    化学气相沉淀法

13. 合成钻石在 LW 下的荧光通常强于在 SW 下。 对 / 错
错

第七章课程强化题和答案

1. 为何要对宝石进行处理？
改善宝石的外观和（或）性质

2. 说出钻石改色的一种非持久的方法。
*** 涂色*

3. 哪两种方法最常用于辐照钻石？
中子和电子辐照

4. 辐照后常用什么方法来改变钻石的颜色？
加热处理

5. 在经处理的绿色钻石中你预期会看到什么光谱？
GR1 ——741nm

6. 当检测经辐照和热处理的黄色钻石时，什么吸收线能证明经过处理？
595 nm 或若加热到 1 000 ℃以上， 1 936 cm^{-1} 和 2 024 cm^{-1}

7. 当检测经辐照和热处理的粉红色钻石时，什么吸收线能证明经过处理？
637 nm 吸收线和 595 nm 的弱线

8. 通常处理什么类型的钻石以产生粉红色？
Ib 型

9. 如何处理褐色 IIa 型钻石能改善其颜色？
HPHT

10. 当用 HPHT 处理 Ia 型钻石时，你预期会出现什么颜色？
黄—绿色

11. 什么处理方法能用来使钻石中的氮从一种形式变成另一种形式？ 说出能有这种变化的钻石类型及变化的结果。
HPHT 处理 ， Ib 型钻石

12. 说出两种类型的净度处理。
激光打孔和裂隙充填

附录 2　自我评价

第八章课程强化题和答案

1. 说出宝石检测实验室中使用的两种光谱仪。
*** FTIR 和 UV/Vis*

2. FTIR 是指什么？
傅里叶变换红外光谱仪

3. 钻石在 X 射线下发荧光。　　对 / 错
对

4. PL 是指什么？
光致发光

5. 说出可以度量光致发光光谱的一种途径。
*** 拉曼探针*

6. CL 是指什么 ？
阴极发光

7. DTC 的 3 种仪器叫什么 ？
DiamondSure、DiamondView 和 DiamondPlus

8. 哪条光谱线对天然钻石是特征的？
N3 - 415nm

9. 哪些晶形是合成钻石中常见的？
立方 - 八面体聚形

10. 无色 IIa 型钻石有什么样的吸收？
无

11. 什么类型的钻石是导电体？
IIb 型

12. 这一特性有助于区分天然和合成钻石吗？
不是

13. 这一特性有助于区分天然和大多数处理钻石吗？
是

14. 说出钻石能通过处理产生黑色的两个途径。
辐照或热处理

第九章课程强化题和答案

1. 什么是上覆物？
覆盖在含钻石矿床或岩筒之上的诸如砾石等的任何沉积物

2. 露天矿是怎样开采的？
梯段开采 —— 梯段为台阶状

3. 什么是地下开采最常用的采矿方法？
矿块崩落法

4. 说出河流矿床的两种采矿方法。
*** 挖掘、使河流改道*

5. 提取钻石时“解离”是指什么？
开采到破碎

6. 解离后的下一个阶段是什么？
选矿

7. 重介质分流器中应用的是什么物理性质？
密度

8. 油脂平台利用的是钻石的什么性质？
无可湿性，钻石斥水但亲油脂

9. X 射线分选机利用的是钻石的什么性质？
钻石在 X 射线下发荧光

10. 什么是原矿？
一个矿山产出的钻石原石

第十章课程强化题和答案

1. 哪 3 种方法能用来分割钻石？
劈钻、锯钻、激光锯钻

2. 为何不能在八面体方向锯钻石？
因为这是劈钻方向

3. 能在哪两个方向锯钻石？
立方体和十二面体方向

4. 使钻石腰棱成型的过程叫什么？
粗磨

附录 2　自我评价

5.　什么是“原晶面”？
抛磨后保留下来的钻石晶体原始表面的一部分

6.　抛磨钻石所需的 3 个主要设备部件是什么？
磨盘、柄脚和夹嘴

7.　在下图中指出二尖、三尖和四尖面上的抛磨方向。

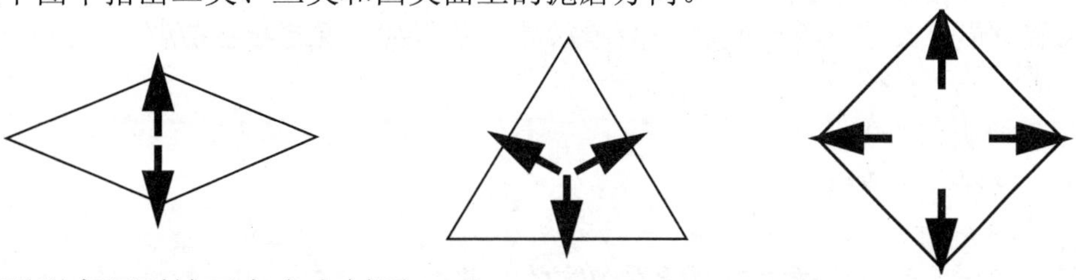

8.　圆形明亮琢型钻石有多少刻面？
57 或 58（如有底尖）

9.　说出激光在钻石加工中的 3 种可能用途。

***** 制切缝、切磨花式琢型、激光钻孔***

第十一章课程强化题和答案

1.　什么是已知最早的钻石琢型？
尖琢型

2.　桌琢型出现于何时？
14 世纪

3.　以下所列的是什么琢型：

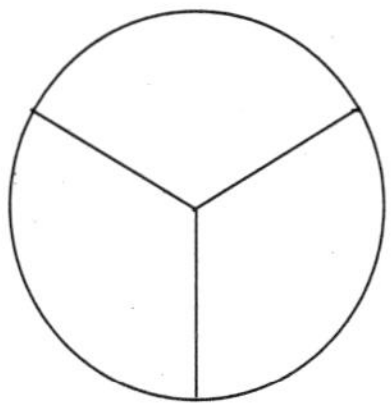

三刻面玫瑰琢型

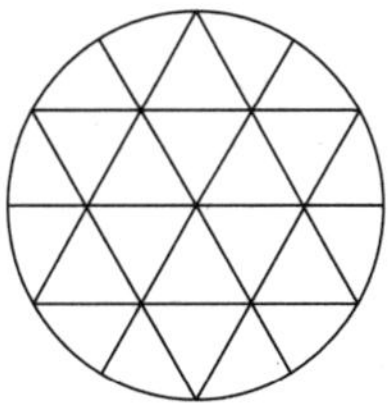

荷兰玫瑰琢型

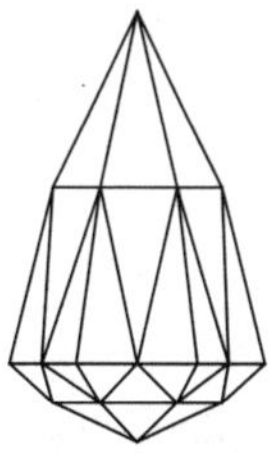

泪滴形

4.　马扎林琢型的另一个名称是什么？
双琢型

5. 单琢型最初出现于何时？
17 世纪

6. 什么琢型在 19 世纪引入机械化粗磨后发展起来的？
老欧洲琢型

7. 祖母绿琢型和细长形琢型有何不同？
细长形琢形是长方形阶梯琢型。祖母绿琢型的形状和款式与它相似，但 4 个角被截切，使它成为八边形

8. 什么是“火彩”？
白光分解成其光谱色

9. 什么是“鱼眼”？
因钻石亭部太浅以至透过台面能看到腰棱的映像

10. 什么是方形明亮琢型更常用的叫法？
公主琢型

11. 什么是 Ascher 琢型？
方形祖母绿琢型

12. 什么比例范围被认为是理想的？

冠角	*31° ～ 37°*	*台宽*	*53% ～ 66%*
亭角	*40° ～ 42°*	*冠高*	*11% ～ 16%*
亭深	*41% ～ 45%*		

第十二章课程强化题和答案

1. 说出除戴比尔斯外另 3 家重要的钻石公司。
*** BHP Billiton、Rio Tinto、Almazy Rossii-Sakha*

2. 说出戴比尔斯联合矿业公司所管辖的 3 个矿山。
*** 维尼提、芬什和科菲丰坦*

3. 戴比尔斯下属的工业钻部门叫什么？
Element Six

4. 当检查钻石原石时哪 4 个指标是重要的？
大小、形状、质量和颜色

5. 什么是劈钻？
不规则形状的钻石晶体

附录 2　自我评价

6. 什么是需劈开的钻石？
加工前必须先劈开的钻石晶体

7. 超大钻的尺寸范围是多少？
大于 10.80 ct

8. 主要的切磨中心位于哪里？
纽约、安特卫普、以色列和印度

9. 主要的成品钻石市场位于哪里？
安特卫普、纽约、以色列、印度和香港

第十三章课程强化题和答案

1. “分”和钻石的重量有怎样的关系？
100 分 = 1ct = 0.2 g

2. 小钻 (melee) 是指什么？
小于 0.20ct 的钻石

3. CIBJO 的优白 (Rare White+) 相当于 GIA 的什么色级？
F

4. 为获得精确的色级需要哪 4 个条件？
比色石、合适的光源、中性环境和经验

5. 如何描述彩色钻石的颜色？
色彩、色调和饱和度

6. 净度是指钻石少 ________的程度。
包裹体

7. 什么是云状物？
针点或其他小包裹体的集合体

8. 净度分级需要用多大的放大倍数？
10 ×

9. 包镶的另一个名字是什么？
Bezel

10. 什么是半圈永恒戒？
戒环有半圈是镶嵌了宝石的

11. 纯度 999、750 和 585 相当于什么 K 值的金？
24 K、18 K 和 14 K

12. 说出 3 种不同类型的估价。

***** 保险、再销售和抵押贷款***

第十四章课程强化题和答案

1. 什么仿制品从古代就已使用？
   玻璃
2. 什么仿制品现在使用最多？
   CZ
3. DR 是指什么？
   双折射
4. 什么是拼合石？
   由两部分或更多部分组成的宝石
5. 什么时候可以使用“透视”测试方法？
   切工好的现代圆形明亮琢型宝石
6. 在钻石腰棱上你会看到什么在 CZ 中看不到的特征？
   原晶面
7. 在 CZ 腰棱上你会看到什么在钻石中看不到的特征？
   研磨线
8. 大多数仿制品在 ___ UV 下的荧光强于在 ___ UV 下。
   SW、LW
9. 说出两种显示高双折射的钻石仿制品。
   合成莫依桑石、锆石
10. 说出两种色散高于钻石的钻石仿制品。
    ***** 合成莫依桑石、合成金红石***
11. 什么钻石仿制品当用热导仪检测时给出正面结果？
    合成莫依桑石
12. 什么别的仪器能用来检测第 11 题中涉及的材料？
    电导仪

词汇表

本词汇表汇集了教程中所使用的术语和定义

词汇表

A

阿基米德定律（Archimedes' principle）：浸入液体的物体所受到的上浮力相当于所排开液体的重量。

埃（Angström）：包括可见光在内的某些电磁辐射的波长度量单位，现大都已被纳米（nm）取代。10Å = 1nm。

X 射线X-ray：X 射线是极短的电磁辐射（10^{-10}m）。它们可导致材料中的荧光。在钻石业，这种荧光被用于 X 射线分选机回收钻石的过程。

暗域（dark field）照明：对着暗色背景观察（特别是在显微镜下观察）透明材料，从侧面而不是从材料的顶或底照明。

B

八面体（octahedron）：八面的晶形。

白光（white light）：可见光所有频率（波长）的组合，就如来自太阳的光。

斑纹消光（tabby extinction）：见“异常消光效应”。

半透明（translucent）：指透过它看不清或完全看不到物品但光能透过的材料。

包裹体（inclusion）：在切磨或未切磨宝石材料中可见的内部特征，表现为晶体、孔洞、气泡、碎屑、裂缝、愈合裂隙、初始解理、旋涡纹和条纹等。

贝壳状断口（conchoidal fracture）：具有与海生贝类的脊相似的同心状凸起表面标志的破裂面。

比重（specific gravity）：物质的重量与同体积水的重量的比值，是一个数值，没有单位（见“密度”）。

扁平片（flat）：外观非常扁平的八面体晶体。

变焦（zoom）：指放大倍数可在一定范围内连续变化而不限于几个固定值的显微镜类型。

变质的（岩石和矿物）（metamorphic（rocks and minerals））：指物理结构在温度压力作用下被改造的那些岩石和矿物。

波（wave）：是对能量传播的循环的一种描述（见“波长”、“电磁辐射”、“电磁波谱”和“频率”）。

波长（wavelength）：相邻波两个同位置点之间的距离。电磁波的波长范围从无线电长波的 1 000 ~ 2 000m 到诸如 X 射线超短辐射的 1/1 000 000 000m。度量可见光的适用单位是纳米（nm）（见“波”、“频率”）。

玻璃宝石（paste）：人造玻璃宝石。常用来仿制各种各样的宝石和装饰材料。

玻璃光泽（vitreous luster）：抛光的玻璃和大多数具中等折射率的透明宝石如祖母绿和碧玺所显示的光泽。

不透明的（opaque）：不容许光透过的材料（见“透明的”）。

C

彩色的（fancy coloured）：显示强体色的钻石。

差异硬度（differential hardness）：硬度依刻划方向不同而不同；这是由于特定晶体结构中原子键合面和方向的结构性排列所致。

产出（occurance）：天然材料可在其中出现并可能被发现的地质环境。

产地（locality）：宝石矿床的地理分布。

成品率（yield）：成品钻重量与抛磨前原石重量的比较，用百分率表示。

冲积沉积（alluvial deposits）：水侵蚀和搬运岩石材料而形成的沉积岩层。“砂矿”或“宝石砾”都是在这些现代或过去是河床或湖底的沉积中开采的。

初始解理（incipient cleavage）：在材料中发育为裂缝但未使材料破开的解理。

处理（treatment）：人工改变宝石材料外观和性质的过程（见“优化”）。

传播（propagation）：波的传导。单个光波或光线的直线方向称为传播方向。

窗（window）：在钻石原石上抛磨出的使设计者能看到钻石内部的一个或一个以上的刻面。

粗磨 (bruting)：用一颗钻石使另一颗钻石成型的方法。一颗锯开的、劈开的或完整的钻石被固定在车床上并转动。另一颗钻石被夹持住并对准转动的钻石使之具备所要求的形状以供下一步的加工。

D

单色光 (monochromatic light)：由单波或极窄波长段组成的一种颜色的光。在宝石学中，单色黄光（钠光）被用于精确测定折射率。

电磁波谱 (electromagnetic spectrum)：电磁辐射波长的范围，从波长最长的低频无线电波经由波长不断变小的红外、可见光、紫外、X 射线和伽玛射线，直到波长最短的甚至高频宇宙射线（最高能量的波）。在宝石学中，“谱”这个词通常只用来表示可见光谱和吸收光谱。

电磁辐射 (electromagnetic radiation)：被传送的属于电磁波谱任一部分的电磁能，常称为波或线。

电子 (electron)：电子是组成原子的非常小的粒子。每个电子携带一个负电荷。它们参与化学键合，并与包括可见光波在内的一定波长的电子辐射相互作用（见“原子”）。

断口 (fracture)：应力作用下在大多数宝石中出现的随机的无方向性的破裂。应力可来自内力或外力，如温度的突然变化或强烈的撞击（见“解理”）。

对称面 (plane of symmetry)：将晶体结构划分为两部分的假想镜面；每个部分可通过镜面反映并与另一部分相同（见“晶体对称性”和“晶系”）。

对称性 (symmetry)：见“晶体对称性”。

对称轴 (axis of symmetry)：通过晶体的一根假想线。当晶体围绕该轴转动一圈时，相同外形出现二、三、四或六次。

多晶质的 (polycrystalline)：由许多集合的晶体组成的物质。多晶质材料不具整体的外部晶形（见“微晶质”、“隐晶质”）。

多面切磨 (brillianteering)：交叉切磨后在明亮琢型钻石上切磨出剩下的 40 个刻面。

E

二层石（doublet）：由两部分相同或不同材料接合到一起组成的拼合石，例如以石榴石为顶的二层石。

F

发光 (luminescence)：物体经辐照后发射可见光的现象。它是包括荧光和磷光在内的一个通用术语。

法线 (normal)：用于描述反射和折射时光线路径的术语。法线是通过入射点并垂直表面（或两介质界面）的假想线。它有助于观察和度量角度。

反射 (reflection)：反射是落在内或外表面的光有一部分从该表面返回的现象（见“入射”、“光泽”、“棱镜”和“全内反射”）。

仿制品（simulant,imitation）：被用来模仿其他宝石材料的效应、颜色和外观的天然和人造材料，它们不具有所仿材料的化学组成和物理性质。

放大镜（loupe）：用于放大的透镜。为观察大多数宝石材料，最理想的是 10×放大镜。放大镜是宝石学家在实验室外使用的最重要工具。

非晶质的 (non-crystalline, amorphous)：指不具整体有序内部晶体结构的矿物和其他材料。

分光镜 (spectroscope)：使用棱镜或衍射光栅将光线分解成其组成波长或光谱色的仪器。使用分光镜能观察到组成光线的一种或几种颜色。

分子 (molecule)：通常认为这是化学元素或化合物能以自由状态存在的最小单位。分子可仅由一种化学元素的一个或更常见的两个以上的原子组成，也可由两个以上的不同元素形成化合物。

辐射 (radiation)：见“电磁辐射”。

词汇表

辐照 (irradiation)：原子粒子轰击或放射性物质照射。它能改变宝石的颜色或在浅色宝石中产生优化色。辐照可以是天然的或人工的。

G

伽玛射线 (gamma ray)：波长短于 X 射线但长于宇宙射线的电磁辐射，可用于改变某些宝石的颜色。
干涉（interference）：两束光线相遇或沿同一方向传播时产生的效应。如果它们的波形的峰和谷各自重合，所形成的光强增大；如果一个波形的峰与另一个波形的谷重合，它们将相互干涉，光的强度降低或完全消失（见“晕彩”、“衍射”）。
各向同性的 (isotropic)：光学各向同性材料在穿过材料的所有方向上显示相同的光学性质。立方晶系晶体和非晶质材料是光学各向同性的。
各向异性的 (anisotropic)：光学各向异性材料在穿过材料的不同方向上显示不同的光学性质。所有晶体结构除立方晶系外都是光学各向异性的。
共价键 (covalent bonding)：共价键是因原子间共用电子而导致的电子连接。
冠部 (crown)：刻面型宝石腰棱以上的部分；宝石的“前部”或“顶部”(也见“亭部”和“刻面”)。
贯穿双晶 (interpenetrantfwins)： 两个晶体呈穿插状连生的双晶类型。有时长成十字形或星形。见于萤石、尖晶石和钻石。
光密度 (optical density)：这是一种复杂的性质，表现为光进入比原先的介质更稠密的介质后光速的减低。光密度越高，速度降低得越快。
光线 (ray)：光线由朝同一方向传播的所有光波组成。
光学各向同性/各向异性 (optical isotropic/anisotropic)：见“各向同性的”和“各向异性的”。
光学性质 (optical properties)：材料具有的与可见光有关的物理性质，如透明度、反射、折射、颜色和光泽（见“物理性质”）。
光泽 (lustre)：是光从表面的反射，它在一定程度上取决于材料的折射率以及抛光或表面条件。
光轴 (optic axis)：指穿过各向异性晶体的一个方向，平行于它只发生单折射。

H

含钻石岩筒 (diamond pipe)：含钻石火成岩在地壳中的筒状产出。
核 (nucleus)：原子带正电荷的中心，它由中子和质子占据。核由电子环绕。
合成的（synthetic）：指在实验室或工厂中生产的具有与天然无机矿物对应物相同成分、结构和物理性质的人造宝石材料。
红外（IR）(infrared)：波长短于无线电波但长于可见光的电磁波谱。红外被用在作为鉴别宝石辅助手段的反射仪中。
胡须（bearding）：从腰棱延伸到成品钻石内部的小羽状体（细小破裂），由过激的粗磨造成。
花式（异形）(fancy shape)：圆形明亮琢型以外的琢型，如梨形或方形。
化合物（chemical compound）：是由两种或更多种不同化学元素通过键合形成的单一物质。
化学（chemistry）：对化学元素和键合及所发生的化学变化和所形成的化合物进行的研究。
化学键（chemical bond）：是由电子相互作用导致的相邻原子的连接。
化学式（chemical formula）：采用国际认可的化学符号并以物质组成元素的比例来表示物质成分的一种方式。
化学元素（chemical element）：元素是完全由化学上相同的原子组成的物质。元素不能用化学方法分离。
黄地（yellow ground）：已风化而易破碎的金伯利岩。
光彩（fire）：描述具显著色散的宝石所显示的光谱色的常用术语。在某些刻面宝石中可明显看出。
火成的（igneous）：当熔岩或岩浆冷却和固结时，其形成物称为火成岩。

J

激光处理（laser treatment）：利用激光束产生的受控燃烧在钻石中钻出细孔以便使钻石中的包裹体变得不那么明显。激光也用于锯钻石和准备劈钻。

基准轴（reference axes）：见："晶轴"。

钾镁煌斑岩（lamproite）：富镁的粗粒火成岩。与金伯利岩一样，形成于地幔深处并可能含钻石。

夹嘴（dop）：用于固定宝石以便切磨和抛光的夹具。

键（bond）和键合（bonding）：见"化学键"。

交叉切磨（cross cutting）：在钻石上抛磨出前 17 个刻面的工序。

解理（cleavage）：指某些晶质材料能沿某些晶体结构面的清晰方向裂开并留下或多或少的平坦裂面。钻石在加工过程中可沿解理面破开。

金伯利岩（kimberlite）：一种形成于地幔深处并可能发现钻石的粗粒火成岩。它富含橄榄石并含铬透辉石和石榴石等其他矿物。

金刚光泽（adamantine luster）：由钻石显示的典型的非常明亮的强反射光泽。

金属光泽（metallic luster）：由金属如金和银以及宝石材料如抛光的赤铁矿所显示的非常强的反射光泽。

晶格（crystal lattice）：晶格是结点的假想的规则重复排列，反映了实际晶体结构中原子、分子和键合的重复式样。

晶结（naat , knot）：钻石中的晶结与木头中的结疤相似，发现在纹理方向变化处。譬如，三角薄片双晶的结合部。

晶面（crystal face）：晶体自由生长停止处晶体结构的平坦表面。晶面大都平行于原子排列最致密的晶体结构层。

晶体（crystal）：此术语用于描述具平的晶面的单晶质材料；也用于描述具单一、连续内部晶体结构但外形不规则材料；还用于描述各种形状的人造单晶材料（也见"原石"）。

晶体对称性（crystal symmetry）：是用于描述晶质材料中原子和键结构排列重复性的一种方法（见"对称轴"、"对称面"、"晶体结构"和"晶系"）。

晶体结构（crystal strucrture）：晶体结构是键合原子规则、重复和三维的排列。

晶体习性（crystal habit）：晶体习性是晶体所具有的整体的天然的外形。它是某种晶形的发育或是两种以上晶形的相对发育。

晶系（crystal system）：根据基本的晶体对称性和晶轴对晶体结构所作的简单分类。

晶形（crystal form）：一组与对称性相关的晶面。

晶质的（crystalline）：用于描述具晶体结构的那些材料。

晶轴（crystallographic axes）：晶轴或基准轴是穿过晶体结构的一条假想线，它表明了晶格结点的重复方向，也表明了结点沿该方向的相对重复距离。

晶轴架(axial cross)： 3 个或 4 个相交的晶轴，它们代表了单个晶体结构中的重复方向和重复距离。

K

看货会（sights）：一年有十次机会，由钻石贸易公司销售钻石。

颗粒（grain）：构成岩石、多晶质材料或人工再造材料的单个晶体或碎屑。

可见光（visible light）：波长介于 400～700nm 之间，属人眼可检测出的电磁辐射能。因为我们通常用我们的眼睛来检测光辐射，故可见光是用作测试和鉴别大多数宝石的一种最方便的手段。

克拉（carat）：用于宝石材料的重量单位。1 克拉（ct）=0.2 克。

刻面（facet）：在宝石上切磨和抛光出的平的小面。

矿石（ore）：指从中可提取重要有用矿物的材料。

矿物（mineral）：地质作用形成的通常为固体无机的晶质材料。

词汇表

L

蓝地（blue ground）：对未风化的金伯利岩的称呼。

棱镜（prism）：磨成一定形状使光能透过并产生色散或反射的透明的固体单折射材料。

棱镜式分光镜(prism spectroscope)：在这种分光镜中，用粘结成一列的几个玻璃棱镜来产生可供观察的光谱（与“衍射光栅式”相对）。

亮度（brilliance）：是透过冠部刻面观察时所见到的因光被宝石反射而导致的明亮程度。它是由自亭部刻面和冠部刻面表面的反射光组成的。

劣等钻石（boart bort）：只适合破碎后作为磨料的低质量天然钻石。

磷光（phosphorescence）：辐射源关闭后某些具荧光性材料继续发出的余辉。

临界角（critical angle）：在两种不同光密度介质的界面处，当来自光密介质的光的入射角度增大到足以使折射光线沿界面通过时，这个角度称为临界角。

M

密度（density）：以材料的质量与其体积的比值来度量，它是单位体积材料的重量（见“比重”）。

明亮琢型（brilliant cut）：能产生高亮度的刻面琢型，也适合于充分展示钻石的火彩。

磨杆（dopstick）：用于固定宝石以便切磨和抛光的夹具。

磨盘（scaife）：水平的铸铁盘，涂上混合的钻石粉和油后用于抛光钻石和磨刻面。

摩氏硬度计（Mohs' scale）：由德国矿物学家 F.Mohs 提出的刻划硬度计。它是以从软到硬排序硬度为 1～10 的 10 种矿物为基础的非线性硬度计。每种矿物可刻划序号低于它的矿物，又可被序号高于它的矿物所刻划。

磨腰棱（girdling）：有时也叫打圆（rondisting）。这是交叉切磨之后，多面切磨之前的阶段。这道工序给出了钻石的最终形状。

N

纳米（nanometre）：方便的度量电磁辐射长度的单位。1 纳米（1nm）是 1/1 000 000 000 米（1/1 000 000 毫米）。这个长度可写成 10^{-9}m（或 10^{-6}mm）。纳米取代了曾作为光波波长单位的 Å（1nm=10Å）。

耐久性（durability）指宝石材料硬度、韧性和稳定性的组合。

内凹角（re-entrant angle）：某些双晶表面所见到的“V”形槽。这是晶形在双晶晶体每个部分的发育导致晶面间出现的小于 180°的外角。

能级（energy level）：电子环绕原子核的运动可表示为离核不同距离的同心圈，这些圈被称为电子能级或“壳层”。

P

耙矿平巷（scraper drift）：混凝土衬砌的巷道。崩落的金伯利岩拖到这里并用机械方法运出。

偏光镜（polariscope）：一种用于检测透明宝石是各向同性或各向异性以及宝石中的应变情况的光学仪器（见“消光”、“异常消光效应”和“正交偏光片”）。

偏振化（polarization）:包括光传播变化在内的一般性术语；例如平面偏振光平行于单一的面振动。

偏振滤光片（polarizing filter）：能导致光的偏振化的物质。

拼合石（composite）：由两个或更多个天然、合成或人造组分人工粘接到一起并给人以单件物品印象的宝石材料。

频率（frequency）：能量的波或“周”通过一固定点的速率；用赫或周/秒表示（见“波长”和“电磁波谱”）。

平面偏振光（PPL）（plane polarized light）：是所有的波都平行单一平面振动的光。

平行生长（parallel growth）：当一个晶体通过生长产生了由两个或更多个晶体沿同一方向长到一起的外观且晶面相互平行时，这些晶体被说成是显示平行生长。这不是一种双晶类型。

品位（grade）：从一定体积矿石中所获钻石的克拉数。

品种（variety）：一个矿物种内特定的宝石类型。一个品种可根据颜色或光学效应来分类。譬如，翠榴石是矿物种钙铁榴石的宝石品种；红宝石是刚玉种的一个品种。

谱（spectrum）：给予辐射的各种波长或频率的名称（见“吸收光谱”和“电磁波谱”）。

Q

切缝（kerf）：用一颗钻石或通过激光束灼热在钻石原石上刻出一个小的沟槽。将钝的钢刀刃插入沟槽中，用力一击，劈开原石。

球面像差（spherical aberration）：透过简单的放大镜看到的畸变图形，如直线变成弯曲的。

全内反射（TIR）（total internal reflection）：当入射光以大于临界角的角度与两个不同光密度介质之间的界面相遇时便产生全内反射。光将留在光密介质内并遵循反射定律。

R

人造的（artificial）：非天然形成的。包括非天然的宝石材料和宝石颜色品种；生产出来的宝石材料（与“合成的”比较）。

韧性（toughness）：是材料抗拒穿过它产生断裂或解理的能力（见“耐久性”和“硬度”）。

入射（incident）（光、线、辐射）：与表面相遇的电磁能被说成是“入射的”。入射光在表面或是反射、吸收，或是折射。入射角是入射线与穿过表面入射点的法线之间的交角。

S

三层石（triplet）：任何由3个部分结合到一起的拼合石；例如由无色冠部和亭部加上中间的有色层构成的苏达型祖母绿；又如靠缟玛瑙底部和石英顶部加强的欧泊薄片。

三角凹痕（三角座）（trigon）：钻石晶体八面体面上的天然三角形坑。

三角薄片双晶（macle）：钻石或尖晶石的三角形八面体双晶。

色散（dispersion）：色散就是白光分解成可见光谱的组成色，每个波长以不同角度折射。宝石的色散值是用两个选定的波长测得的光的折射率的差值（见“火彩”）。

色像差（chromatic aberration）：透过结构简单的放大镜观察时在物像周围看到的呈彩色环带的色散效应。生产双合镜和三合镜以校正色像差。

砂矿（placer）：含有因地质作用而富集的有用矿物如宝石矿物和贵金属的砂砾沉积。砂矿是重要的宝石矿床类型，常称为“宝石砾”（又见“冲积沉积”）。

上覆物（overburden）：覆盖矿床的土壤、沉积物或岩石。

上偏光片（analyser）：固定在偏光镜和某此类型显微镜上的上偏振滤光片（见“偏振化”和“下偏光片”）。

双晶（twinned crystal）：具有在结构连续性方面互不相同的两个或更多个部分的晶体。

双折射（DR）（double refraction）：因可见光被光学各向异性材料分解成两个组分而导致的光学双折效应（见“双折射率”）。

双折射率（birefringence）：光学各向异性材料的两个折射率的最大数值差（又见“双折射”）。

十二面体（dodecahedron）：具12个面的晶形。

词汇表

树脂光泽（resinous luster）：由某些软的具低折射率的宝石如琥珀所显示的光泽。

水热法（hydrothermal technique）：通过将组分置于密封容器的水中并加热来生产合成的宝石级晶体。形成的高压使液体能溶解组分并在容器较冷处在籽晶上重结晶。

T

体色（body colour）：宝石中的体色来自宝石中所见到的可见光；宝石吸收了光的某些色谱（某些波长），我们感受到的是残余光（见“选择性吸收”和“致色元素”）。

天然的（natural）：指形成过程无人类参与的有机或无机的材料。

条纹（striations）：晶体或成品宝石内部或表面的成组的细线或面，例如生长条纹、双晶条纹或抛光条纹。

贴箔：（foiling）：通过在宝石和镶座之间插入金属箔以改善宝石外观的处理方法。

同质多象变体（polymorphs）：化学元素或化合物可具有两个或更多个可替换的晶体结构，每个就是一个同质多象变体。譬如，碳有钻石和石墨，碳酸钙有方解石和文石。

透明的（transparent）：指透过某些材料可清晰地看到物品。

透过（transmission）：当光波能穿过材料而未被完全吸收时它们被说成是可透过的。光也可穿过真空（见“吸收”和“传播”）。

W

微晶质的（microcrystalline）：由晶体集合体组成的材料称为多晶质的；如果单个颗粒只在放大后才能看到，可以称为微晶质的（也见“隐晶质的”）。

维尔纳叶法（Verneuil process）：一种合成宝石的方法，就是把合适组分的细粉末下落通过极热的氢氧焰并熔化而后固结成单晶。

围岩（country rock）：用于描述含钻石岩筒周围岩石的一般性术语。

稳定性（stability）：材料抗拒因光、温度和化学作用而导致的物理或化学变化的能力。

纹理（grain,graining）：钻石形成过程中因晶体结构的不规则性而产生的生长线或面。

无机的（inorganic）：形成过程无活的有机体参与的材料（见“有机的”）。

物理性质（physical property）：材料所具有的与内部和外部物理能和力如光学性质、密度和硬度等有关的可观察和可度量的特征。

X

吸收（absorption）：当材料中的电子与光相互作用并将光转变成不可见的热能时，可见光就被吸收了，所以光完全不能穿过物质。

吸收光谱（absorption spectrum）：当用分光镜观察来自一定宝石材料的光时在可见光谱中所看到的暗线或暗带的式样。

下偏光片（polarizer）：指固定在偏光镜和某些类型显微镜上的下偏振滤光片（见“偏振化”和“偏光镜”以及“上偏光片”）。

显微照相术（photomicrography）：用照相机和显微镜照相或摄像以便将透过显微镜能看到的细节记录下来。

消光（extinction）：指正交偏光下在某此部位无可见光透过透明的各向异性宝石的现象（见“正交偏光片”、“偏光镜”和“异常消光效应”）。

选择性吸收（selective absorption）：材料只对光的特定波长产生的吸收（见“体色”和“致色元素”）。

旋涡纹（swirl）：通常见于玻璃宝石中的弯曲的内部条纹。这与材料中折射率的轻微差别有关。

Y

亚金刚光泽（sub-adamantine lustre）：通常由锆石和翠榴石等具高折射率宝石所显示的明亮光泽。
岩浆（magma）：地球中的熔融或半熔融的材料，当冷却时固化形成火成岩。
岩石（rock）：地壳中天然形成的矿物集合体。
颜色（colour）：到达眼底的可见光的反应在人脑中产生的效应。反应脉冲传递到大脑，于是颜色被看到。大多数颜色是在白光改变后才被感觉到的（见“体色”和“晕彩”）。
衍射（diffraction）：这是当光波穿过边部或狭缝或小孔时产生的光的“散开”效应。衍射可导致白光中的干涉并产生晕彩。
衍射光栅式分光镜（diffraction grating spectroscope）：在这种类型的分光镜中，由印刷或刻划在玻璃、塑料或金属片上的极细的密集的平行线组成的衍射“光栅”被用于产生可供观察的光谱。
焰熔法（flame fusion process）：通过将材料熔化（例如将粉料在极高温下熔化）而后形成单个晶质固体的办法合成宝石级晶体，例如维尔纳叶合成刚玉。
腰棱（girdle）：刻面宝石中将冠部和亭部分开的边界。
异常消光效应（anomalous extinction effect）：有时也称异常双折射（anomalous birefringence）。当在正交偏光下观察某些宝石时可在宝石中看到亮和暗的消光区、带或十字形式样。当转动宝石时这些式样会横向移动。这种现象是由于材料中的内部应变，它导致在其他方面为各向同性的结构中出现了一定程度的各向异性。
隐晶质的（cryptocrystalline）：由大量小到在普通光学显微镜下无法看到的晶体组成的（物质）（见“微晶质的”和“多晶质的”）。
硬度（hardness）：硬度是当材料被另一种物质的尖块刻划时它所具有的抵抗磨损的能力。刻划时的压力应不足以产生解理（见“耐久性”和“韧性”）。
荧光（fluorescence）：宝石学家所利用的最重要的发光类型。荧光是用于描述物质在较短波长（较高能量）辐射照射下发射可见光现象的通用术语。照射通常是靠可见光、紫外光或 X 射线（也见“磷光”）。
优化（enhancement）：人工改变宝石材料的外观和性质以便改善外观、稳定性或提高可销售性（见“处理”）。
有机材料（organic material）：至少有一部分化学组成是由活的有机体形成的材料。
圆粒金刚石（ballas）：同心状排列的微小金刚石（钻石）的球状集合体。
元素（element）：见“化学元素”。
原晶面（natural）：用于描述在抛磨后保留下来的钻石晶体原始表面的一部分。
原矿（run of mine）：一个矿山一天内生产的所有形状、质量、颜色和大小的钻石原石的总和。
原石（rough）：呈未加工状态的宝石材料；也包括单晶。
原子（atom）：原子是化学元素在能保持元素特性情况下的最小单元。原子由以环绕中心核的电子云形式存在的能量组成。
晕彩（iridescence）：同“变彩”（play of colour）。这是当可见光从拉长石或贵欧泊这样的宝石的薄层或内部结构反射或衍射时，由干涉或衍射而产生的一种颜色或一系列颜色（见“内反射效应”）。

Z

折射（refraction）：是光从一种介质进入另一种具不同光密度介质时其传播方向的变化（除非入射光线与界面呈现 90° 交角）。折射角是折射线与穿过入射点的法线之间的夹角。
折射率（RI）（refractive index）：表明物质光密度的比例数。它与入射角和折射角的关系见斯涅耳折射定律。折射率可通过测量临界角确定。
折射仪（refractometer）：将全内反射原理应用于测量宝石折射率的一种仪器。
振动方向（vibration direction）：当垂直传播方向看波时看到的单个光波（或一组平面偏振光）的波动方向。

词汇表

正交偏光片（cross polarizers）：两个偏振滤光片呈现“交叉”状态，即把一个偏振滤光片摆在另一个的前面并转动，直到透过它们到达眼睛的光为最小时止。

致色元素（colouring element）：材料中能导致可见光选择性吸收的化学元素（见“体色”）。

种（矿物，宝石）（species）：具非常相近特征的矿物或宝石的“家族单元”；许多宝石种再细分为宝石品种。

轴（axis）：穿过材料并指示方向（不是位置）的假想线（见“对称轴”、“光轴”和“晶轴”）。

助熔剂法（flux-melt technique）：一种合成宝石级晶体的方法，通过使用热的熔融的液体（助熔剂）熔化组成宝石原料，而后在冷却时重结晶成所希望的宝石材料。

紫外（UV）（ultraviolet）：波长短于可见光的电磁辐射。紫外辐射在某些材料中产生荧光效应，可有助于鉴别和检测。分光光度计被用于在实验室中检测某些宝石对紫外光的吸收。

做工（make）：描述琢型钻石完成情况的术语；也用于描述具体制造商独特的切磨款式。